总主编◎陈龙　副总主编◎项建华

21世纪高等院校动画专业实训教材

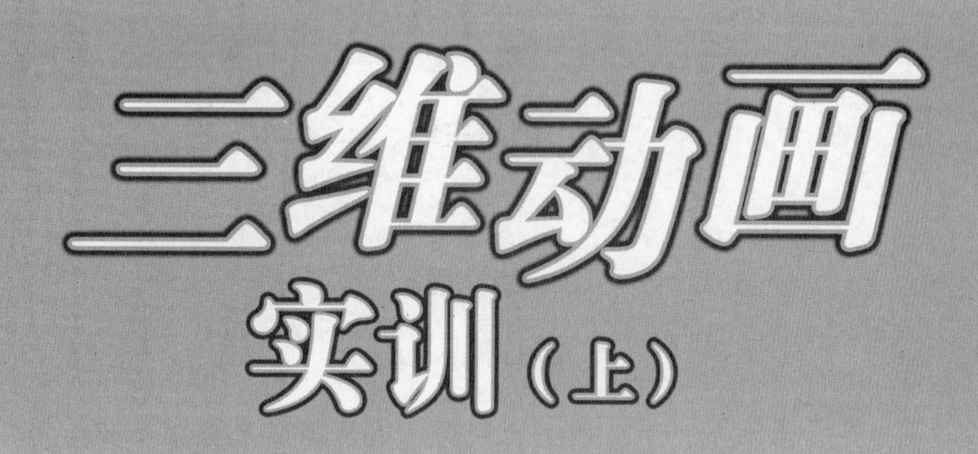

三维动画实训（上）

主编◎林世仁　副主编◎张 超　张晓宁

中国人民大学出版社

·北京·

丛书编委会

总 序

SERIES FOREWORD

进入21世纪以来，信息技术突飞猛进，知识经济高速发展，人类社会呈现出数字化、网络化、信息化的特征。如今，经济全球化与文化多元化已成为不可阻挡的历史潮流，并且带来了跨文化传播在全球的迅速兴起。动画艺术作为当今文化产业领域最重要、最流行的艺术形式，正逐渐成为文化消费的主流形式，在文化传播中拥有相当广泛的受众群体。

随着广播影视事业在全国的迅速发展，社会对动画创作人才的需求也越来越大。近年来，我国广播影视类专业高等教育取得了长足发展，为广播影视系统输送了大量的人才。随着动漫游戏产业的迅猛发展，社会对动画制作类人才提出了更高的要求。因此，进一步深化人才培养模式、课程体系和教学内容的改革，提高办学质量，培养更多适应新世纪需要的具有创新能力的动画专业人才，是广播影视类专业高等教育的当务之急。

新的形势要求教材建设适应新的教学要求，作为动画专业教育的重要环节，教材建设身负重任。本套教材针对高等学校，特别是高职高专学生的自身特点，按照国家高等教育的特点和人才培养目标，以素质教育、创新教育为基础，以适应高职高专课程改革为出发点，以学生能力培养、技能实训为本位，使教材内容和职业资格认证培训内容有机衔接，全面构建适应21世纪人才培养需求的高等学校动画专业教材体系。

教育部高等学校广播影视类专业教学指导委员会组织编写的“十一五”规划教材，已经在广播影视类专业系列教材的改革方面做了大量的工作，并取得了一定的成绩。相信这套由中国人民大学出版社组织编写的“21世纪高等院校动画专业实训教材”的出版，必将对高等院校动画专业的人才培养和教学改革工作起到积极的推动作用。

教育部高等学校广播影视类专业教学指导委员会主任委员

王建國 教授

目 录 CONTENTS

导 论

场景，一般是指人物角色造型以外的一切物体。大到楼房、体育场甚至外太空，小到手机、钥匙等小道具，都可以列入场景的范畴。

场景设计，特别是动画的场景设计，是一门具有高度创造性的艺术。对于一部影视作品来说，场景是紧紧围绕在角色周围的不会说话的演员。同样，对动画作品而言，一个好的场景能够传达出导演的很多意图，甚至还能表达出角色无法表达的意思。比如《魔兽世界：巫妖王之怒》资料片的片头，死亡骑士走在荒凉寒冷的冰川雪原（见图0—1）。整个背景、色调和气氛都透露出一股凛冽的寒意，在骑士没有台词的情况下，仅凭一个画面就让人感受到凛冽和肃杀之气。这不仅表现了骑士的强大，还让人产生了这样一个疑问：“这个一身铠甲的骑士走在这么一个冰冷刺骨的极寒地带，到底意欲何为呢？”这个例子告诉我们永远不要低估一个无声的场景所能传达的信息量。

一、 场景的分类

从类型上讲，场景可分为内景和外景。顾名思义，内景指的是一个封闭的空

图0—1

间。图0—2是《冰河世纪：松鼠、坚果和时间机器》宣传短片的一个内景截图，从中我们虽然没有看到场景全貌，但是后面的雕像已经告诉我们，这个故事发生在一个美术博物馆。

图0—2

角色走出内景所到达的开阔的空间，称为外景。图0—3为《大雄兔》的一个外景截图。

当然，内景和外景有时也是可以混合使用的，并且通过混合使用还能带来特殊的效果。比如：如果镜头中出现了奥巴马，那么我们首先想到的是《新闻联播》。但是镜头如果突然拉远，出现了无数恐龙奔跑的外景，那么我们会猜测奥巴马穿越了，这也许是科幻片。镜头如果继续拉远，我们发现这无数恐龙原来是电影中的画

图0—3

面，这其实是个电影院的内景，于是我们明白了："哦，还是新闻，奥巴马在看电影啊！"从这个例子可以看出，虽然奥巴马这一角色什么都没做，什么都没说，仅场景的变化，就足以对整个故事的风格和走向产生影响。

二、 场景设计的规范

现代社会讲求的是团队合作，特别是动画创作这样庞大的系统工程，更需要很多人共同努力。一件事情一旦需要很多人共同努力才能完成，那么就必然需要彼此间协调合作，所谓的规范也就此产生。这些规范来自于无数先辈通过无数实践总结出来的宝贵经验。很多刚刚接触动画的新人或许会觉得这些规范非常无聊，甚至感觉被它们束缚了手脚，进而认为这些规范降低了自己的工作效率，从而对其十分排斥。但是，新人们，也许日后你会成为某个动画领域的一代宗师，继而来改写这些规范，但在那之前，请相信，遵守这些规范对你绝对是有百利而无一害的。

动画场景设计的主要规范如下：

首先，美观、合理是最基本的要求。美观，是指设计的场景色彩和造型要漂亮；合理，是指场景的设计要符合整部作品的艺术风格。你不可能为《猫和老鼠》设计出《寂静岭》那般阴森恐怖的气氛，也不可能为史诗巨作《星球大战》设计出《喜羊羊与灰太郎》那般欢快的节奏。

其次，注意尺寸和比例。就场景而言，动画里的场景不像建筑和工业设计那样有严格的尺寸要求，但还是要遵守基本的比例规范。也就是说，你设计的场景和角色体积至少要成一定的比例。举一个最简单的例子，你设计的房子要能住得下片中的角色，门至少要比角色高。倘若你所设计的角色无法进自己的家门，那就很悲剧了。不仅如此，有些特殊角色的生活环境还需要量身定做，比如长颈鹿的家就不能和梅花鹿的家一样。

说了那么多，下面就让我们打开 Maya 2011软件，进行我们的动画设计之旅吧！

项目概览

本项目由场景模型制作、UV 编辑和制作贴图三个任务组成，结合《土豆》室内动画场景的制作，讲述了场景建模、UV 编辑以及贴图绘制等的相关操作方法。

项目要点

1. 场景建模的常用工具及操作方法。
2. UV 的概念及其编辑方法。
3. 使用 Photoshop 和 BodyPaint 软件制作贴图的操作方法。

项目目标

1. 熟悉场景建模的常用工具及操作方法。
2. 明确 UV 的概念，掌握 UV 编辑方法。

3. 熟练使用 Photoshop 和 BodyPaint 软件绘制贴图。

最终效果

图1—1

任务1 场景模型制作

要点提示

1. 坐标原理。
2. Maya 的操作界面。
3. 多边形建模。

背景知识

在接触建模之前，有必要先了解一下 Maya 2011 的基本操作方法。在 Maya 2011 里，用 Alt 键 + 鼠标左键可以旋转操作视图，用 Alt 键 + 鼠标右键可以缩放操作视图（用滚动鼠标中键也可以缩放操作视图），用 Alt 键 + 鼠标中键可以移动操作视图。也许刚开始你会觉得操作有点别扭，但是熟悉了之后，你会发现其实这是一种非常高效的操作方式。下面来了解一些建模的基础知识。

1.1 坐标原理

首先介绍 Maya 2011 里面很重要，也是所有 3D 建模软件里面很重要的一个概念：坐标。观察图 1—2，注意图中的多边形球体，该球体上的坐标手柄呈现红、绿、蓝三种颜色，分别代表 X、Y、Z 轴，这就是我们所说的坐标。该坐标轴代表的是世界坐标，即在 Maya 2011 中的绝对坐标方向。无论物体怎么变化，这个坐标方向是不会变化的。另外，在 Maya 2011 中的物体属性栏里，所有的数值都是以原点（0，0，0）为参照的。

1.2 Maya 的操作界面

了解了坐标的概念后，再来认识 Maya 的操作界面（见图 1—3）。如图 1—3 所示，Maya 2011 的操作界面与之前的版本并没有太大的变化，只是在特效与绑定模块处有所改变，这里暂时不会用到，所以暂且不提。

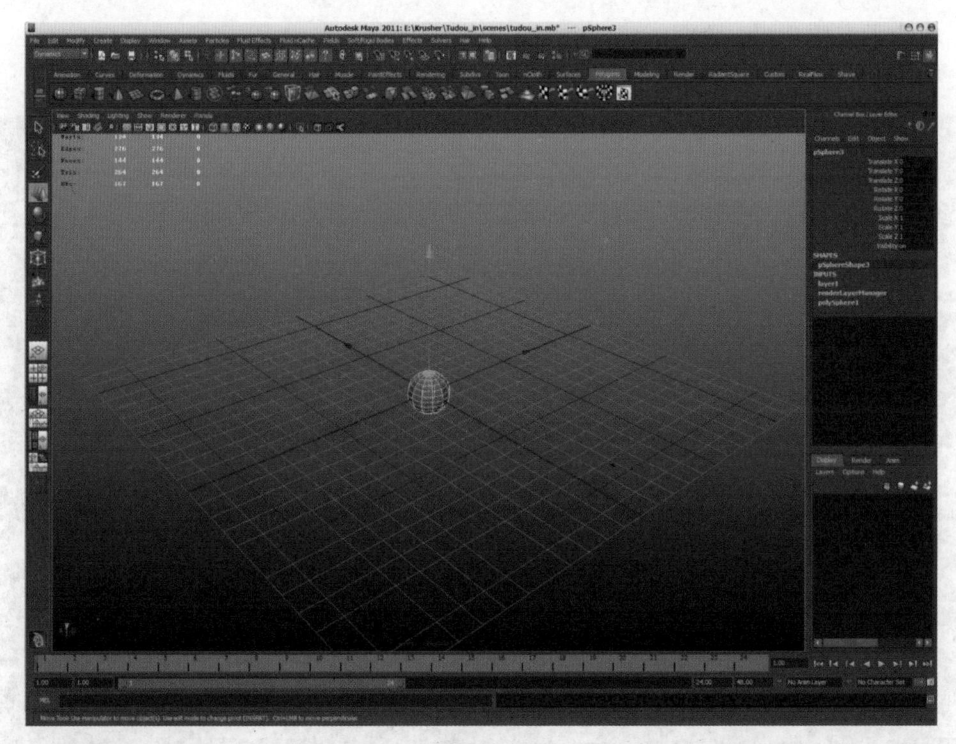
Autodesk Maya 2011: E:\Krusher\Tudou_in\scenes\tudou_in.mb* --- pSphere3

图1—2

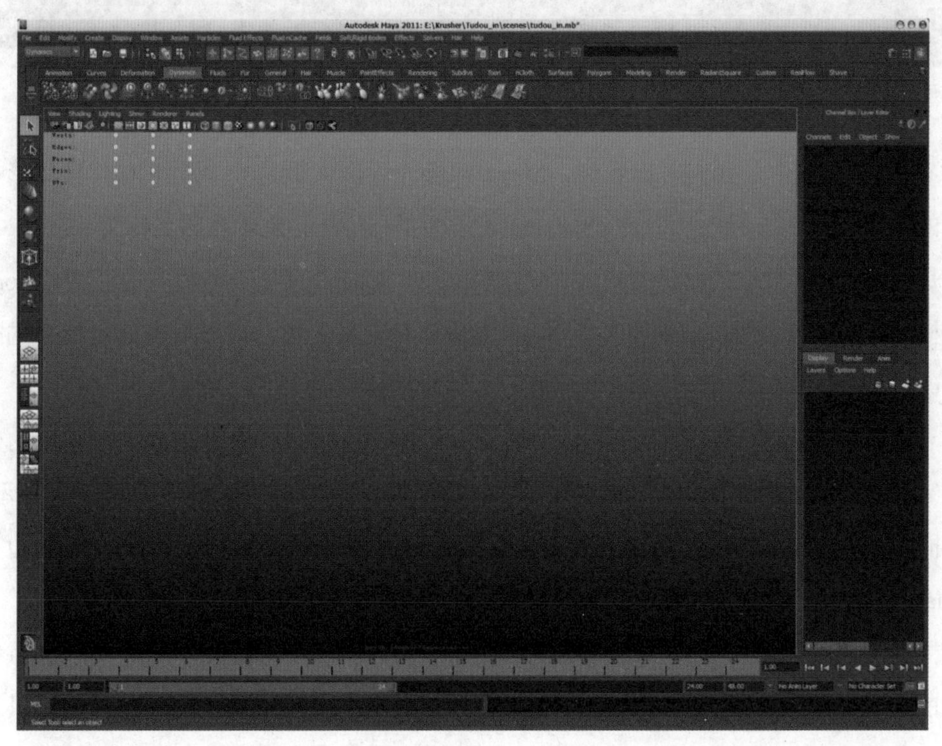
Autodesk Maya 2011: E:\Krusher\Tudou_in\scenes\tudou_in.mb*

图1—3

为了方便介绍，我们新建一个多边形物体，如图 1—4 所示。

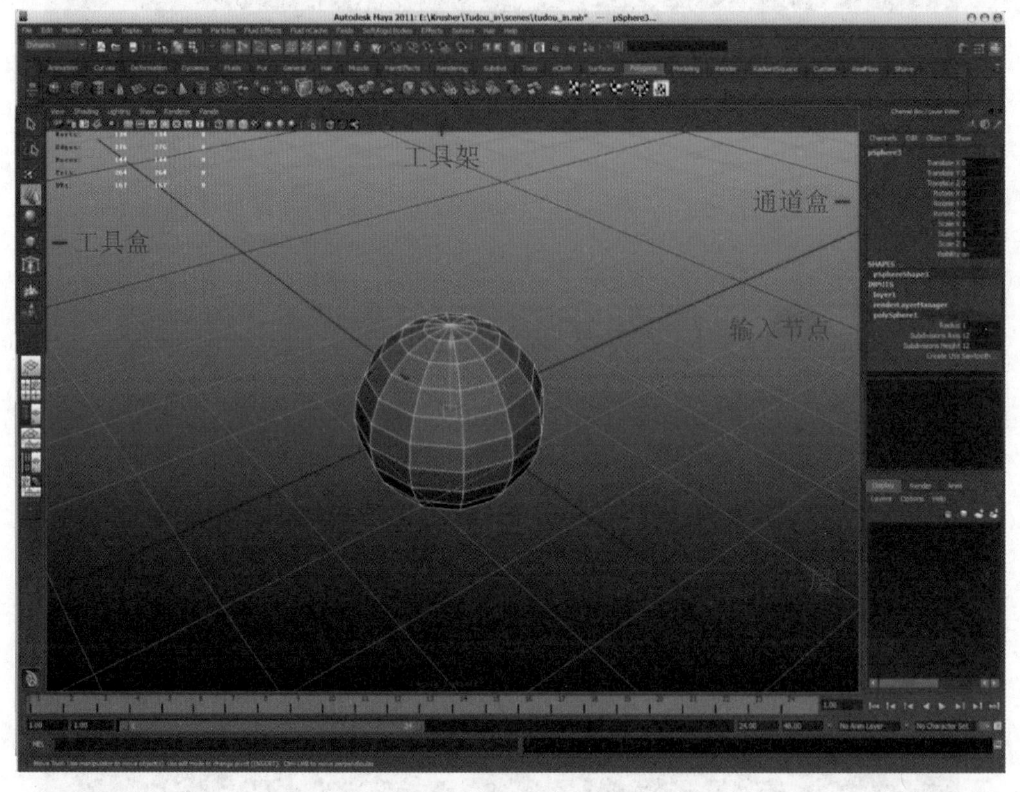

图1—4

在图 1—4 中，我们可以看到，Maya 的操作界面大概是一个上下左右呈环形布局的结构。最上方标题栏中的 pSphere3 表示图 1—4 中所建球体的名称为 pSphere3。这是 Maya 2011 默认的命名方式，表示这是第 3 个 Sphere，又由于是用多边形（Polygon）建模方式创建的，所以前面添加字母 p。如果想自定义名称，可以双击其名称来进行修改。

以图中被框选的位置为中心，上边是 Shelf（工具架），用来摆放一些常用的建模工具；左边是 Tool Box（工具盒），里面有一些最基本的编辑命令。如图 1—5 所示，被框选部分的图标由上至下依次是移动、旋转和缩放，快捷键分别为 W、E 和 R；右边是 Channel Box（通道盒）、INPUTS（输入节点）和 Layer Editor（层编辑器）。

其中，通道盒显示了当前物体的属性，所有物体的属性参数都是以原点为参照的，比如移动、旋转、缩放的数值。通道盒不仅可以显示物体的属性，还可以通过改变数值来改变物体的位置、形态。比如，改变 Translate（X，Y，Z ）数值可以

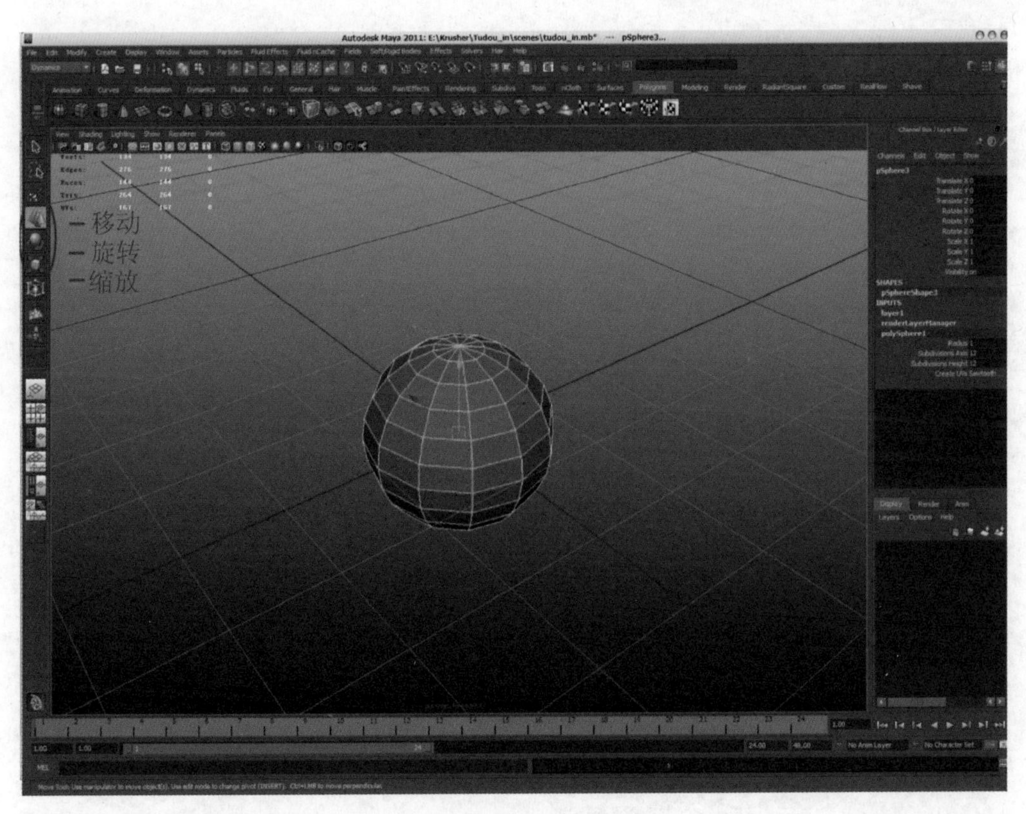

图1—5

改变物体在世界坐标里的位置，改变 Rotate（X，Y，Z）数值可以旋转物体，改变 Scale（X，Y，Z）数值可以缩放物体。

位于输入节点里的参数是用于当前物体的编辑命令所能调节的参数，如图 1—6 所示。PolySphere1 下面显示的是当前新建的多边形物体的基本属性，从上到下依次是半径、轴细分数、高细分数。新建物体的基本属性可以在该属性栏中进行编辑。需要说明的是，虽然我们可以通过改变通道盒里的数值来改变新建物体的基本属性，但是一旦删除新建物体，该项数值便会随之消失。

接下来介绍层编辑器，这个工具非常高效。在建模的时候，我们一般进行的都是复数的模型制作，所以有时候在整理若干物体时会有点力不从心，而层编辑器能够很好地解决这个问题。

在层编辑器中，如图 1—7 所示，最上面一行依次是显示、渲染和动画选项，中间一行是层、更改和帮助选项，最下面的 4 个图标是与命令相对应的快捷键，依次是把选中的层向上放置、把选中的层向下放置、新建层和把选中的物体放入一个

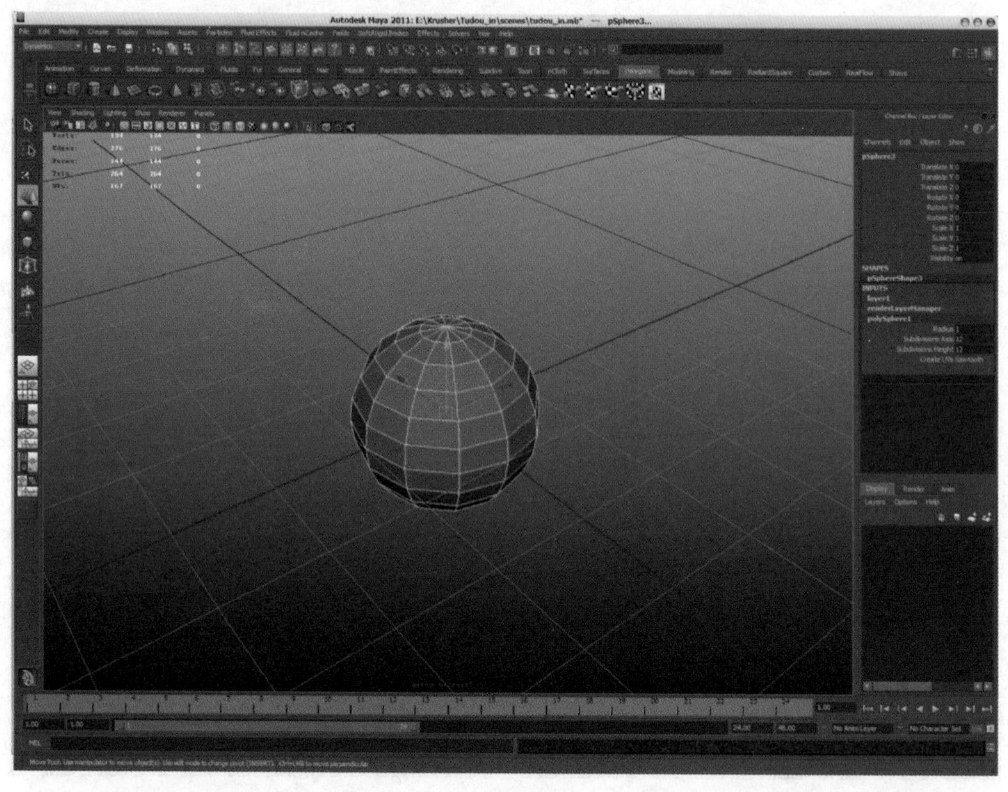

图1—6

新层。在Maya 2009之前，层编辑器里没有动画（Anim）选项，也没有图标。

在想要更改层位置的时候，可以通过选中该层，用鼠标中键进行上下拖动来实现。这一操作和Photoshop类似，不过Photoshop用的是鼠标左键。在Maya 2011中，鼠标中键可以进行很多的拖拽动作，比如在操作视图里移动物体，或者在Outline里改变物体的位置等。

图1—7

1.3 多边形建模

Maya 2011中提供了三种建模方式，即Polygon（多边形）建模、NURBS（非均匀有理B样条曲线）建模、Subdivision Surface（细分曲面）建模。其中，多边形建模的构建方式比较简便，其最大的特点是可以以一个非常简单的几何体（比如立方体，甚至是四面体）为基础，通过逐步添加细节，使之最终成为一个完整的模型，因此在建筑、游戏、动画等各个领域应用较为广泛。这里，我们就以多边形建模为例，来介绍建模的相关知识。

1.3.1 多边形建模的基本原理

多边形是一组由顶点和顶点之间有序排列的边构成的N边形。从理论上讲，多边形可以是闭合的，也可以是非闭合的。但是，Maya中的多边形一般指闭合的多边形，因此至少包括三个顶点和三条边。多边形的子对象包括Vertex（顶点）、Edge（边）、Face（面）以及UVs（UV坐标点）。

我们知道，物体是由点、线、面构成的，两个点连成一条线，三条直线围出一个面，若干个面构成一个体。因此，通过改变点、线、面的位置等信息，就可以改变物体的形状，这也正是多边形建模的基本原理。

如图1—8、图1—9和图1—10所示，黄色元素显示的是多边形物体的顶点，橙色元素显示的是多边形物体的边，绿色元素显示的是多边形物体的面。

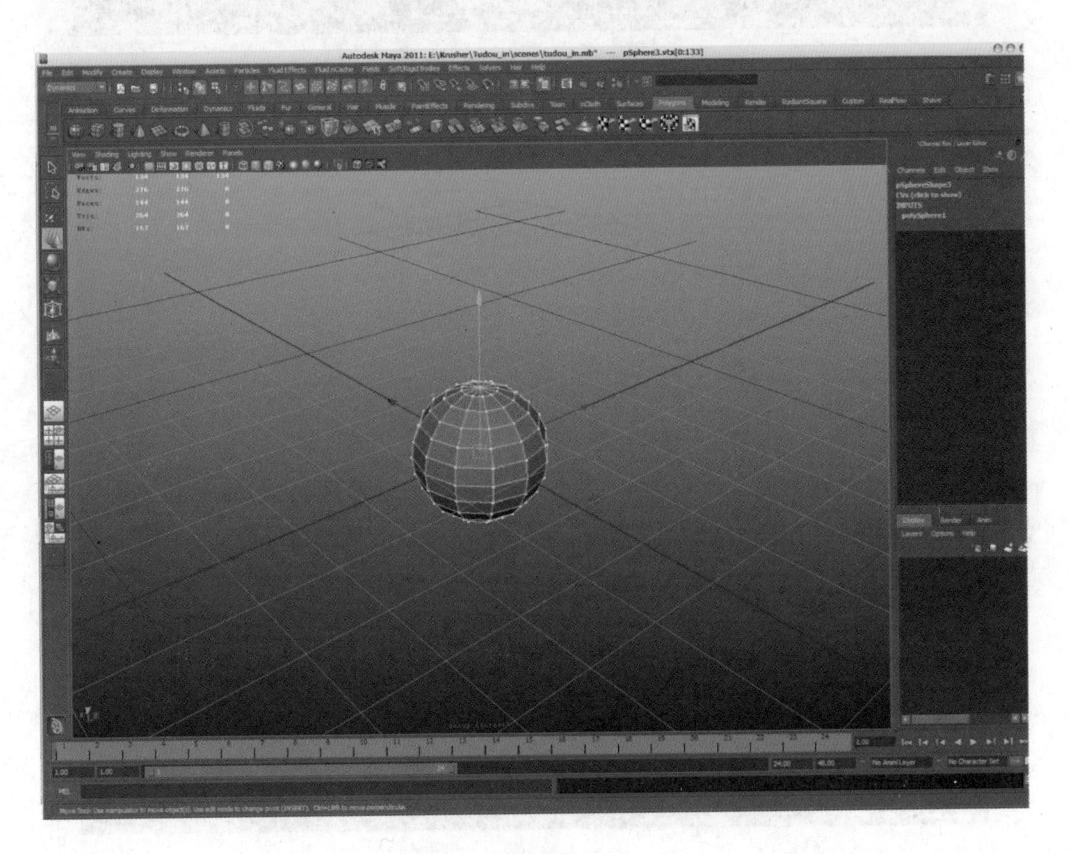

图1—8

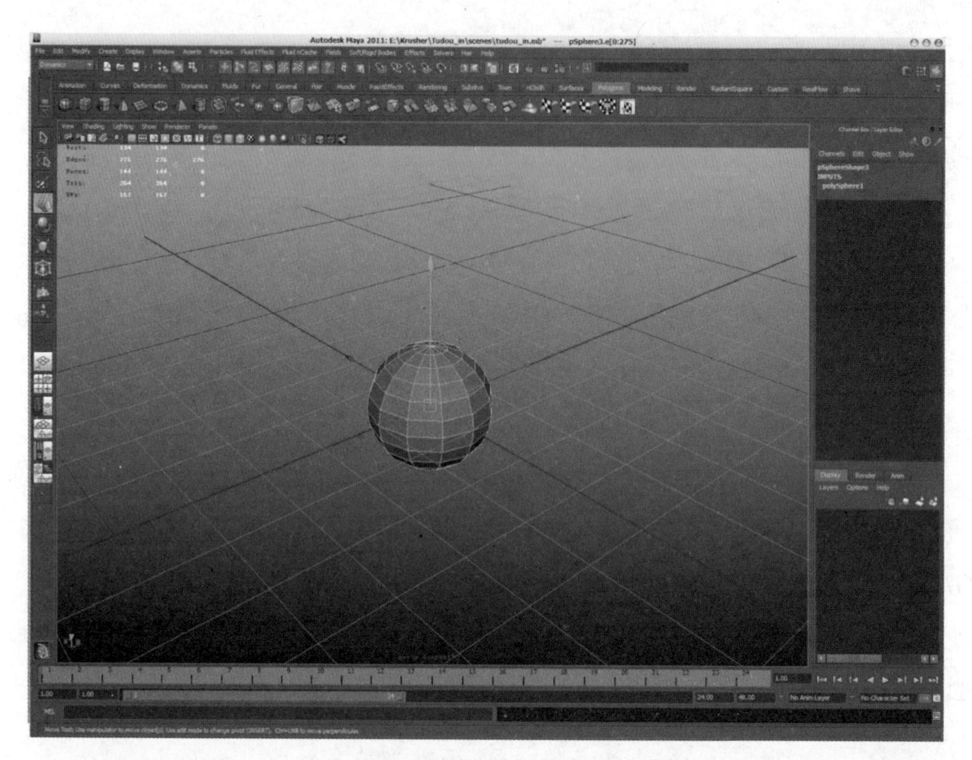
Autodesk Maya 2011: E:\Krusher\Tudou_in\scenes\tudou_in.mb* --- pSphere3.e[0:275]

图1—9

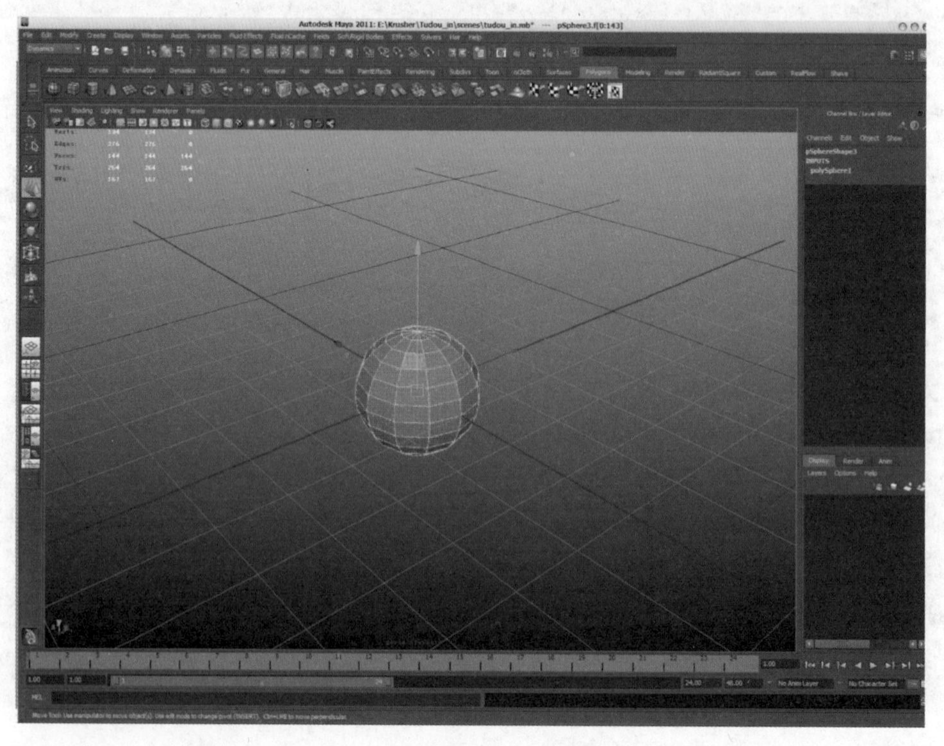
Autodesk Maya 2011: E:\Krusher\Tudou_in\scenes\tudou_in.mb* --- pSphere3.f[0:143]

图1—10

多边形物体的顶点、边和面都是可以编辑的元素，可以通过移动、旋转和缩放这些元素来改变多边形物体的形态。在多边形物体上点击鼠标右键，打开浮动菜单（见图 1—11），按住鼠标右键不放，移动鼠标到 Vertex、Edge 或 Face 上，就可以对点、线或面进行选择了。关于浮动菜单，我们会在后面的“知识拓展”中予以详细介绍。

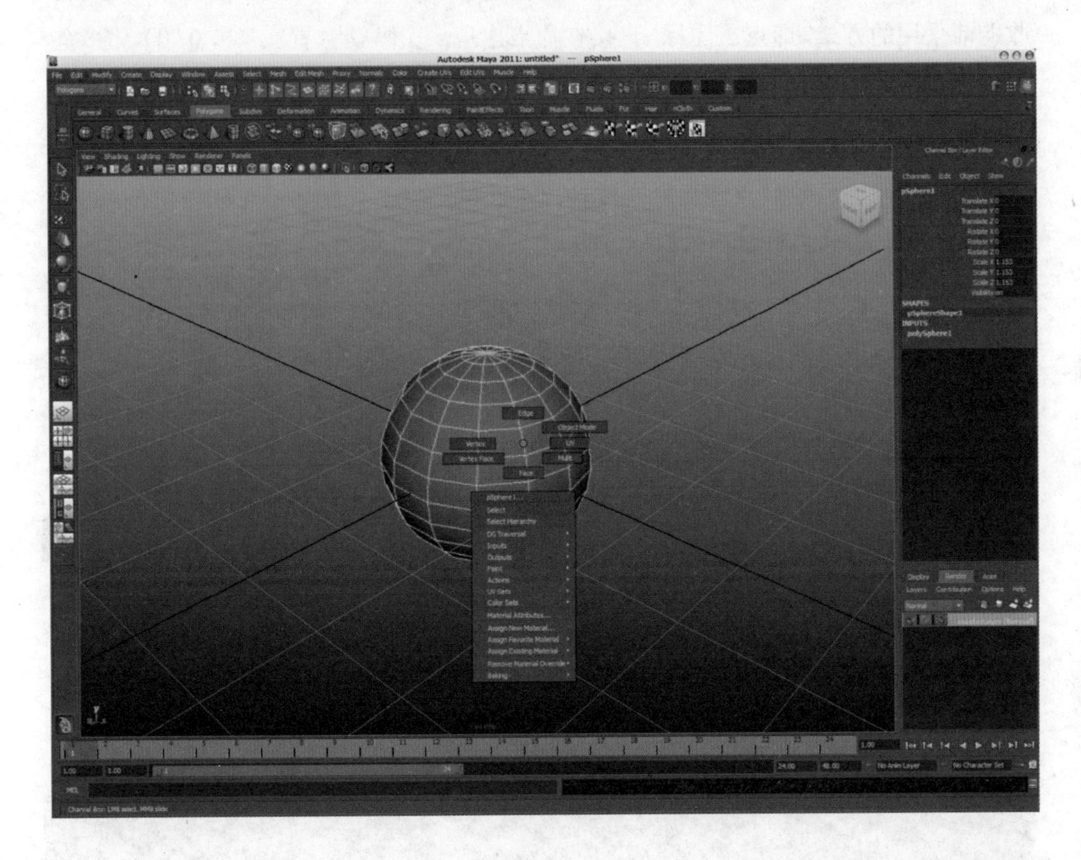

图1—11

1.3.2 多边形建模的常用工具

在工具架左侧的下拉式菜单中选择 Polygons（见图 1—12），Maya 会自动切换到多边形建模模块。仔细观察工具架（见图 1—13），我们会发现，第 8 个图标后的图标都发生了变化，其内容都被 Maya 切换成了与多边形建模相关的工具。下面我们对这些工具进行简要的介绍。

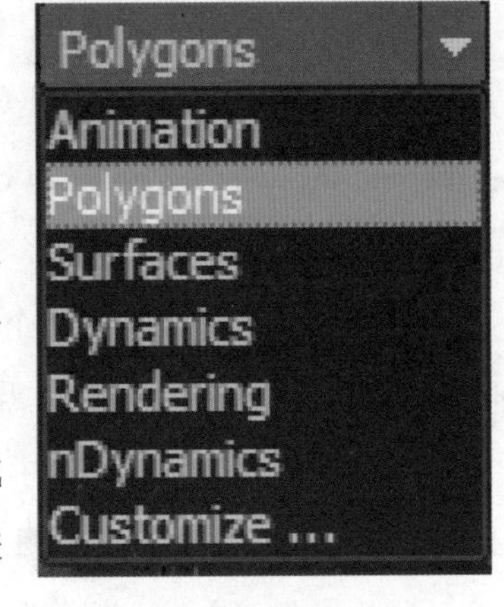

图1—12

工具架上的前 8 个图标（见图 1—14）表示的是基本几何体，包括球体、立方体、圆柱体等，用来创建不同类型的多边形。

注意：在 Maya 中创建物体有两种方式：一种是 Maya 被欧特克公司（Autodesk）收购前采用的方式，即点击图标，直接在原点出现一个默认位置在（0，0，0），长、宽、高分别为一个单位的标准几何体。这种方式的优势是方便、标准。另一种是 Maya 被收购后借用的 3ds Max 的建模方式，即点击图标后先按住鼠标左键不放，在工作区拉出一个平面，然后点击鼠标左键拉出平面的高度，其优势是可以做出任意形状比例的立方体，缺点是单位不标准。

工具架上除基本几何体外的图标都属于常用的多边形编辑工具（见图 1—15）。根据这些图标的形状，我们就可以很清楚地了解其功能。比如第一个图标：两个网格物体上下排列，外面围了一个圈，表示把这两个独立的物体圈在一起，由此可以看出，这是一个合并物体的工具。

图1—13

图1—14

图1—15

如果看不懂图标的意思，或者忘记了图标的用途，把鼠标放在图标上停留几秒，就会出现该图标的提示语。比如，把鼠标放到图标上停留片刻，可以看到“Combine: Combine the selected polygon objects into one single object to allow operations such as merges or face trims”的提示。这样，即便我们对该工具不太熟悉，看提示也知道这是合并工具，其作用是把几个独立的物体合并成一个完整的物体。就建模而言，这些工具可以满足 70% 的任务需求。

下面我们来详细介绍其中几个最为常用的工具。

（1）Combine（合并，）。

作用：将两个以上独立的物体合并为一个物体。

操作方式：选择需要合并的物体，点击合并图标。

（2）Separate（分离，）。

作用：相当于合并工具的逆操作，即将一个物体分离为两个以上独立的物体。注意：这里所说的一个物体，必须拥有空间上不连续的两个以上的部分。

操作方式：选择需要分离的物体，点击分离图标。

（3）Mirror Geometry（镜像，）。

作用：将物体根据轴线，镜像出另外一半。如图1—16所示，左边是原物体，中间是根据X轴镜像出的左右对称的结果，右边是根据Y轴镜像出的上下对称的结果。

操作方式：选择需要镜像的物体，点击镜像图标。

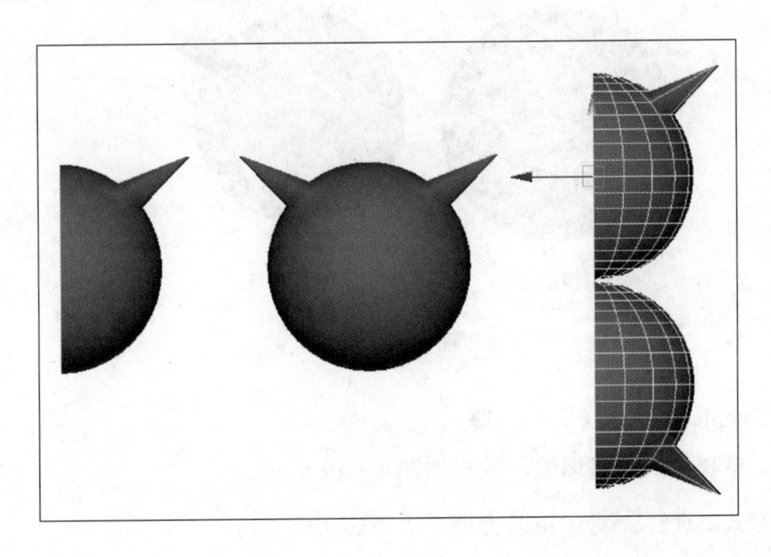

图1—16

（4）Smooth（光滑，）。

作用：对物体进行光滑处理，使原本棱角分明的物体变得光滑。

操作方式：选择需要光滑的物体，点击光滑图标。

（5）Subdiv Proxy（代理光滑，）。

作用：将物体根据轴线，镜像出另外一半，并对物体进行光滑处理，相当于同时点击镜像图标和光滑图标，效果如图1—17所示。

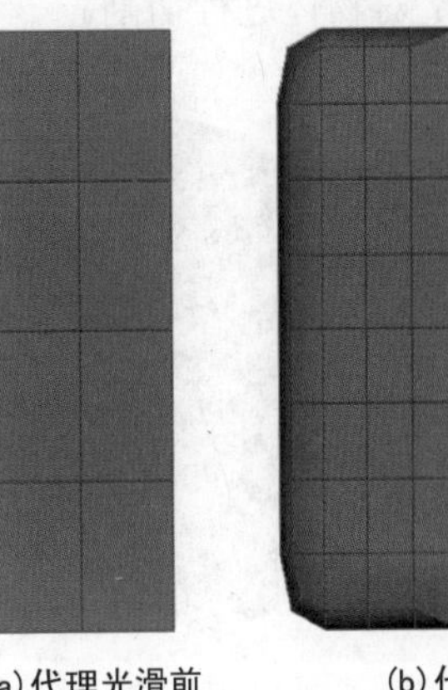

(a)代理光滑前 (b)代理光滑后

图1—17

操作方式：选择需要代理光滑的物体，点击代理光滑图标。

（6）Reduce（减面，）。

作用：减少物体的面数。

操作方式：选择需要减面的物体，点击减面图标。

（7）Extrude（挤出，）。

作用：将物体的某个面进行拉伸。

操作方式：选择需要拉伸的面，点击挤出图标后，会出现一个如图 1—18 所示的图标，然后就可以按需要的轴向进行拉伸了。

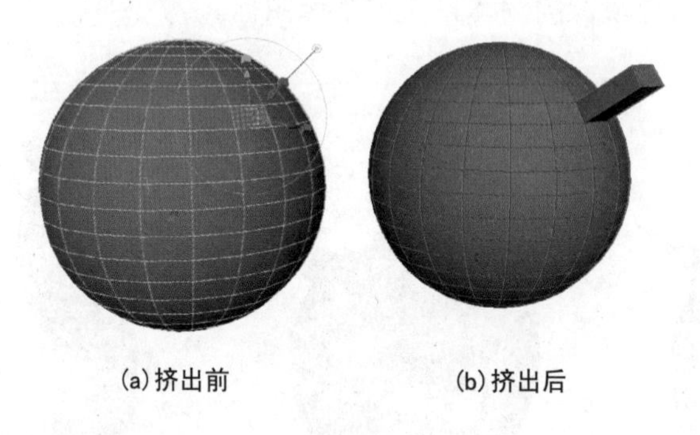

(a)挤出前　　(b)挤出后

图1—18

（8）Chamfer Vertex（切角，）。

作用：使物体的顶点塌陷，效果如图 1—19 所示。

操作方式：选择需要切角的物体，点击切角图标。

（9）Cut Face Tool（切割，）。

作用：对物体进行切割。

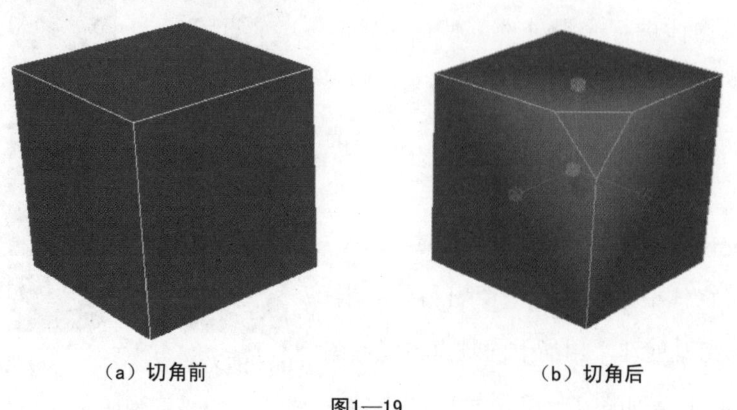

（a）切角前　　（b）切角后

图1—19

操作方式：双击切割图标，弹出如图 1—20 所示的选项，在此可对切割属性进行设置。其中，Interactive 表示自由切割，即由用户划一条横贯物体的线来任意切割；后面三个选项表示在某个平面内切割。Delete cut faces 表示删除原物体，留下切割后的另一半。Extract out faces 表示把物体切割，图 1—21 为切割前和切割后的效果。设置好属性后，选择需要切割的物体，点击切割命令，从物体的一头划到另一头。按住 Shift 键可以进行垂直方向或水平方向的切割。

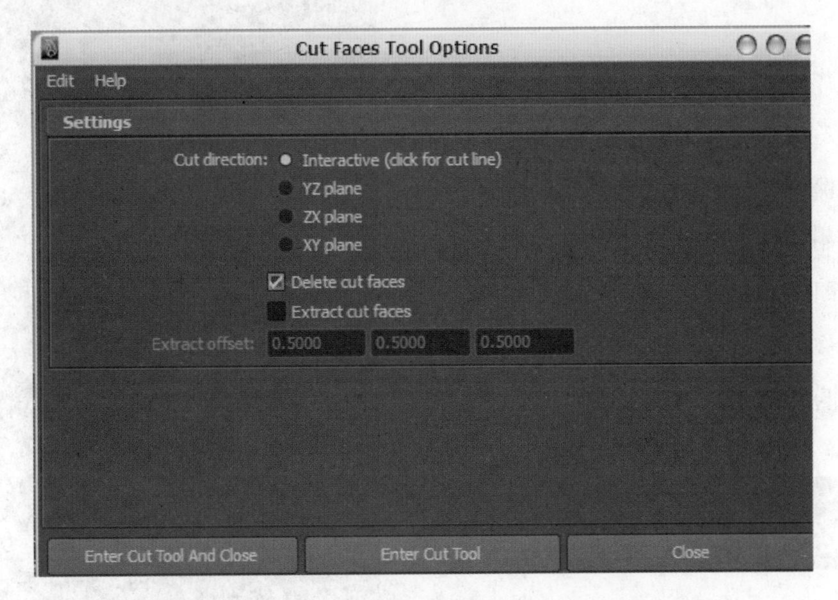

图1—20

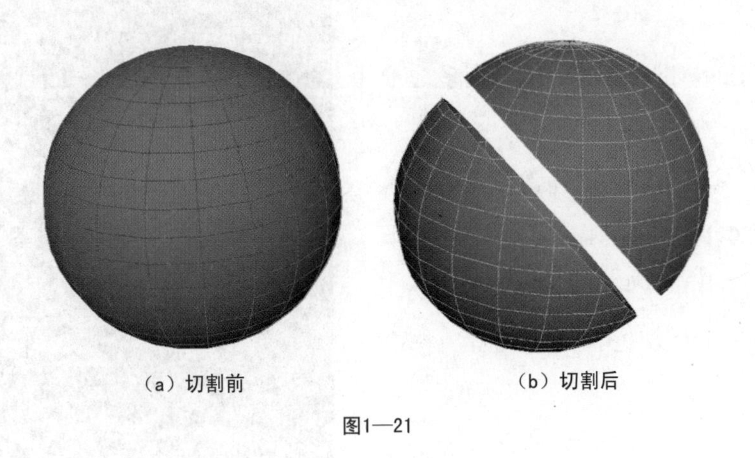

（a）切割前　　（b）切割后

图1—21

（10）Merge Vertex（合并点，）。

作用：将两个及以上的点进行合并，效果如图 1—22 所示。

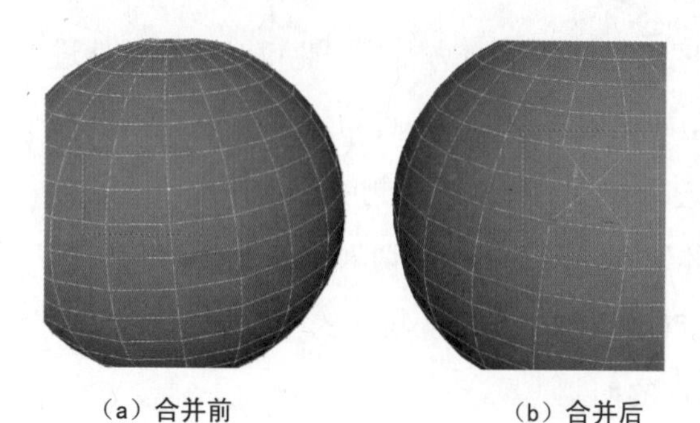

（a）合并前　　（b）合并后

图1—22

操作方式：选择需要合并的点，点击合并点图标。

（11）Merge Edge（合并边，![icon]）。

作用：将两条及以上的边进行合并，效果如图 1—23 所示。

操作方式：选择需要合并的边，点击合并边图标。

（a）合并前　　（b）合并后

图1—23

（12）Edit Mesh 菜单中的常用多边形建模工具。

除了工具架出现的这些常用建模工具外，Maya 2011 的 Edit Mesh 菜单中还有不少其他非常有用的工具，如图 1—24 所示。

1）Append to Polygon Tool（补面工具）。

作用：填补多边形表面的空缺面，效果如图 1—25 所示。

操作方式：选中物体，点击补面工

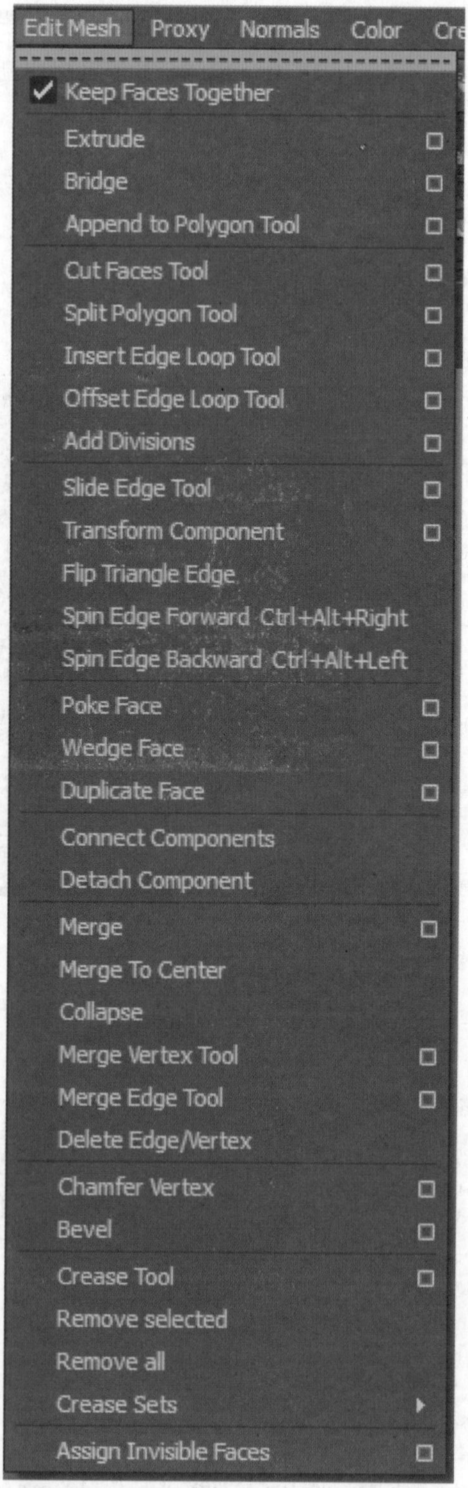

Edit Mesh　Proxy　Normals　Color　Cre

Keep Faces Together
Extrude
Bridge
Append to Polygon Tool
Cut Faces Tool
Split Polygon Tool
Insert Edge Loop Tool
Offset Edge Loop Tool
Add Divisions
Slide Edge Tool
Transform Component
Flip Triangle Edge
Spin Edge Forward　Ctrl+Alt+Right
Spin Edge Backward　Ctrl+Alt+Left
Poke Face
Wedge Face
Duplicate Face
Connect Components
Detach Component
Merge
Merge To Center
Collapse
Merge Vertex Tool
Merge Edge Tool
Delete Edge/Vertex
Chamfer Vertex
Bevel
Crease Tool
Remove selected
Remove all
Crease Sets
Assign Invisible Faces

图1—24

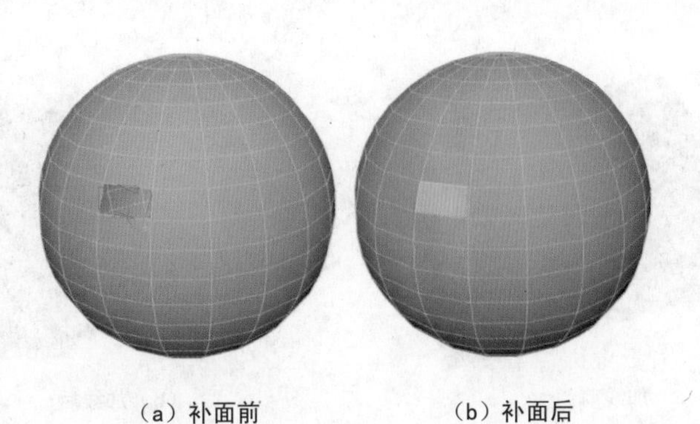
（a）补面前　（b）补面后

图1—25

具，再点击待补面的一条边，出现紫色线框，然后点击对面的边，出现一个粉色的预览面。

2）Split Polygon Tool（加点工具）。

作用：在多边形表面添加任意线，将多边形表面进行任意分割，是布线最常用的工具，效果如图 1—26 所示。

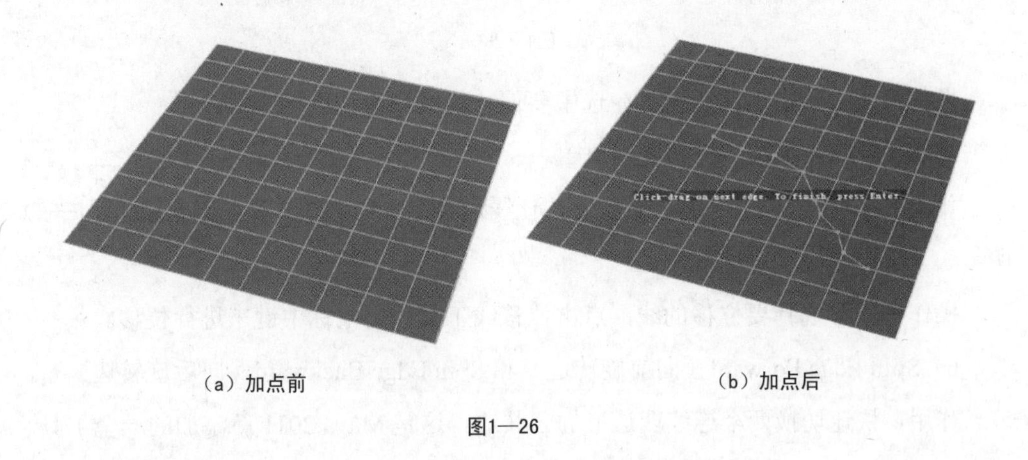

（a）加点前　（b）加点后

图1—26

操作方式：选中物体，点击加点工具，在某条边上点一下，会出现一个点。再在同一个面的另一条边上点一下，点击回车，就会出现一条直线，将该面分成两个面。

3）Insert Edge Loop Tool（加环线工具）。

作用：为物体的边添加环线，是使用率很高的工具，效果如图 1—27 所示。

操作方式：选中物体，点击加环线工具，点击要加环线的边即可。

4）Offset Edge Loop Tool（偏移线工具）。

作用：以一条线为中心，向两边平均偏移出两条线，效果如图 1—28 所示。

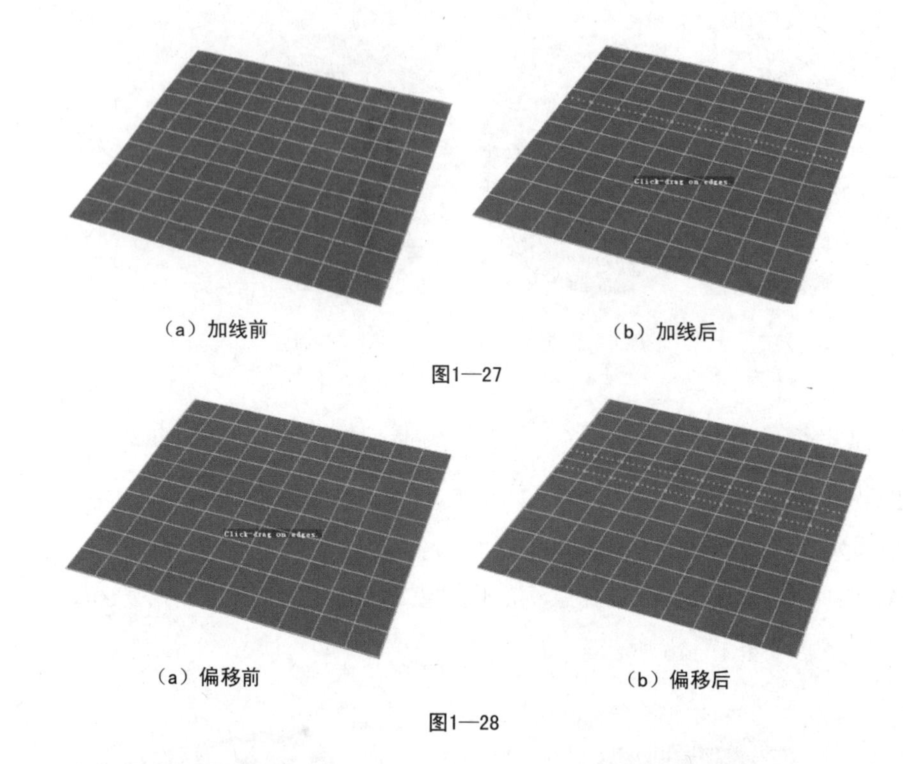

（a）加线前　　　　（b）加线后

图1—27

（a）偏移前　　　　（b）偏移后

图1—28

操作方式：点击偏移线工具，选中要偏移的线，移动鼠标即可。

5）Slide Edge Tool（位移线工具）。

作用：在不改变物体外形的前提下，让线跟着物体的轮廓线移动，效果如图 1—29 所示。

操作方式：选择要位移的线，点击位移线工具，用鼠标中键来进行位移。

6）Spin Edge Forward（向前旋转边）和 Spin Edge Backward（向后旋转边）。

作用：快速切换两个连续四边形的公共边。这是 Maya 2011 新添加的一个工具，

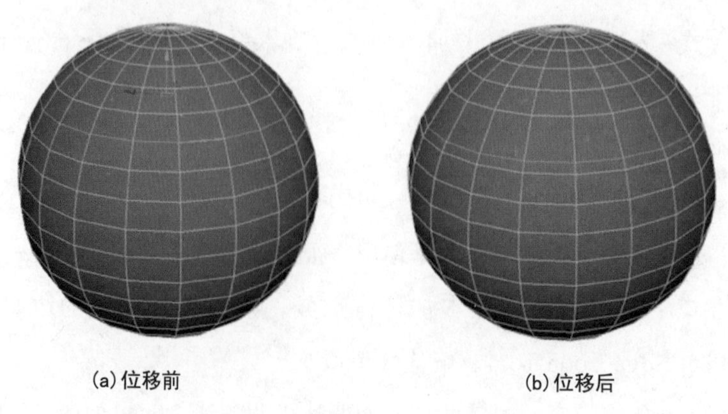

(a)位移前　　　　(b)位移后

图1—29

把之前版本中的建模插件 Spin Edge 的功能整合了进来，效果如图 1—30 所示。

操作方式：选中物体上的一根线，然后使用 Ctrl+Alt+ 键盘上的向左键或向右键。

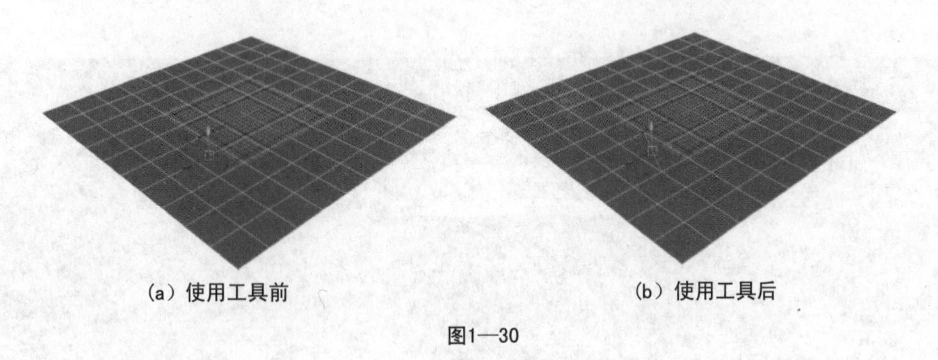

（a）使用工具前　　（b）使用工具后

图1—30

实例制作

到这里，关于建模的基础知识就介绍完了，下面我们来制作一个场景的模型，通过实例来掌握常用建模工具及操作方法。

图 1—31 是我们将要制作的场景模型。是不是感觉很复杂？别急，下面我们就一步一步地来制作。

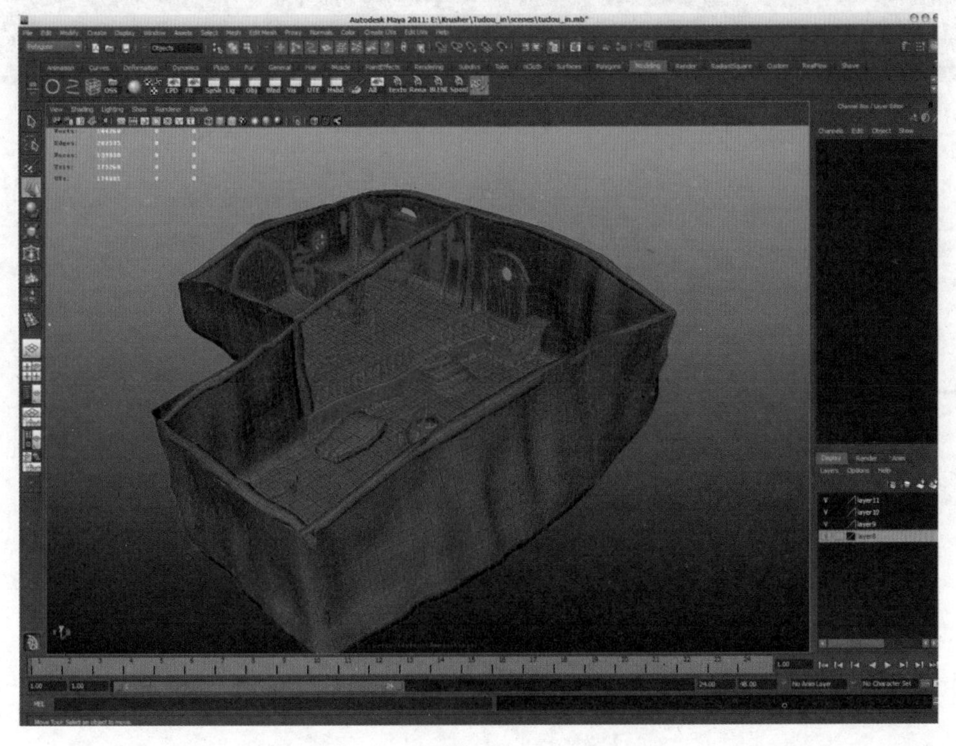

图1—31

1.1 创建 Maya 工程目录

在制作场景模型之前，我们需要新建一个 Maya 工程目录（见图 1—32）。

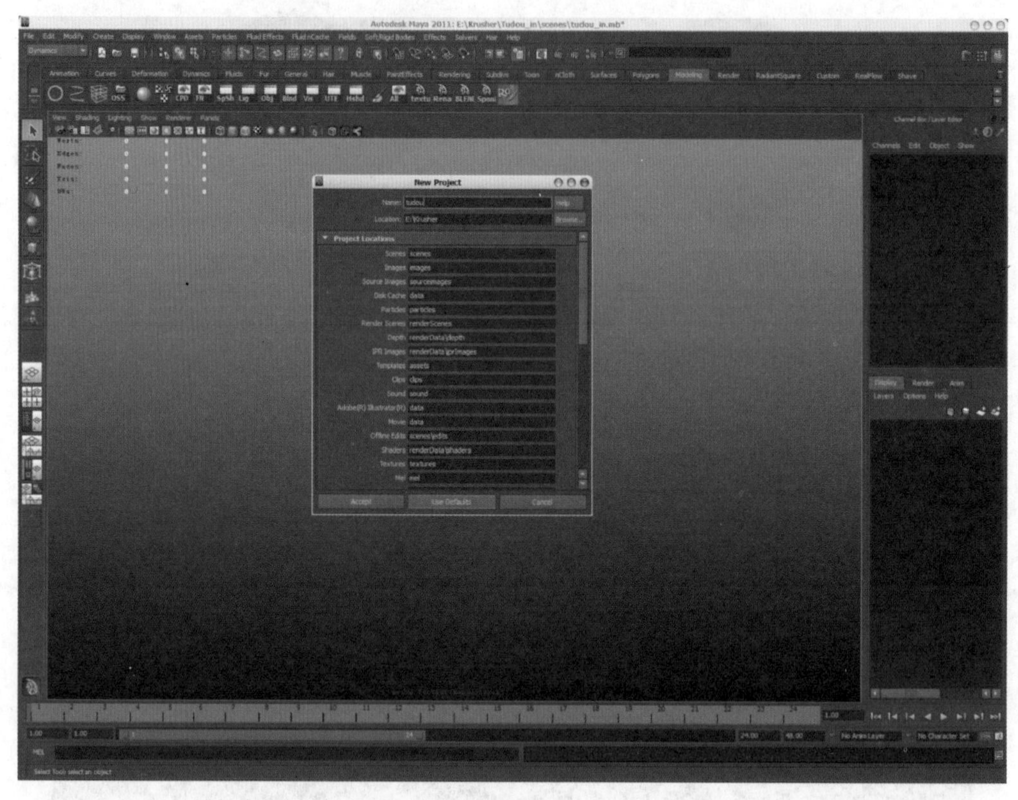

图1—32

在 name 栏里填上所创建的工程名称，然后点击 use Defaults（采用默认设置），最后点击 Accept（应用）。完成上面的步骤后你会发现，在指定的路径下已经产生了一个新的文件夹（见图 1—33）。

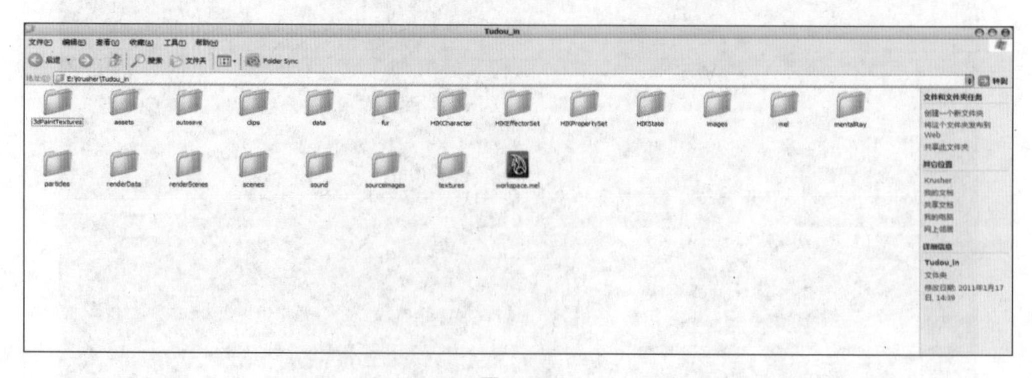

图1—33

Maya 工程文件夹里的文件摆放是有默认的路径的，其中，Scenes 文件夹是放置 MB 文件的地方；Sourceimages 文件夹是放置贴图文件的地方；3dPaintTextures 文件夹是使用 Maya 自带的画笔工具后生成的贴图文件所在的文件夹。这三个文件夹是日常建模时接触最多的文件夹。

Maya 工程目录建好后，就可以制作模型了，图 1—34 是该场景模型的设计稿。

图1—34

1.2 制作墙和地面的模型

拿到一张设计稿后，最先制作的通常是整个场景的基座或者说地形，通常是地面。从图 1—34 中可以看出，我们要设计的是一个室内的场景，所以首先要制作的是墙和地面。接下来，我们就通过制作墙和地面来熟悉模型的制作方法。

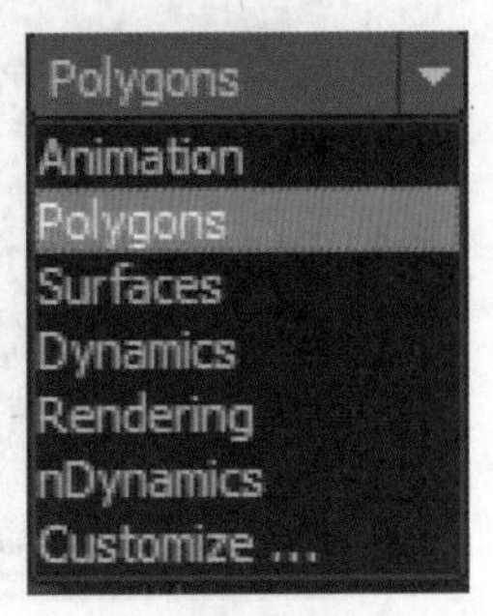

图1—35

步骤 1 切换到 Polygons 模块（见图 1—35）。

步骤 2 点击 图标，在坐标的原点处会出现一个网格数是 10×10，且通道盒里的所有数据都是原始状态的多边形面片（见图 1—36）。

从设计稿中可以看出，场景的地面是一个近似 L 的形状。

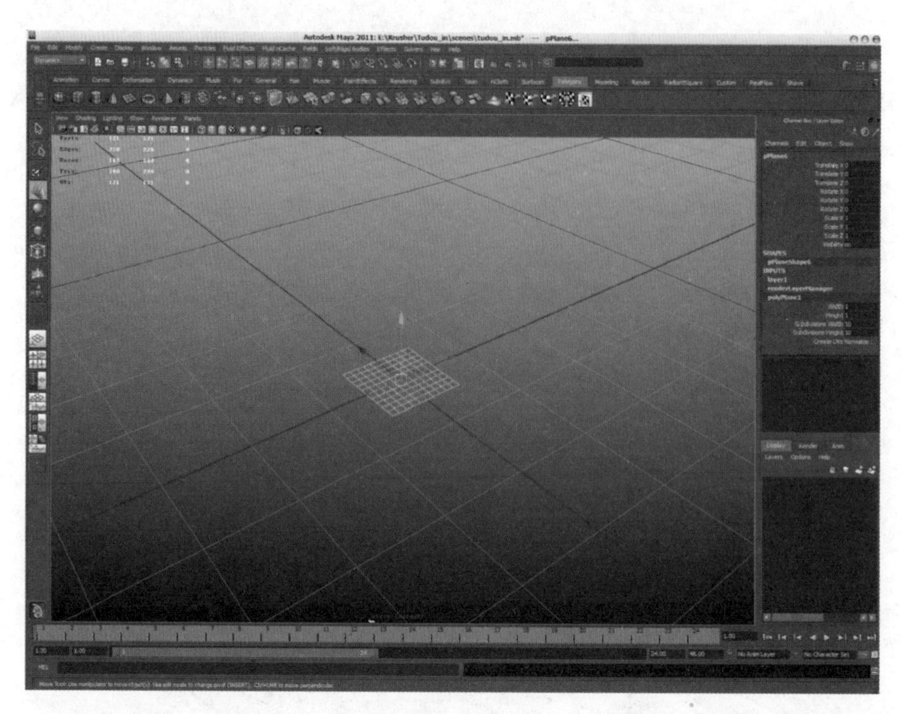

图1—36

步骤3 选择多余的面，将其删除（见图1—37）。

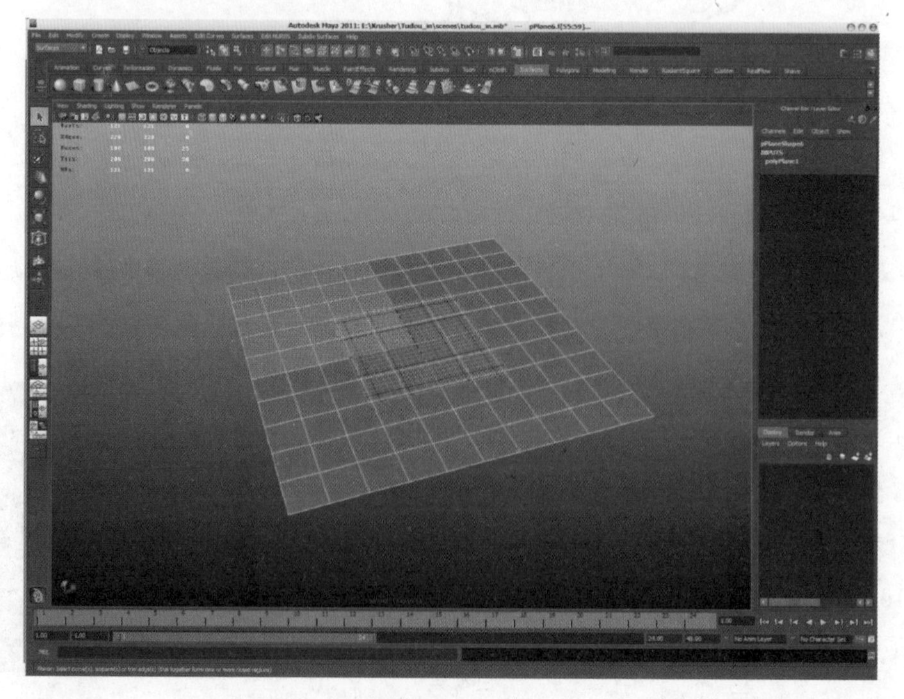

图1—37

步骤 4 选择最外面的一圈环线（见图 1—38）。快速选取环线可以通过双击某一条边来实现。该方法也可以用来快速选取环面。

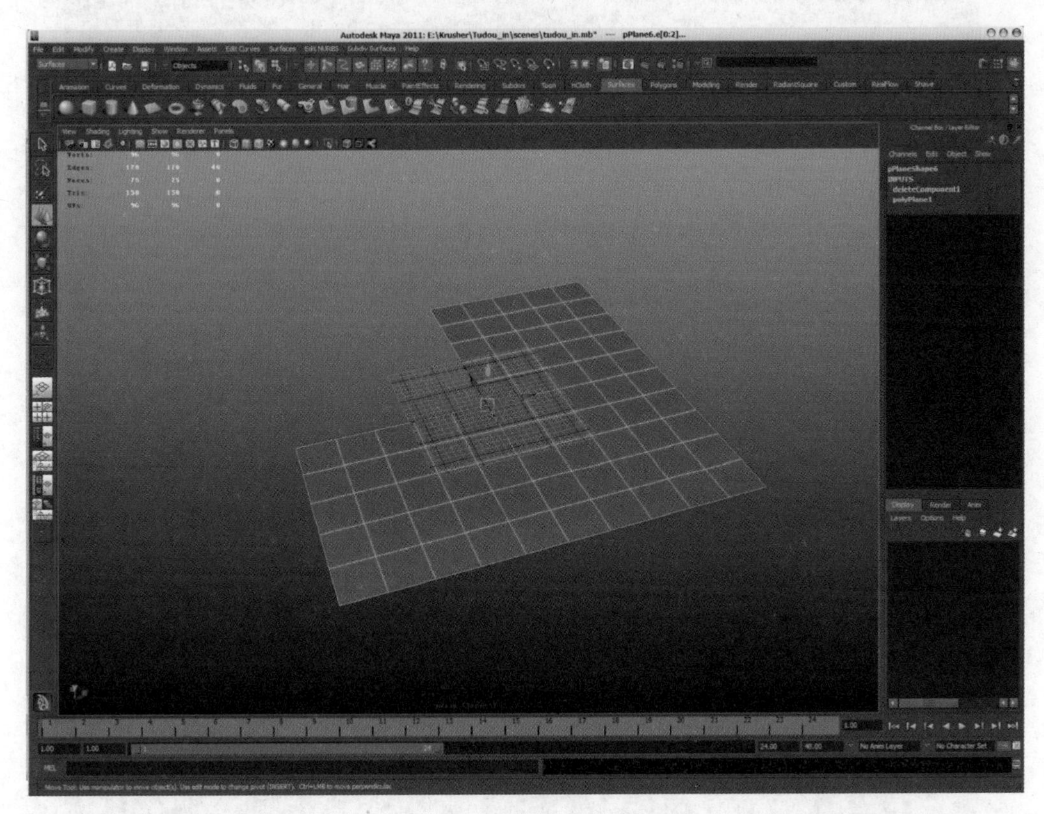

图1—38

步骤 5 点击图标，把环线挤出（见图 1—39）。

这五步完成后，墙和地面的基形就做好了。

步骤 6 点击图标，增加模型的精度（见图 1—40）。

步骤 7 调整了模型的精度之后，就可以着手调整模型的形状了。形状调整之后的样子如图 1—41 所示。

从设计稿中可以看出，这个室内的地面并不是一个平面，还有一个台阶，所以还要做下面的工作。

步骤 8 选择台阶下面的面（见图 1—42），点击图标，使用挤出工具，挤出后的形状如图 1—43 所示。

这样，墙和地面的模型就建好了。

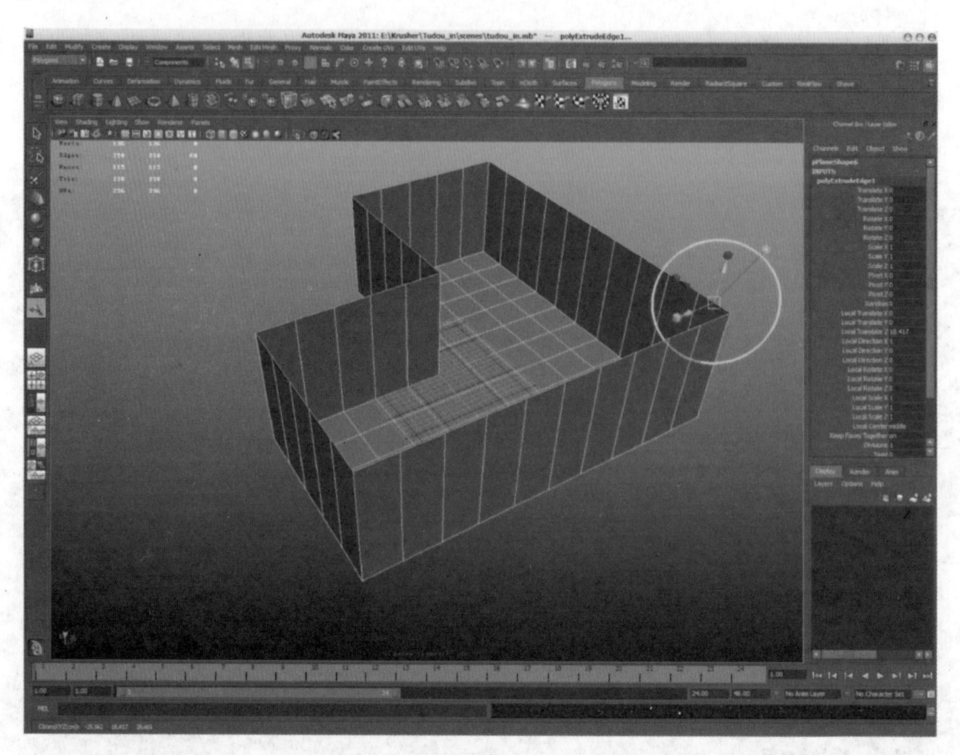

图1—39

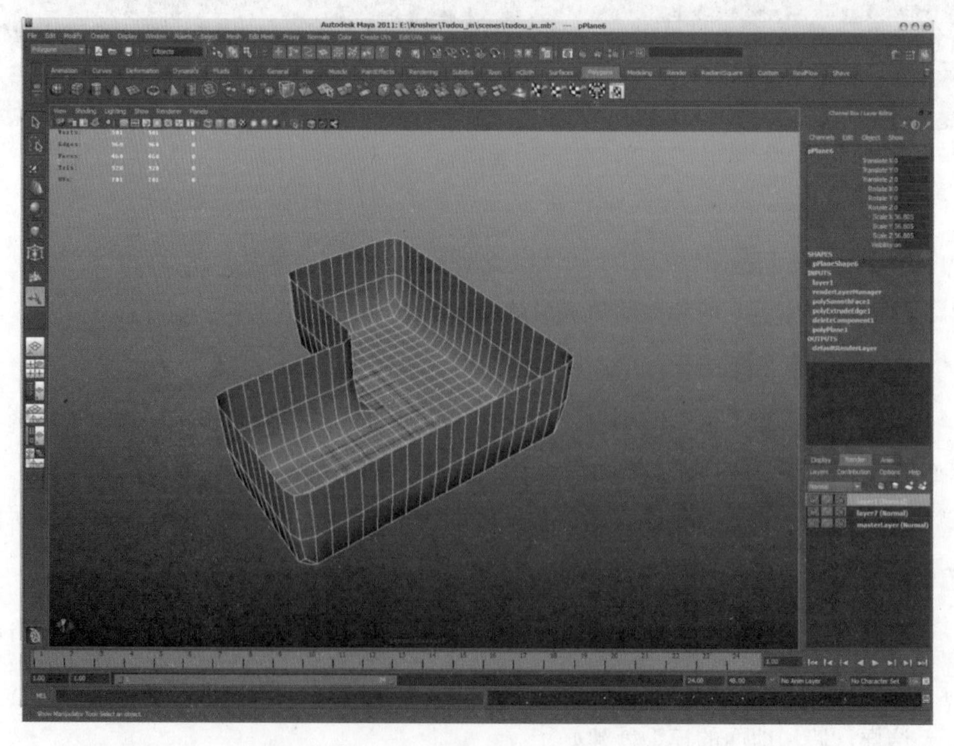

图1—40

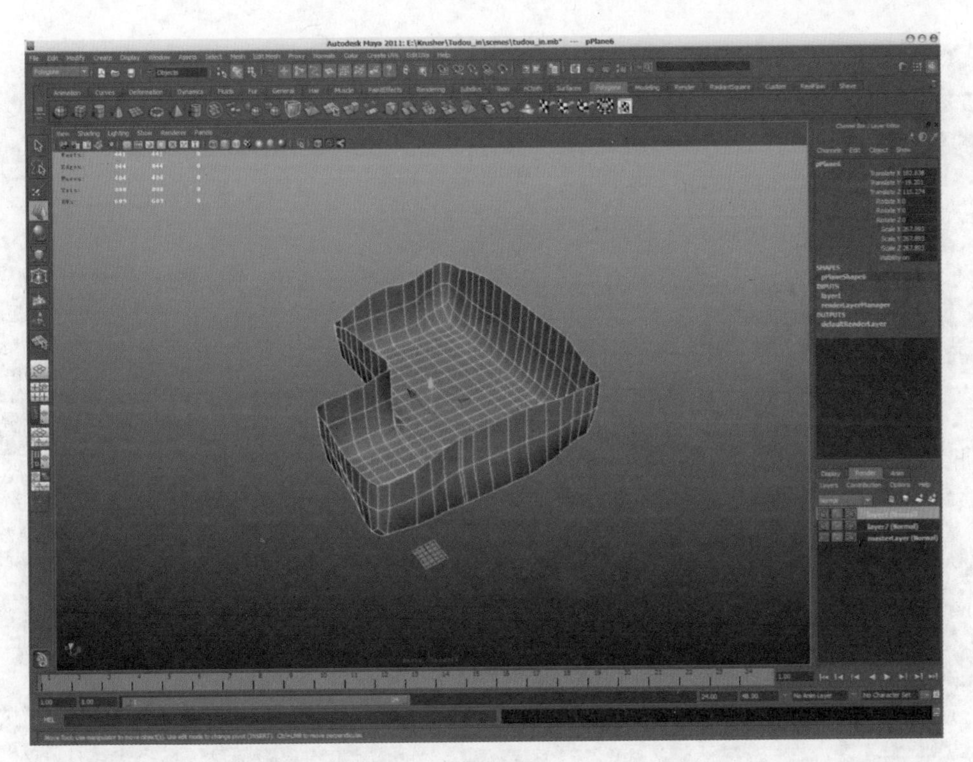

图1—41

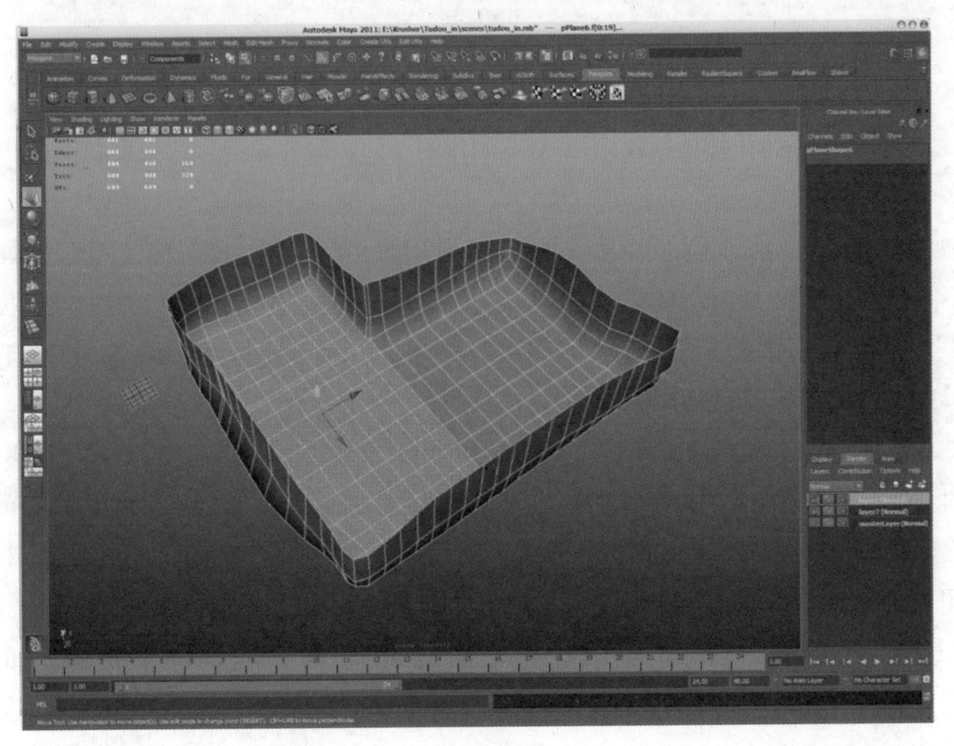

图1—42

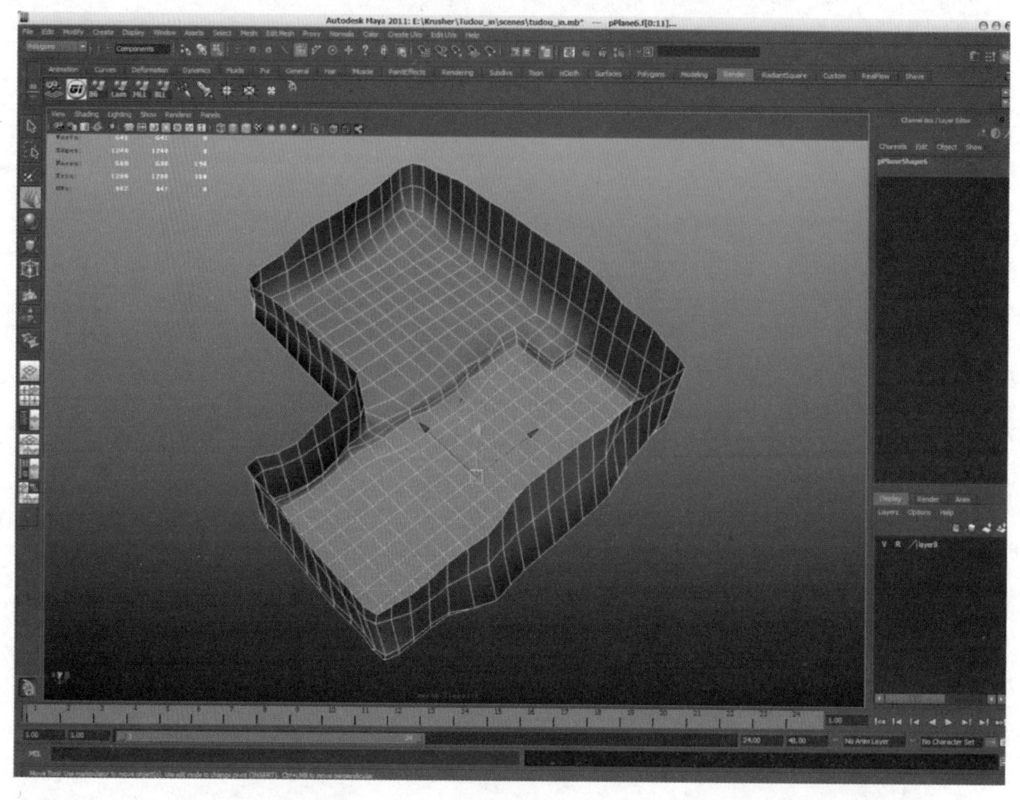

图1—43

1.3 制作门和窗的模型

完成墙和地面的模型后，下一步要制作的是门和窗的模型。首先来制作台阶上较小的那个门。

步骤 1 在台阶上找到小门所在的位置，使用加点工具制作门的轮廓（见图 1—44）。

步骤 2 调整造型，删掉一些不需要的线（见图 1—45），制作出门的基本造型。

步骤 3 选择属于门的面，点击图标，挤出门的厚度（见图 1—46），然后删掉挤出的面，为门板留出空间（见图 1—47）。

步骤 4 在门框的轮廓线上加一根环线，用来卡住轮廓线。因为最后提交渲染的时候并不是在现在做的模型基础上直接渲染，而是 Smooth 一级之后再渲染，这样就会牵涉一个问题，即 Smooth 会对模型上的线进行平均加倍，如图 1—48 所示。(a) 图未加环线，(b) 图加了环线，(c) 图由 (a) 图 Smooth 后得到，(d) 图由 (b) 图 Smooth 后得到。很明显，(d)图中的门的轮廓更加鲜明。这是由 Smooth 的特性决定的，因为 (b) 图中的门的轮廓上有更多的线，所以 Smooth 后，门的轮廓的线，也就是结构线会更多，造型也就更紧凑。这种方法在制作其他模型的时候也需要用到。

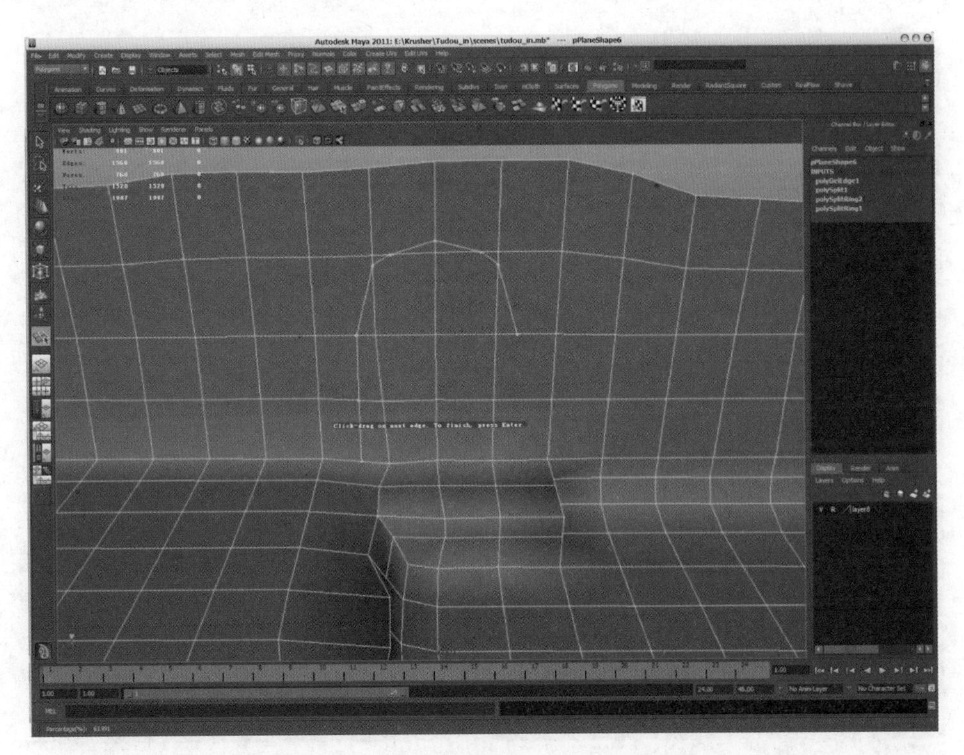
Autodesk Maya 2011: E:\Krusher\Tudou_in\scenes\tudou_in.mb* --- pPlaneShape6

图1—44

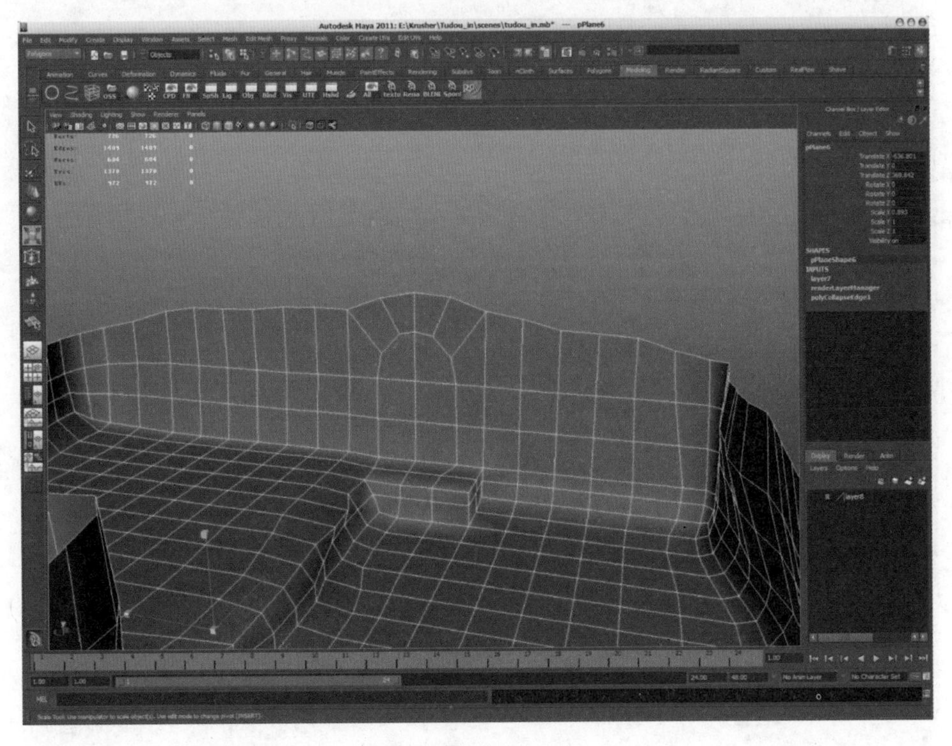
Autodesk Maya 2011: E:\Krusher\Tudou_in\scenes\tudou_in.mb* --- pPlane6

图1—45

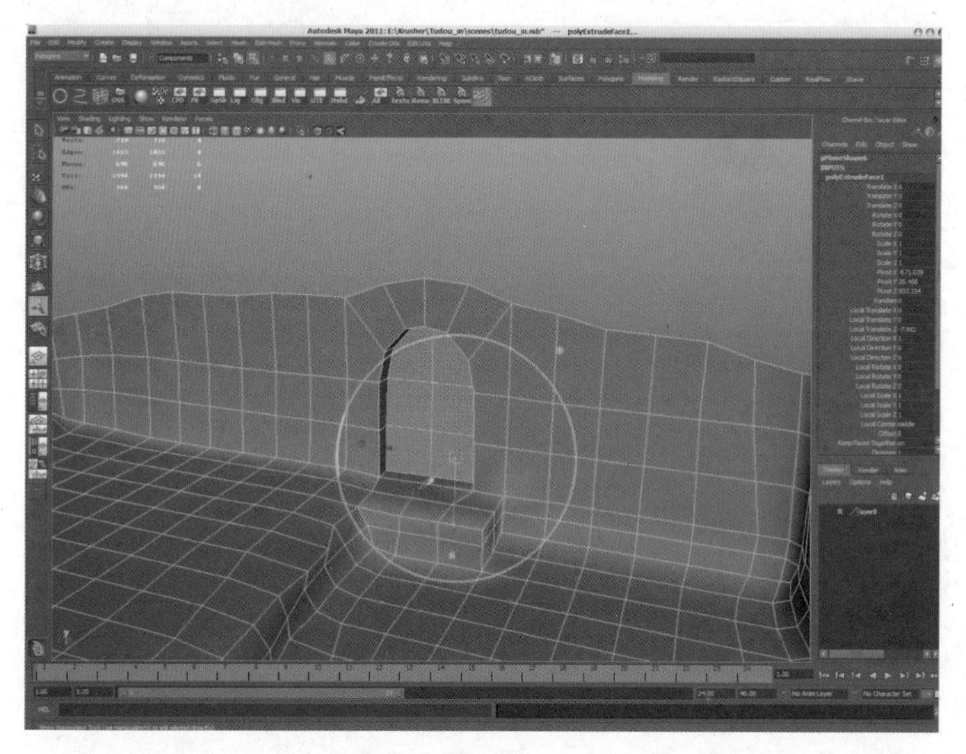

图1—46

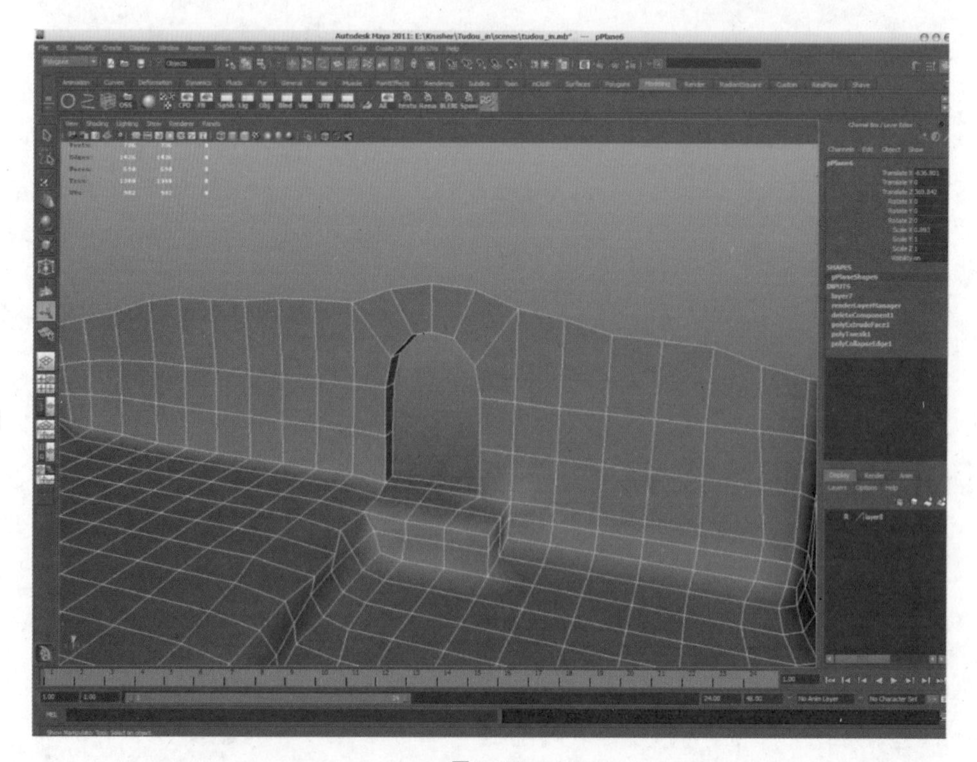

图1—47

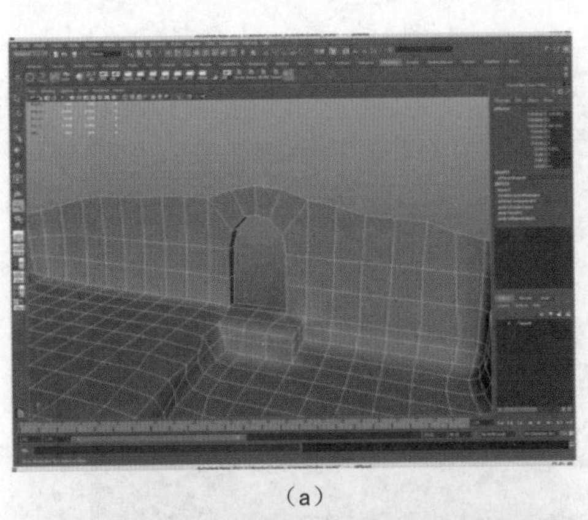
（a）

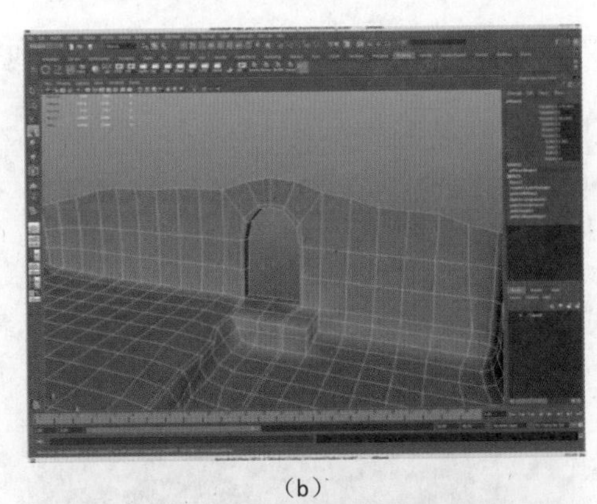
（b）

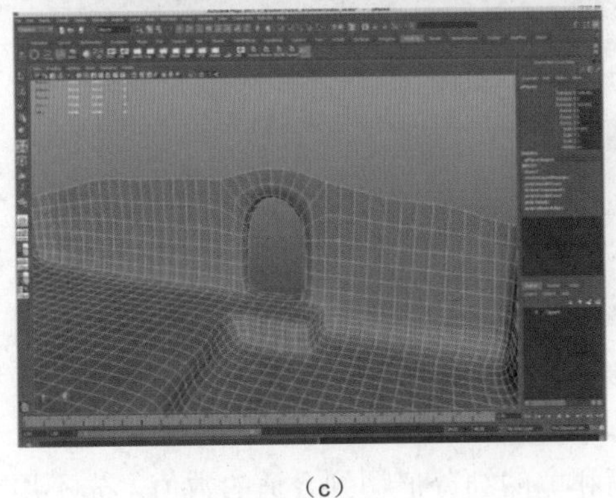
（c）

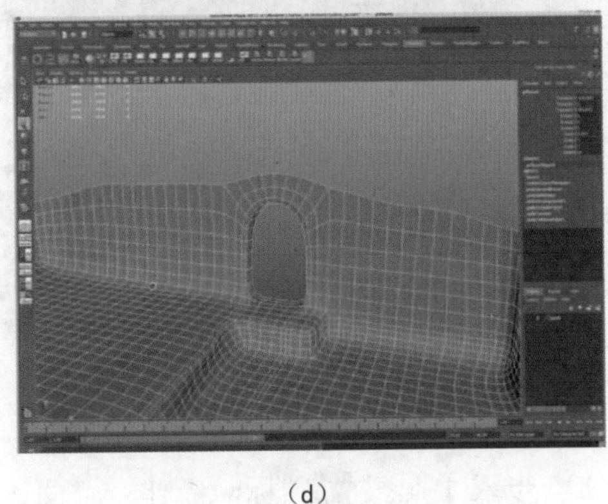
（d）

图1—48

注意：在 Maya 2011 里，我们可以快速预览物体 Smooth 之后的效果。选择物体，按键盘上的 3 键，就可以看到 Smooth 后的效果了。预览看到的效果，大概是物体 Smooth 两次之后的样子。

步骤 5 用同样的方法制作出窗户和另一个门框（见图 1—49）。

门窗制作完成后，可以选择 Edit>Delete by Type>History，删除之前编辑物体时留下的历史记录，再选择 Modify>Freeze Transformations，把物体通道盒里的数值归零。删除历史记录可以避免出现由于建立很多模型之后内存占用过多而导致的 Maya 操作起来有点卡的问题，这是一个很好的习惯，建立大家养成并保持。数值归零在建模过程中也是需要经常做的，这样做可以防止我们在不小心进行位移操作后忘记物体之前的位置或者其他属性。

1.4 制作门板和门柱的模型

接下来要制作的是门板和门柱的模型。

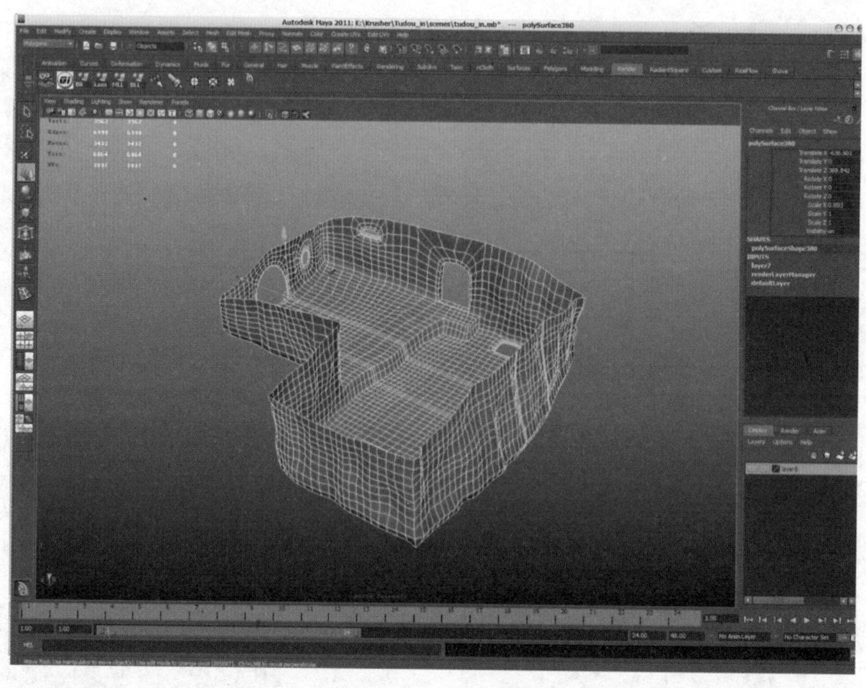

图1—49

步骤 1 点击图标，新建一个面，把高和宽的细分值调到合适的数值，先不用太多，能够调出基本形体就可以（见图 1—50）。

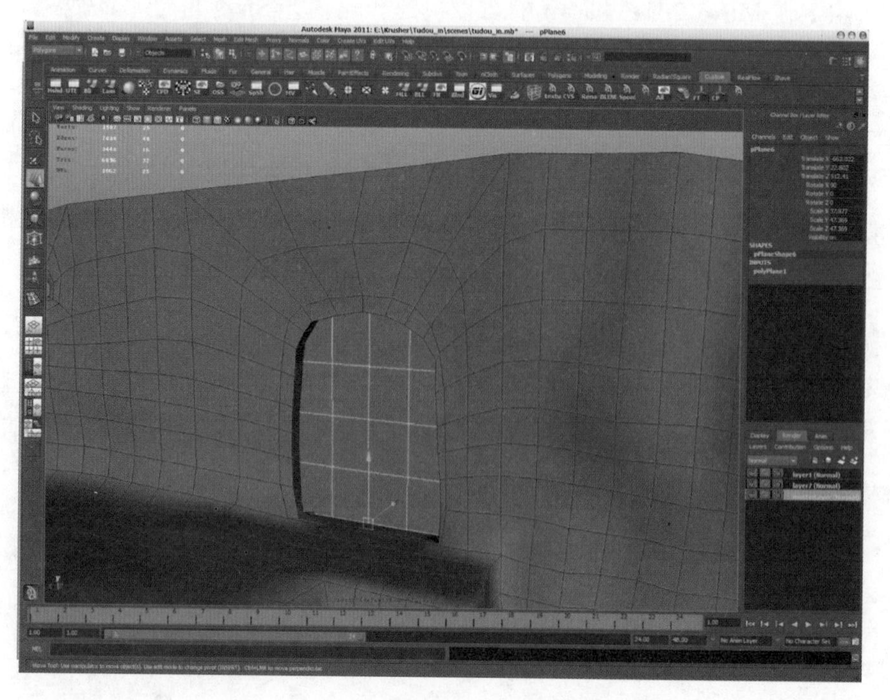

图1—50

步骤 2 像之前做门框一样，调整门板的形状，使它和门框贴合（见图 1—51）。

步骤 3 把门上的洞挖出来（见图 1—52）。

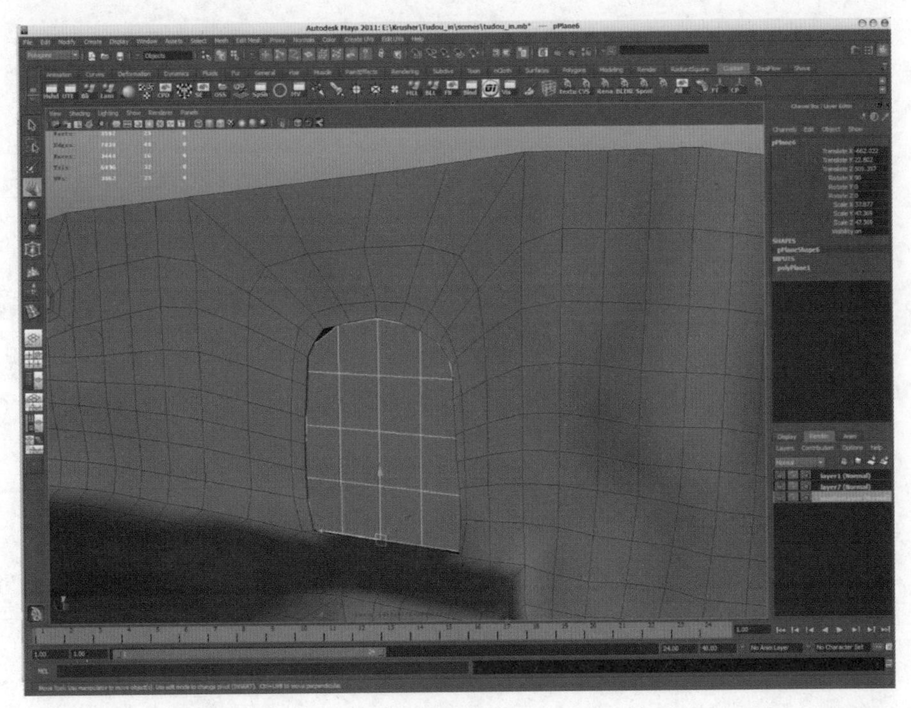

图1—51

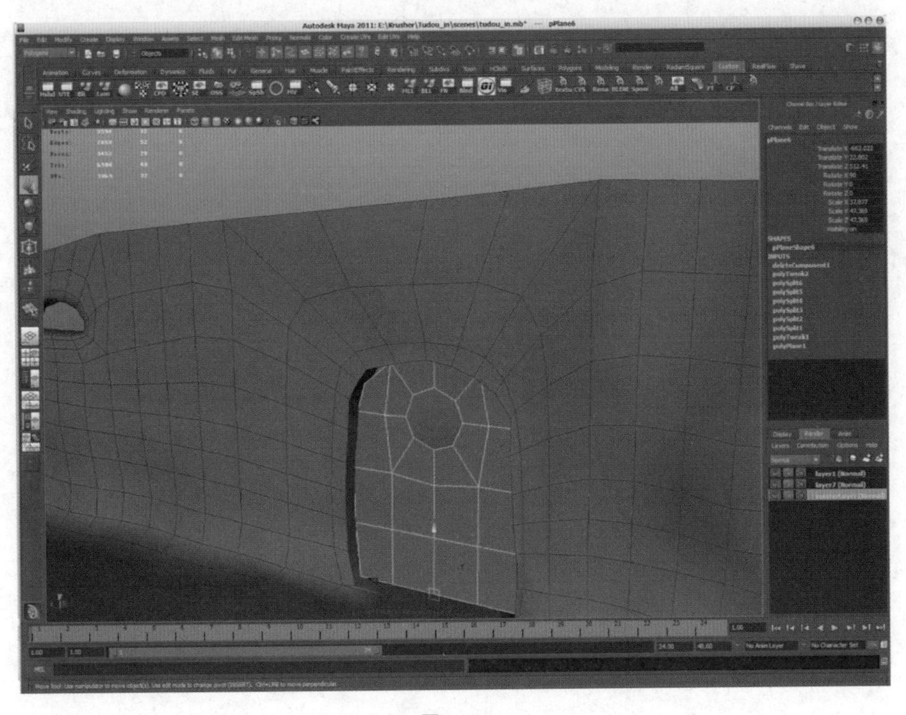

图1—52

步骤 4 选中门上的面，点击图标，挤出门的厚度（见图 1—53）。

步骤 5 使用加环线工具添加模型的细节（见图 1—54）。

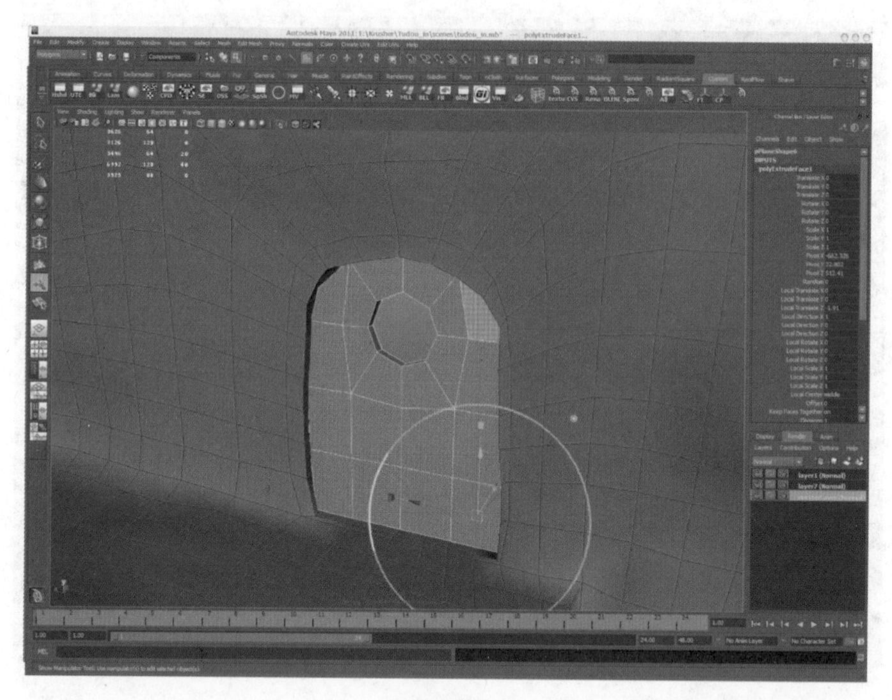

图1—53

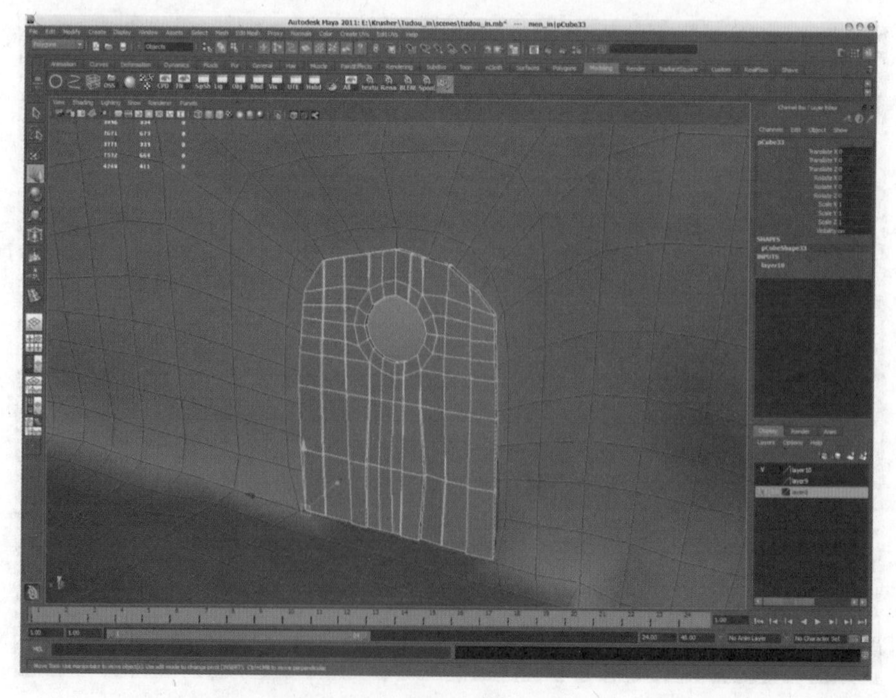

图1—54

步骤 6 接下来制作门柱。点击图标，新建一个圆柱（见图 1—55）。

把相关属性的细分值调到合适的数值，先不用太多，能够调出基本形体就可以（见图 1—56）。

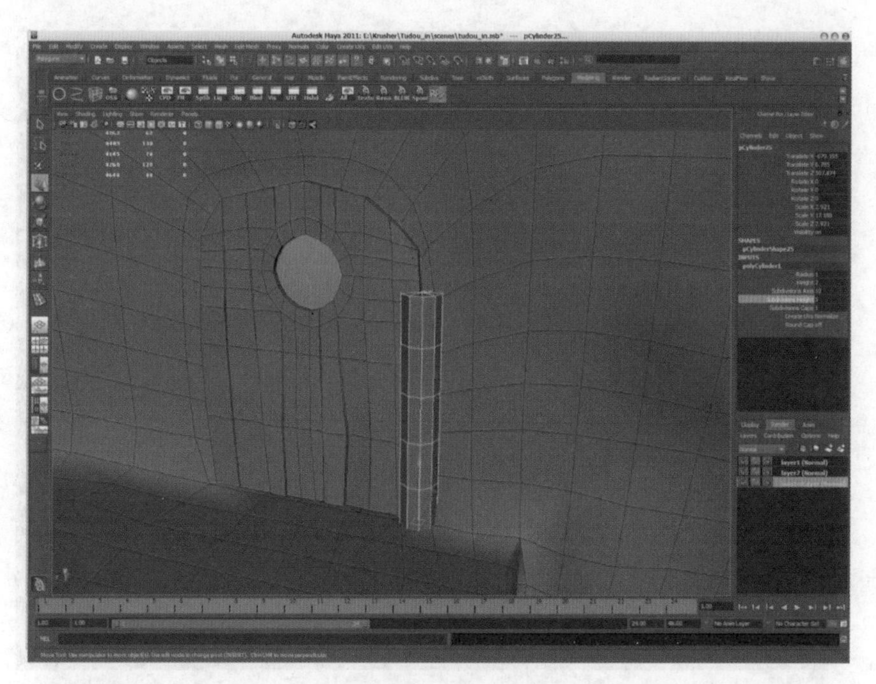

图1—55

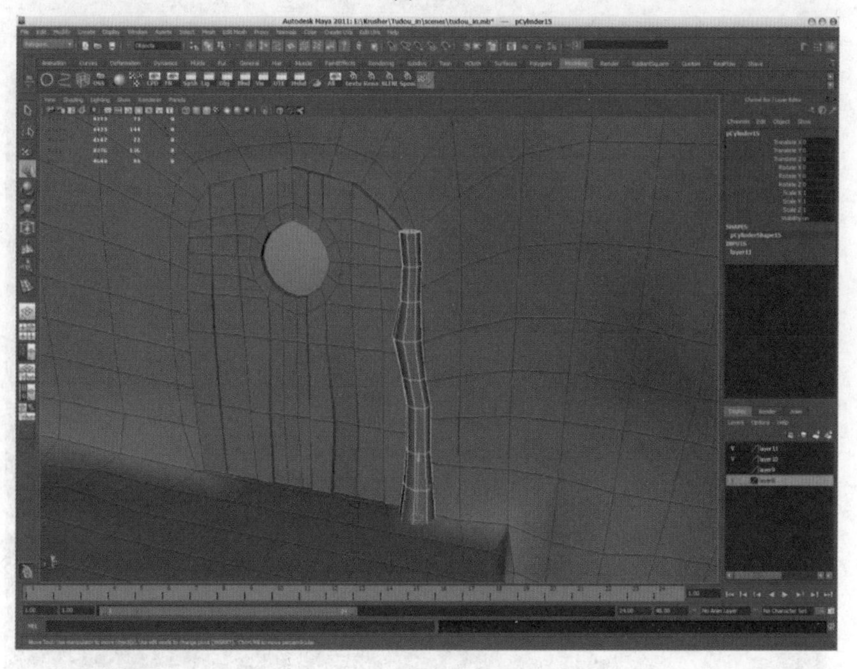

图1—56

另外两个门柱可以通过复制后再调整的方法制作出来（见图 1—57）。

到此，这扇门就完成了。我们可以用同样的方法制作出其他物体的模型。完成后的场景模型如图 1—58 所示。

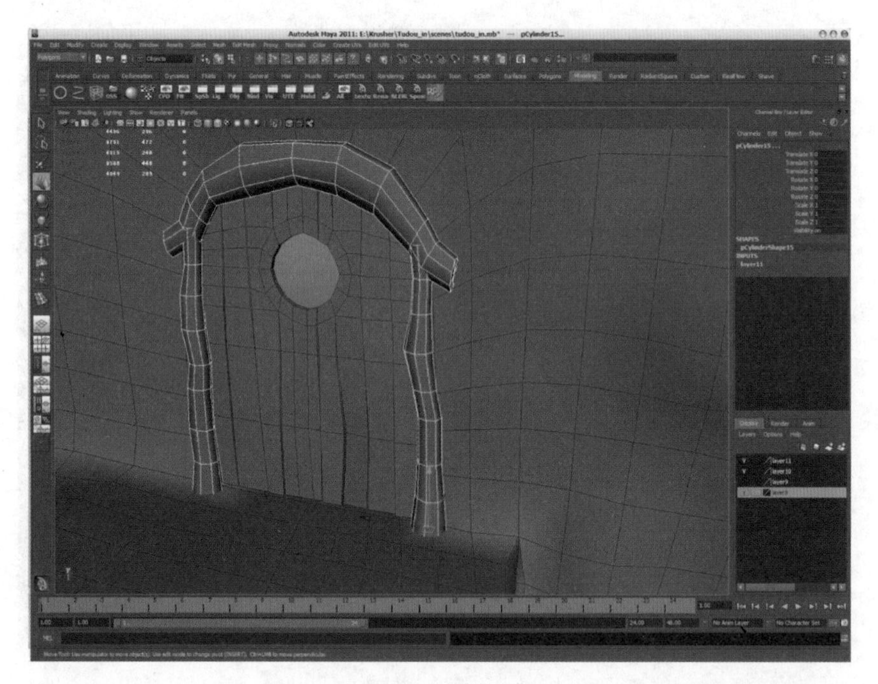

图1—57

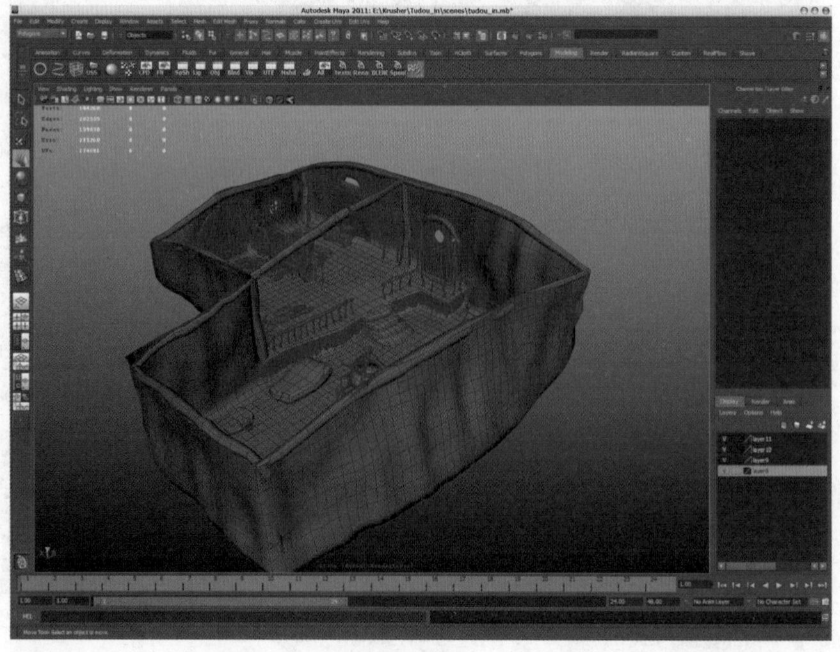

图1—58

知识拓展

1.1 建模的技巧以及建模工具的快捷使用方法

相信通过之前若干模型的制作，大家已经对建模有了基本的认识。是不是觉得很枯燥？是不是觉得自己做得很慢？别急，下面就为大家总结一些前人的经验，希望能对大家有所帮助。

在建模的时候，有些步骤是必须执行的，比如删除历史记录和数值归零。另外，在制作场景的时候，务必把人物放进场景核对比例（如果没有就先搁置）。核对比例这项工作是必须完成的，否则极有可能出现场景做完后，把人物放进场景一看，人物穿到了场景外面，或者人物还没有一块小石头大等情况。在绝大多数情况下，比例要以人物为准，因为人物会牵涉后期绑定等问题。

制作模型有很多快捷键，模型制作速度的快慢与你对快捷键掌握的熟练程度成正比。下面介绍一些工具的快捷使用方法。

（1）Maya 的工具架。

工具架的好处是直观，而且可以自己设置，我们可以把平时较常使用的工具放到工具架上。方法是，先找到想要的工具，然后按住键盘上的 Shift+Ctrl 键，点击想要添加的工具，该工具就会出现在工具架上了，如图 1—59 所示。这样在建模的时候，就可以省掉很多找工具的时间，效率就会提高很多。

当然，工具架上各个工具的名字和顺序都是可以编辑的。点击工具架左边的向

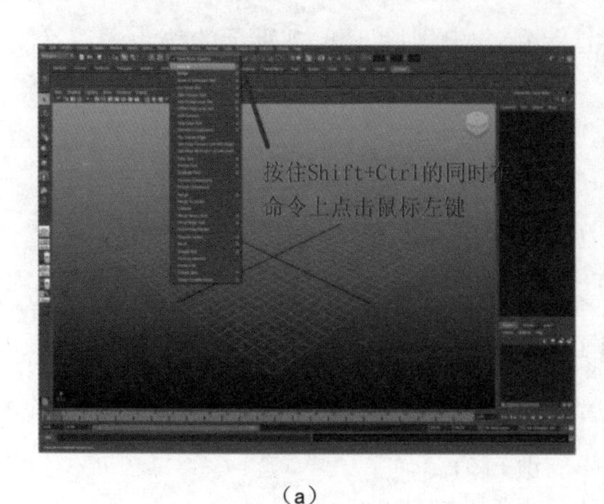

（a）

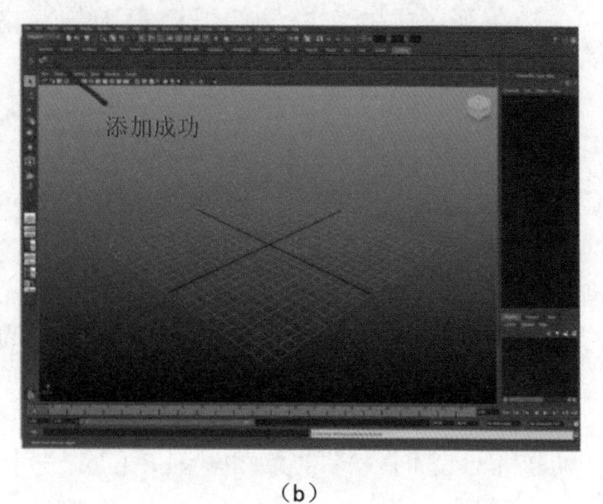

（b）

图1—59

下的箭头，打开工具架编辑器（见图 1—60 和图 1—61）。

如图 1—61 所示，可以在 Rename 栏里修改所选择的工具的名称，也可以调整工具的顺序，甚至可以改变图标。

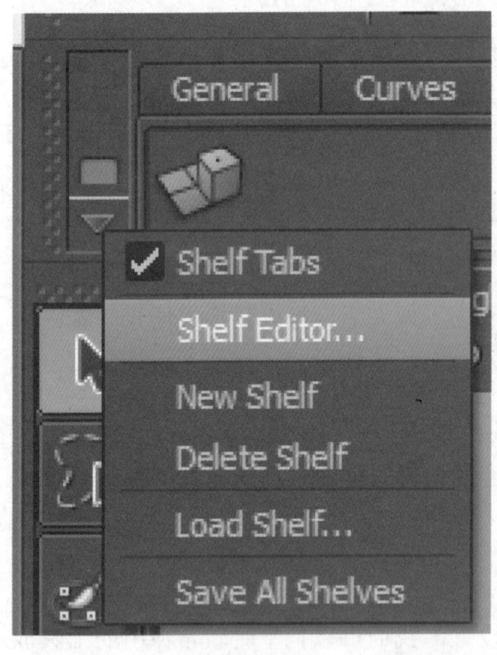

图1—60

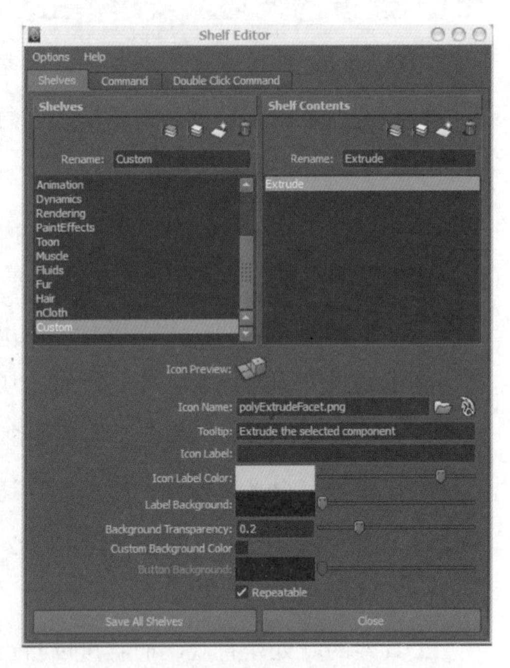

图1—61

这种方法能够提高效率，而且容错率低。不过，这并不是最快、最好的方法。下面就为大家介绍一种速度更快的方法，Maya 里绝大多数的操作都可以用它来实现。

（2）Maya 的浮动菜单。

在视图中的空白处按下键盘上的空格键，就会出现图 1—62 所示的菜单，这个菜单，包含了当前主菜单栏里的所有内容。这里主要介绍其中关于建模的快捷工具，如图 1—63 所示。

选中物体，按住 Shift 键 + 鼠标右键，就会出现图 1—63 所示的菜单，其中包含了所有可以对物体的整体层面进行操作的工具，如加点、加线、补面、切割、合并等。

需要物体元素（点、线、面）层面的工具时，可以在切换到相应的元素后，按住 Shift 键 + 鼠标右键，打开浮动菜单。这里以线为例，打开如图 1—64 所示的浮动菜单。这时，浮动菜单里显示的是关于线的编辑命令。

如果按住 Ctrl 键 + 鼠标右键，则会出现线的选择菜单（见图 1—65）。

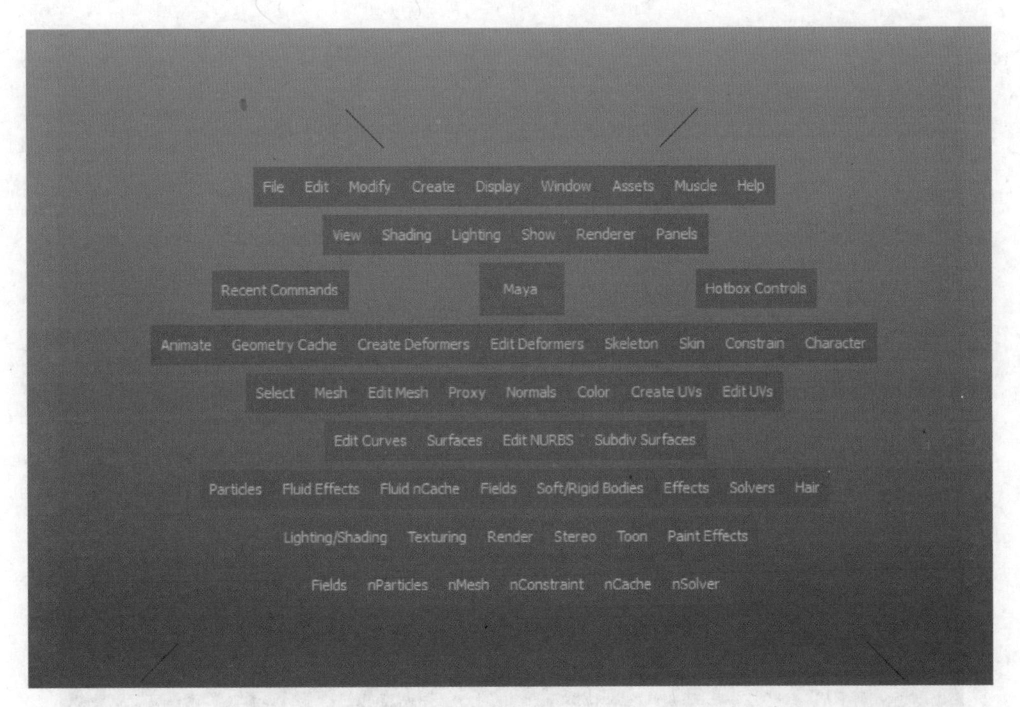
File Edit Modify Create Display Window Assets Muscle Help
View Shading Lighting Show Renderer Panels
Recent Commands
Maya
Hotbox Controls
Animate Geometry Cache Create Deformers Edit Deformers Skeleton Skin Constrain Character
Select Mesh Edit Mesh Proxy Normals Color Create UVs Edit UVs
Edit Curves Surfaces Edit NURBS Subdiv Surfaces
Particles Fluid Effects Fluid nCache Fields Soft/Rigid Bodies Effects Solvers Hair
Lighting/Shading Texturing Render Stereo Toon Paint Effects
Fields nParticles nMesh nConstraint nCache nSolver

图1—62

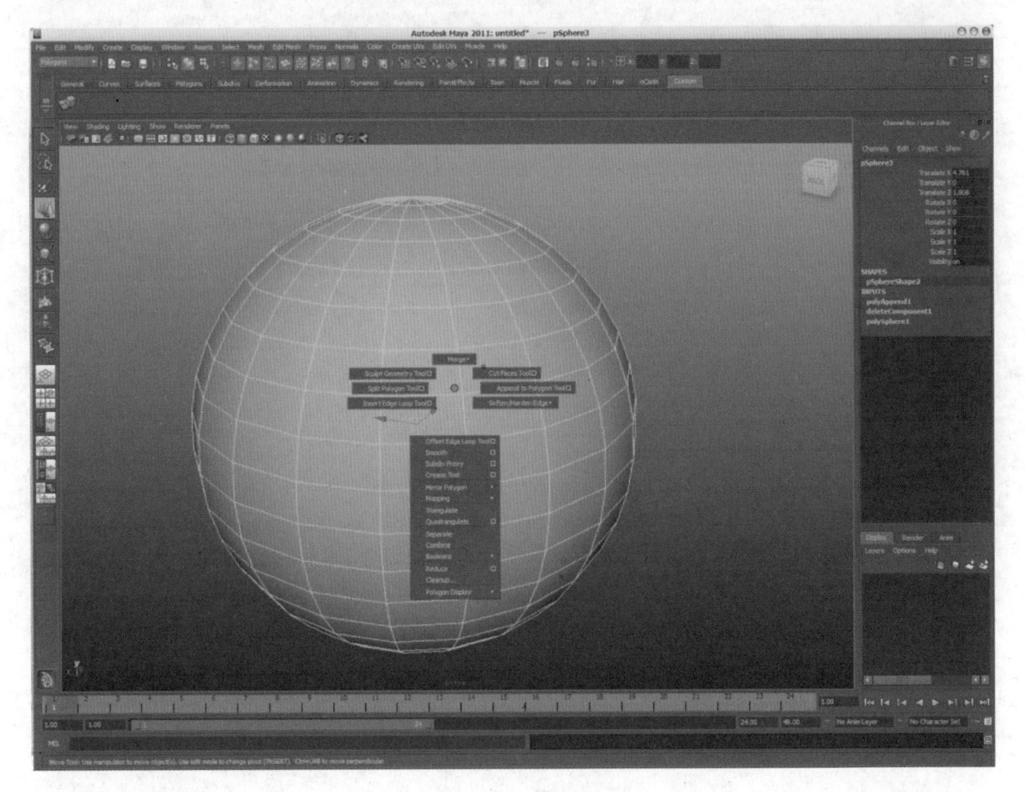

图1—63

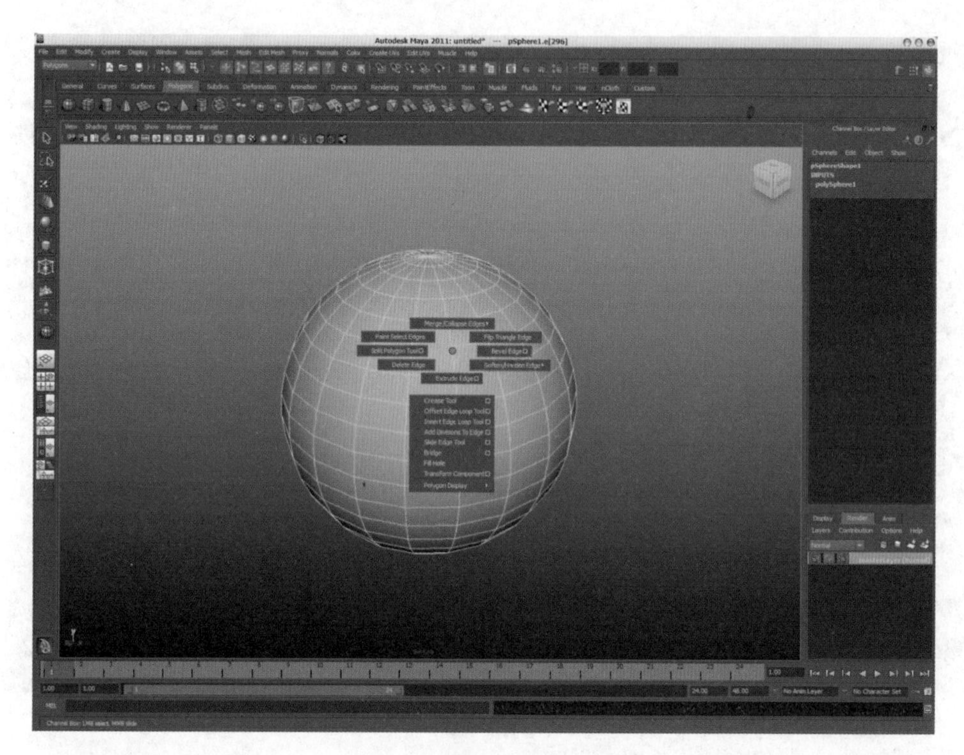
Autodesk Maya 2011: untitled* — pSphere1.e[296]

图1—64

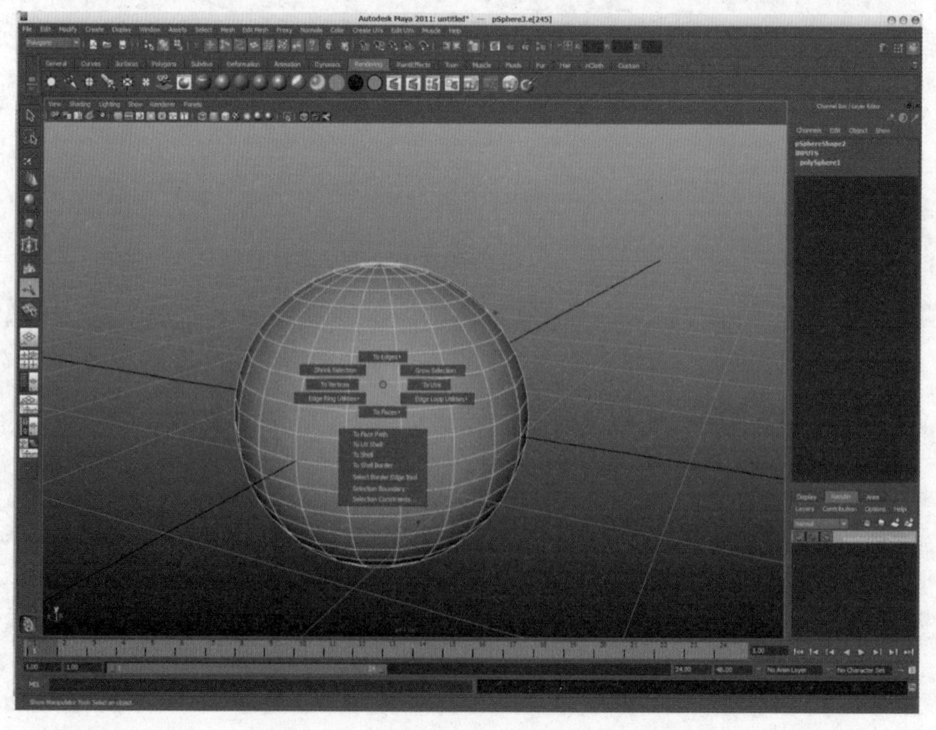
Autodesk Maya 2011: untitled* — pSphere3.e[245]

图1—65

是不是很方便？很多命令中还有次级菜单，不过对于建模的帮助不是很大，这里就不再赘述了。

浮动菜单的优点是速度快，在熟练掌握之后对提高效率很有帮助。但它也有缺点，就是容易误操作，而且对鼠标的损耗较大。

1.2 NURBS 建模

与多边形建模相比，NURBS 建模由于构建方式不同，因此一些基本操作会受到局限。比如，多边形可以任意切割或合并，而 NURBS 则无法做到这一点，而且切割或合并后得到的物体往往会和原物体不一致，这就造成了一些建模理念上的差异。但是，NURBS 建模在快速构建大面积的面片时，其建模特别是在后期的渲染上具备多边形建模所没有的优势，因此多用于工业设计和影视动画设计。

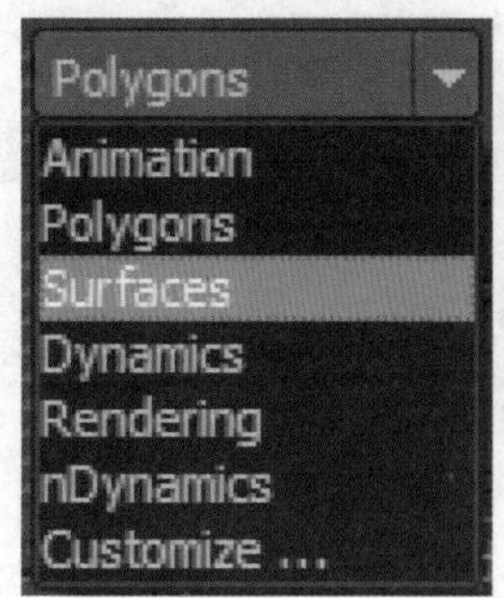

图1—66

下面我们就来简单了解一下 NURBS 的常用建模工具。在工具栏的下拉菜单中选择 Surfaces 模块，如图 1—66 所示，将菜单模式切换到 Surfaces 模块。

与多边形建模一样，NURBS 也在工具架上有一组常用工具的快捷图标（见图 1—67）。其中，前 6 个图标可用来创建 NURBS 的一些基本物体。

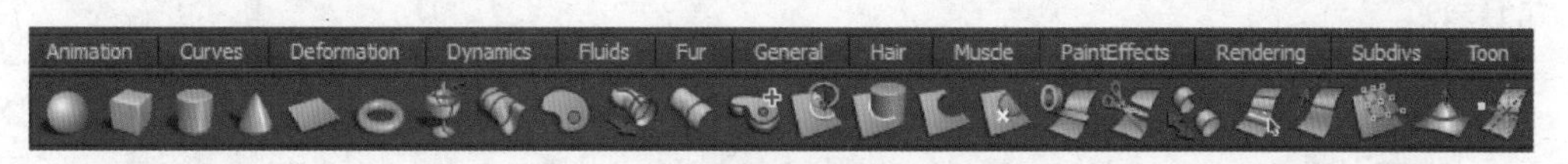

图1—67

在进一步介绍 NURBS 的建模工具前，我们先来介绍一下 Curves 工具，因为 NURBS 的很多工具都建立在线条的基础上。选择工具架上的 Curves 标签页，如图 1—68 所示。

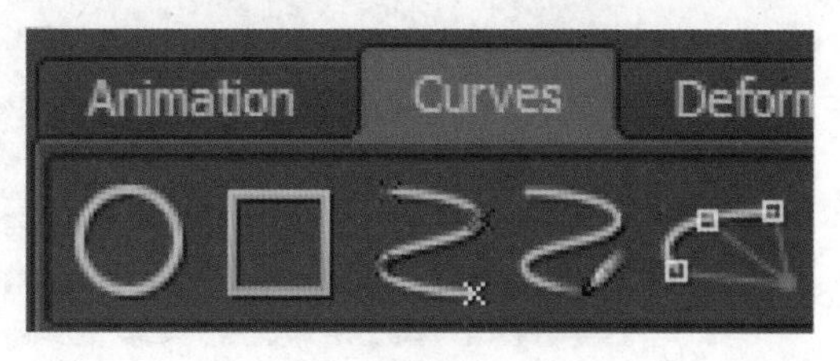

图1—68

○和□这两个图标可以用来创建基本图形：圆和矩形。具体操作方式是，点击图标，在工作区内拖动鼠标（交互式），或直接点击图标（非交互式），如图 1—69 所示。

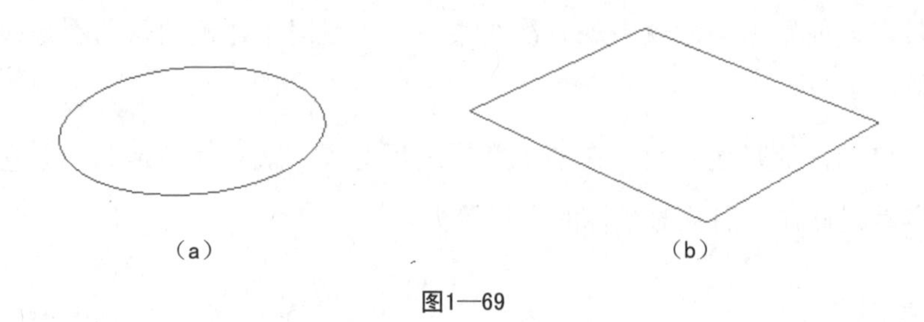

图1—69

图标用来自由画线。选中该图标后，在工作区点击鼠标左键，计算机会根据点击的顺序，将所点击的点用线连接起来。创建线条时，可以先双击图标，进行一些设置，如图 1—70 所示。

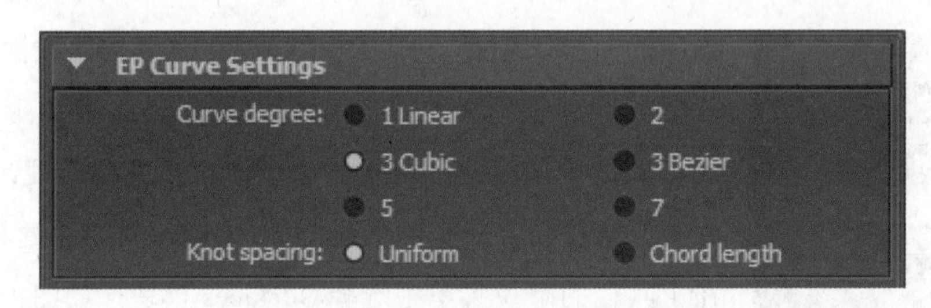

图1—70

其中，1 Linear 和 3 Cubic 是最常用的。1 Linear 用来画直线，3 Cubic 用来画曲线，如图 1—71 所示。

了解了 Curves 工具后，我们可以用它结合 NURBS 的建模工具来制作一些基本的模型。

（1）Revolve（旋转成型，）。

作用：将某条曲线绕着某个指定的轴线旋转，从而形成一个曲面。如图 1—72

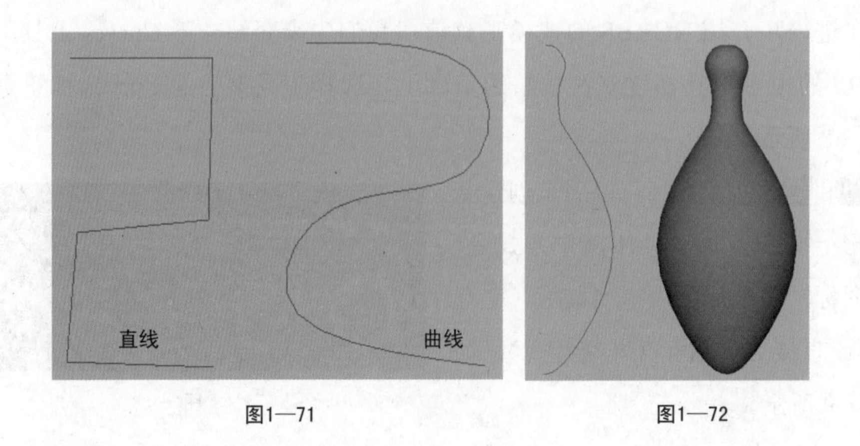

图1—71　　图1—72

所示，右边的物体就是用左边的线条，绕着 Y 轴旋转形成的。这一工具常用来制作酒瓶、奖杯等物体。

操作方式：选择要旋转的曲线，点击执行。

（2）Loft（放样，）。

作用：根据指定的若干条曲线的形状，制作出一个新的曲面（见图 1—73）。

操作方式：依次选择若干条曲线，点击执行。

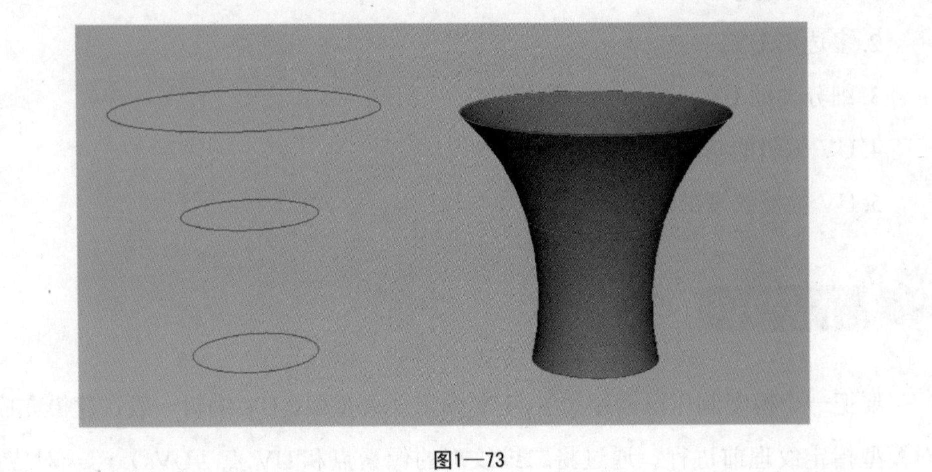

图1—73

任务2 UV编辑

要点提示

1. UV 的概念。
2. 多边形 UV。
3. 细分曲面 UV。
4. UV 编辑的基本原则。
5. UV 检测纹理的应用。

背景知识

要把一个模型制作得栩栩如生，UV 编辑至关重要。UV 编辑一般在建模完成后，对模型指定纹理前进行。通过将二维纹理的像素点和 UV 点（UVs）一一对应，映射到物体的 UV 平面纹理坐标系，可以控制纹理在模型上的对应关系，方便日后绘制贴图。

2.1 UV 的概念

UV 是定位二维纹理的坐标，主要针对多边形与细分曲面，用来控制二维纹理在模型上一一对应的关系。如图 1—74 所示，UV 点和二维纹理像素点将被放置在该模型上的 UV 所依附的顶点上。

严格来说，内部计算所使用的 UV 纹理坐标其实也是一种三维纹理坐标，只不过每个纹理坐标点的 Z 值全部为 0。纹理坐标与二维平面对齐时，只使用 X 值和 Y 值，而忽略 Z 值，并用 U、V 代替原始的 X、Y。U 相当于 X，代表二维平面的水平方向；V 相当于 Y，代表二维平面的垂直方向。

需要注意的是，UV 纹理坐标是指映射纹理时使用的二维平面坐标。使用纹理映射时，几何体表面的控制点不仅具有三维空间坐标属性，还具有和三维空间坐标对应的 UV 纹理坐标属性。

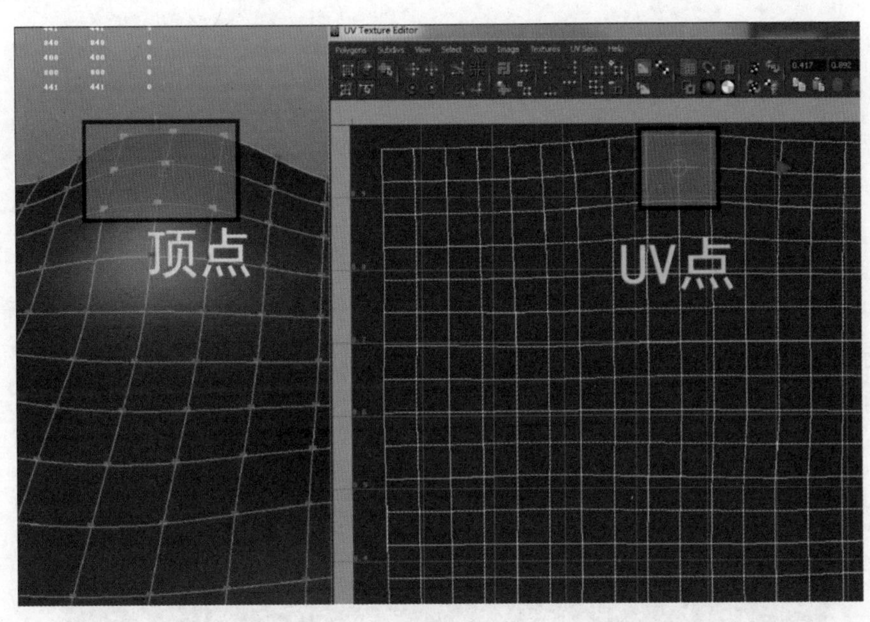

图1—74

在 Maya 里，UV 可以以多边形 UV 和 NURBS UV 两种形式存在。多边形 UV 是可编辑的元素，比较灵活，应用相对广泛。而 UV 在 NURBS 中自始至终都存在，不像多边形那样需要创建或编辑。NURBS UV 具有 NURBS 面片内置和不可以编辑这两个特性。如果将纹理放置在 NURBS 面片上，可看做 NURBS 面片的 UV 充满了纹理的 0 ～ 1 空间。

总体而言，UV 的可编辑性是多边形，而 UV 的均匀延展性、完整性和不重叠性则是 NURBS 的优点。

2.2 多边形 UV

2.2.1 多边形 UV 的映射

开始编辑 UV 之前，可以给模型指定一个适当的基本映射，这项工作是重要的但不是必需的。在一个没有编辑好 UV 的模型上，即使不使用这些基本映射，也可以把模型的 UV 编辑好。映射相当于把一种纹理通过幻灯机投射到模型表面，不同类型的映射相当于使用了不同型号的投射灯。Maya 中有四种基本映射：Planar Mapping（平面映射）、Cylindrical Mapping（圆柱映射）、Spherical Mapping（球形映射）、Automatic Mapping（自动映射）。在应付复杂的多边形模型编辑工作前，选定适当的映射方式，可以节省更多编辑 UV 的时间。给模型指定基本映射后，通常还要做进一步的 UV 编辑，因此基本映射又称做预映射。

（1）平面映射。

平面映射命令的路径是 Create UVs > Planar Mapping。如果针对的是墙、地面和桌子等比较大的块面，可以直接选择平面映射。也就是说，如果模型是比较接近面的平面，就可以选择平面映射。平面映射的参数如图 1—75 所示。

Fit projection to Best plane：适配最佳平面，指 Maya 自动用最佳的平面映射方式进行 UV 映射。

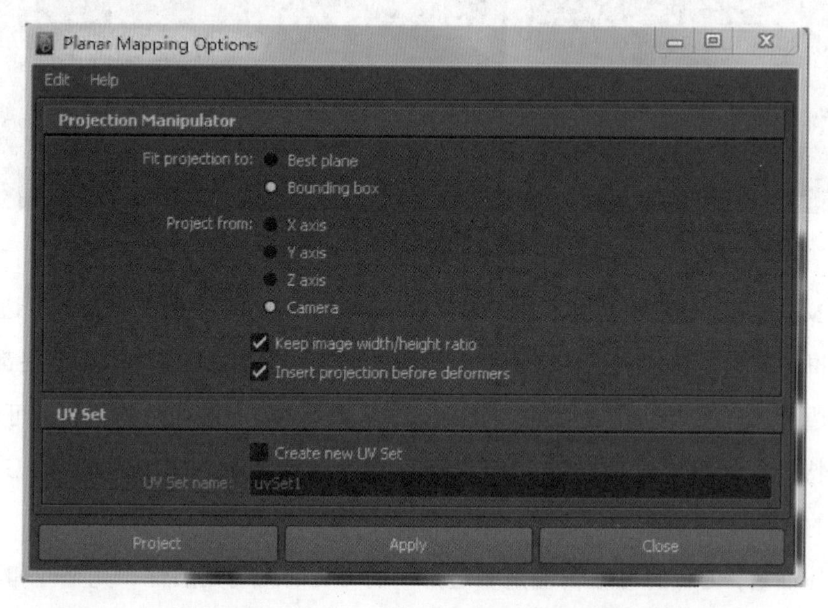

图1—75

Fit projection to Bounding box：适配映射范围框，指对模型的一个或多个平面，使用同一种纹理映射。选择该项，将会激活 Project from（映射方向）选项，内含 X 轴、Y 轴、Z 轴和 Camera（摄像机）4 种方向，从中选择一种以便更好、更准确地确定 UV。其中，Camera 方向指根据当前视图的方向来映射 UV。选择 Fit to Bounding box 后，映射操作器会自动匹配在模型范围内，如图 1—76 所示。

注意：映射操纵器是在模型映射 UV 之后对映射进行交互调节的一个工具。使用映射操纵器时，Maya 会自动切换到 Show Manipulator Tool（显示操纵器，），如图 1—77 所示。无论是平面映射、圆柱映射，还是球形映射、自动映射，其操纵器的使用方法都是一样的，也比较好理解，与建模时的移动、旋转、缩放等普通操作方法类似。点击移动、旋转、缩放切换手柄会出现操纵器的旋转轴，如图 1—78

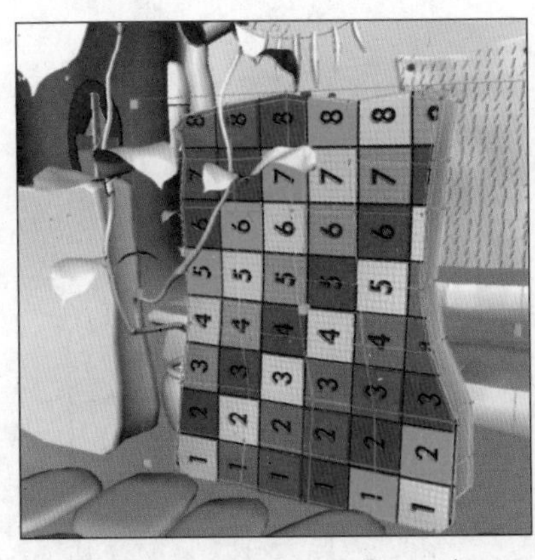

(a) Fit Projection to Best plane

(b) Fit Projection to Bounding box

图1—76

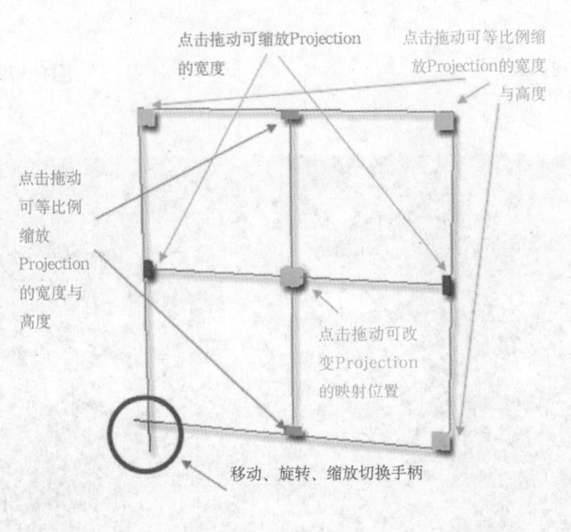

图1—77

和图 1—79 所示。

Keep image width /height ratio：保持纹理贴图的宽、高比例。

Insert projection before deformers：在变形之前编辑 UV。当多边形模型应用变形时，该选项被关联。打开该选项，Maya 会把映射 UV 的操作放在变形动画之前。如图 1—80 所示，左边是变形之前的模型，中间是打开这个选项的效果，右边是关闭这个选项的效果，从中可以看出，右边模型的纹理在漂移。注意，该选项在 Maya 2011 中是默认打开的。

Create new UV Set：创建新的 UV 组，指创建放置当前所建 UV 的新的 UV 组，而不使用模型默认的 map1 的 UV 组。激活该选项后，可在 UV Set name 栏中设置 UV 组的名称。在 Maya 中，UV 组中的 map1 是不可删除的，因此最好不要修改

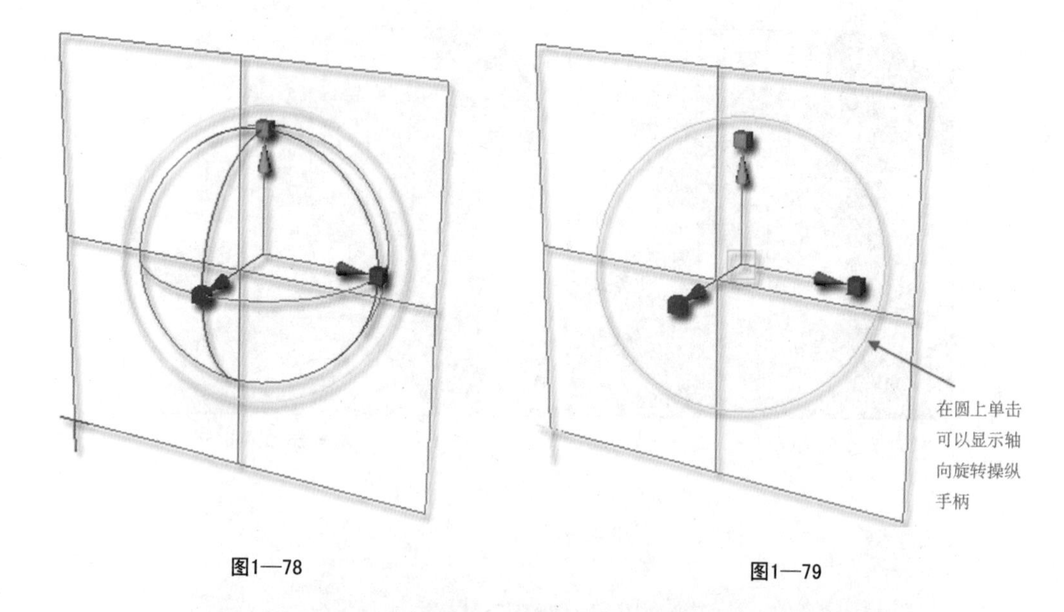

图1—78　　图1—79

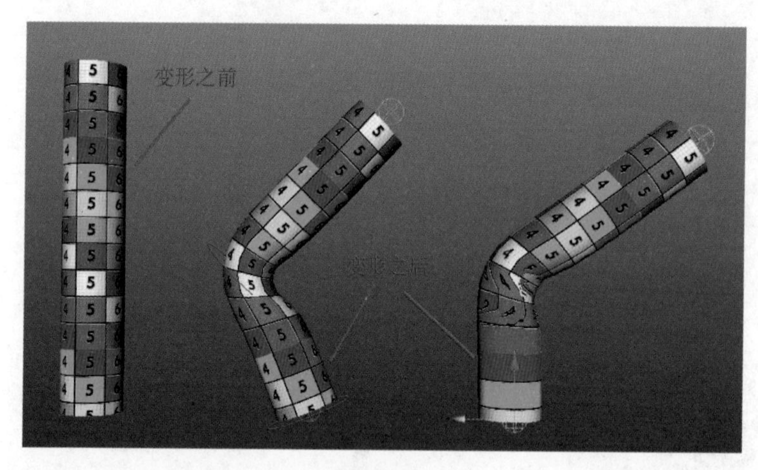

图1—80

UV Set name 的命名，以免在后面的制作过程中出现混乱。

（2）圆柱映射和球形映射。

圆柱映射命令的路径是 Create UVs > Cylindrical Mapping。球形映射命令的路径是 Create UVs > Spherical Mapping。这两种映射方式多用于人头以及相关多边形模型的 UV 制作。

使用圆柱映射后的效果如图 1—81 所示。

可以在场景中观察投射后纹理的变化，根据需要调整圆柱投射操纵器。单击红色按钮可以改变水平包裹范围，单击绿色按钮可以改变垂直包裹范围，单击红色虚线可以改变旋转投射角度。

使用圆柱映射时，如果是由于模型的原因造成UV的U向（水平方向）有严重的拉伸，可以在Channel box中把Rotate Y的值改为非零的数，比如0.001，这样会有所改善，如图1—82所示。

图1—81

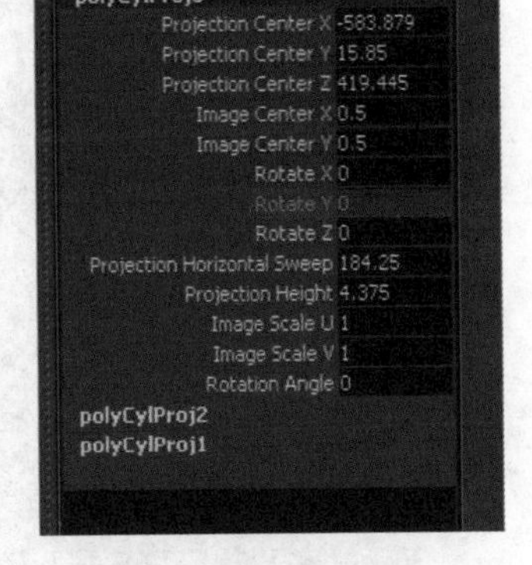

图1—82

需要注意的是，如果在映射后找不到操纵器的手柄，可以随时在Channel box中单击映射的节点进行调整（在没有删除历史记录的情况下）。

使用球形映射后的效果如图1—83所示。左边是默认的球形UV，右边是球形投射后的UV，默认UV的球形顶端有明显的拉伸。

图1—83

（3）自动映射。

自动映射命令的路径是Create UVs > Automatic Mapping。自动映射是通过向模型同时映射多个不同角度的面，来找出放置UV的最佳位置。它会在纹理空间内创建多个 UV 片，每个 UV 片之间的大小比例相近。如果想要获得再完整一些的 UV，可以进行手动缝合。自动映射的相关参数如图 1—84 所示。

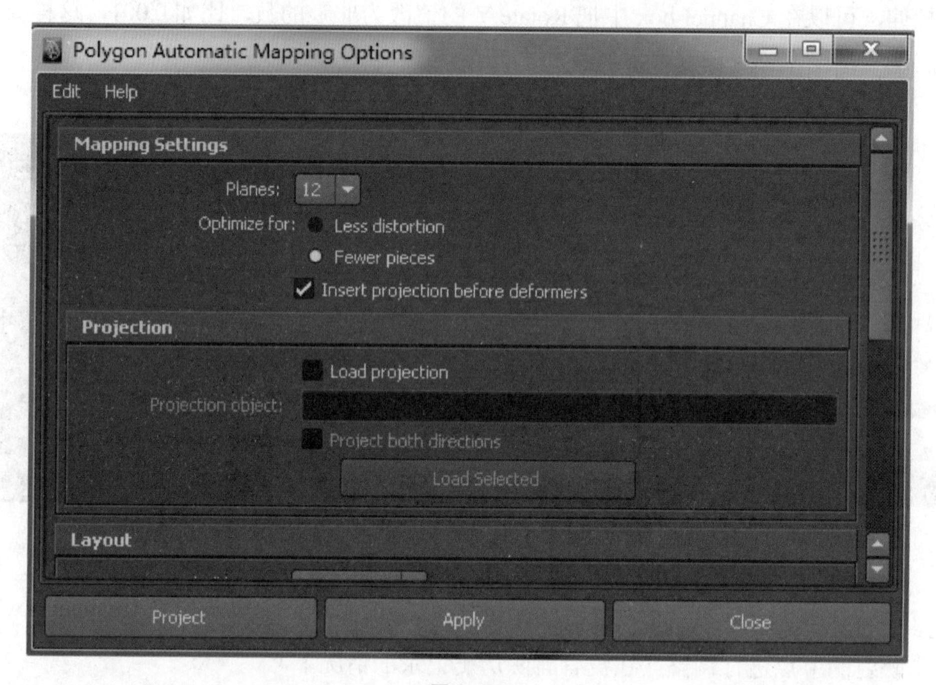

图1—84

Planes：选择映射平面的数量。

Optimize for：选择映射之后的 UV 是倾向于少的拉伸还是少的片数。其中，Less distortion 是指对模型的任何面都产生最好的映射，所以 UV 扭曲得比较少，但会产生更多独立的 UV 片；Fewer pieces 是指可产生较少的 UV 片。

自动映射可以同时映射 4 到 12 个面，如图 1—85 所示。

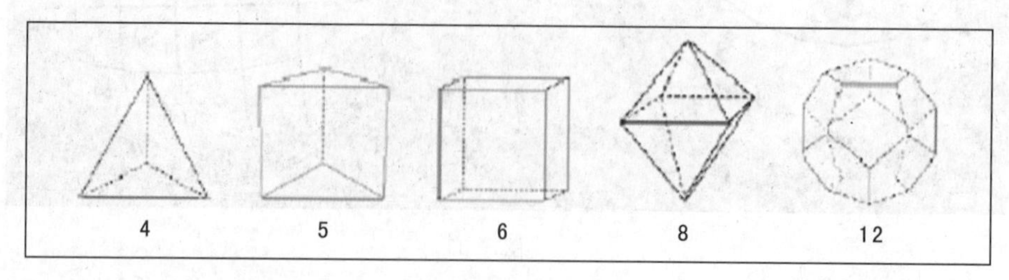

图1—85

2.2.2 多边形 UV 的创建

多边形 UV 可以与多边形物体同时创建，也可以在创建物体后再进行编辑。

Maya 默认的是多边形 UV 与多边形物体同时创建，如图 1—86 所示。

创建多边形物体后，启动 UV 纹理编辑器，命令的路径为 Windows > UV Texture Editor，如图 1—87 所示。

在 UV 纹理编辑器窗口中可以看到该模型默认的 UV 显示，如图 1—88 所示。

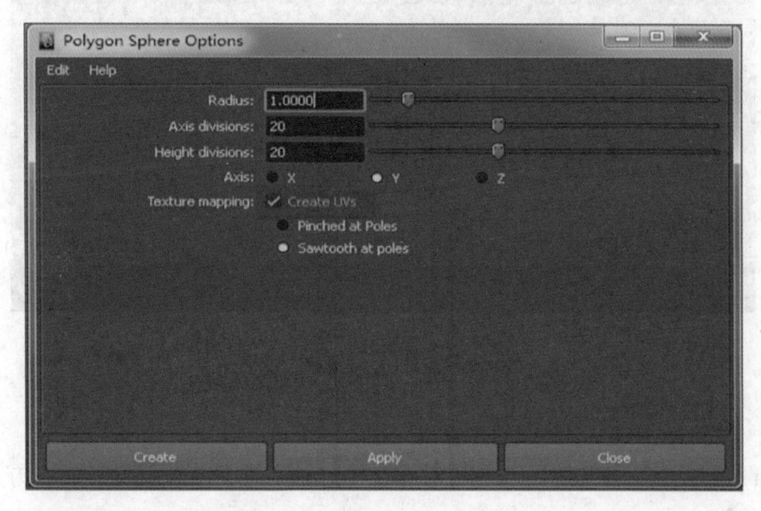

图1—86

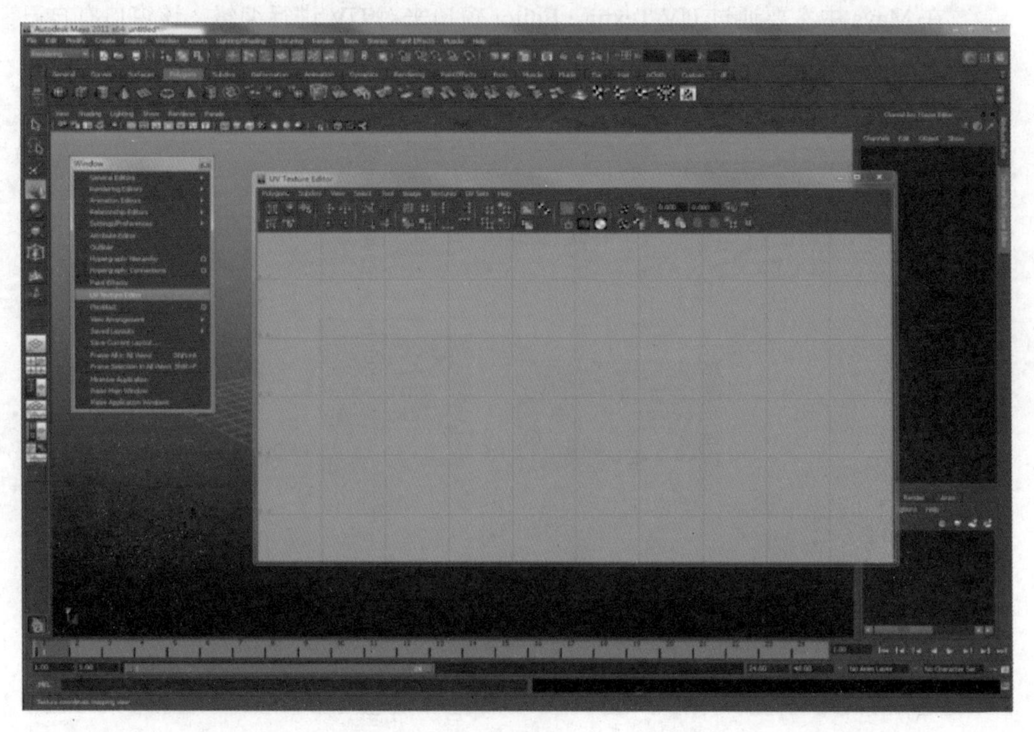

图1—87

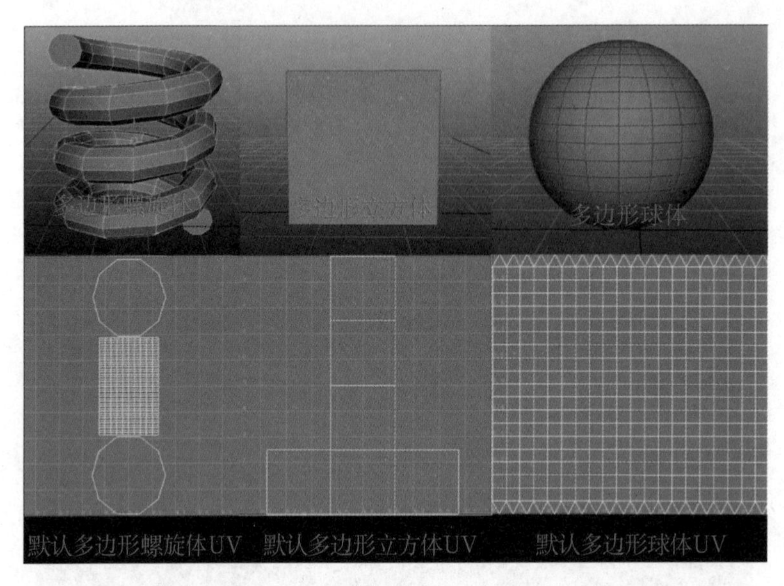

图1—88

2.2.3 多边形 UV 的编辑

Maya 提供了多种编辑模式，对多边形物体进行 UV 编辑非常方便，比如 Polygons 菜单中的 Create UVs 和 Edit UVs（见图 1—89）。

在 Maya 中主要通过 UV Texture Editor 窗口来对 UV 进行编辑。该窗口有自己的窗口菜单和工具栏，工具栏中的大部分功能都能在窗口菜单中找到。作为一个视

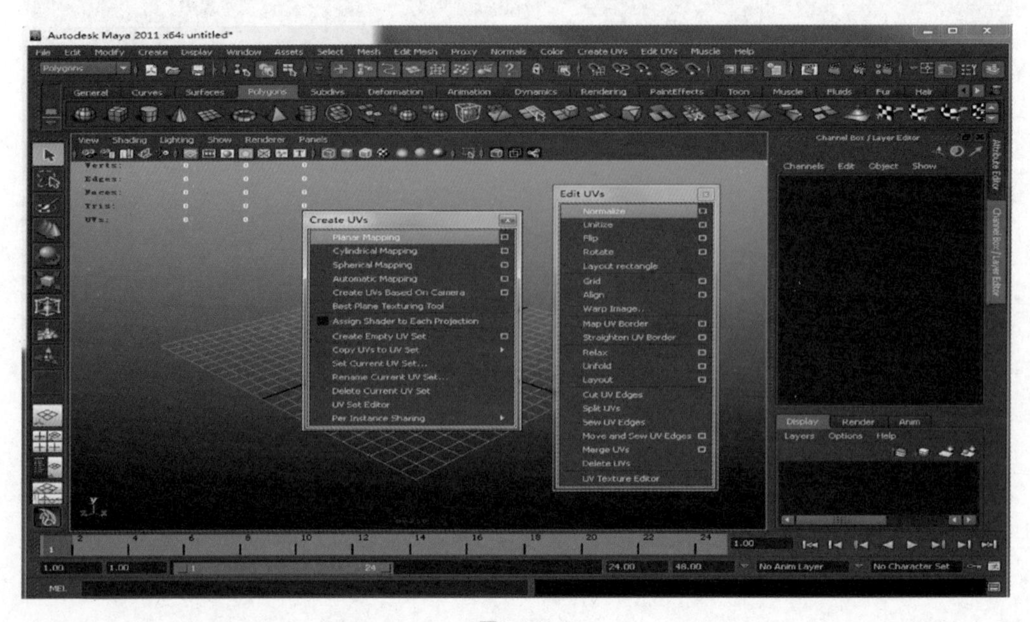

图1—89

图窗口，UV Texture Editor 窗口与三维视图窗口的操作方法完全相同。

（1）UV 点的选择及切换。

使用 UV Texture Editor 窗口之前，我们先了解一下如何选择 UV 点以及如何将其与其他元素进行切换。

在三维视图窗口或 UV Texture Editor 窗口中点击鼠标右键，在弹出的菜单中选择 UV，如图 1—90 所示。

在三维视图窗口中，UV 是不可操作的元素，它只能被选择，如果使用移动、旋转、缩放等工具，会出现“Warning: Some items cannot be moved/rotated/scaled in

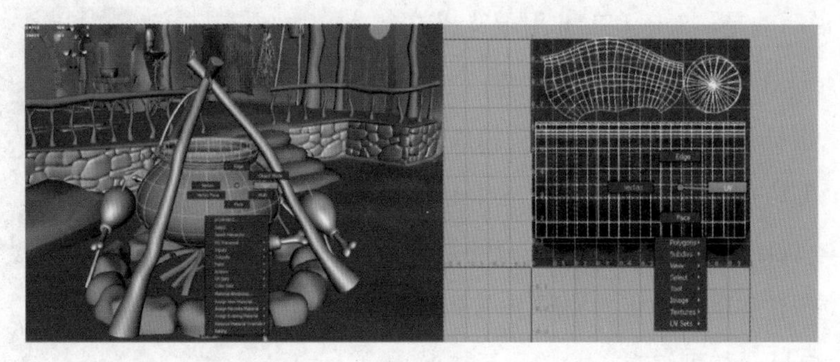

图1—90

the 3D view”的警告信息。因此，对 UV 的操作必须在 UV Texture Editor 窗口中进行。如果要对元素进行切换，比如把选中的面切换为这些面所包含的 UV 信息，可以在三维视图窗口或 UV Texture Editor 窗口中按住 Ctrl 键 + 鼠标右键，如图 1—91 和图 1—92 所示。

切换多边形元素的命令在 UV Texture Editor 窗口菜单（见图 1—93）或 Maya 主菜单（见图 1—94）中都可以找到。

图1—91

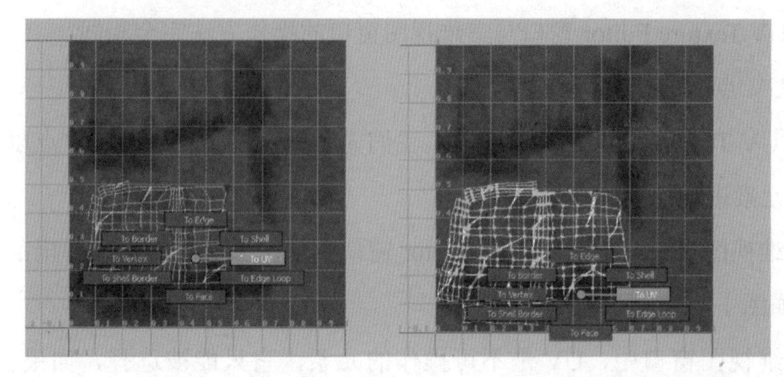

图1—92

需要说明的是，Select Shell 用于选择整个 UV 块（所有连接在一起的 UV 点叫一个 UV 块），可以根据某个 UV 块上的个别 UV 点来选择这个 UV 点所在的 UV 块。Select Shell Border 则与 Select Shell 不同，它选择的是某个 UV 块上位于边界的 UV 点，如图 1—95 所示。

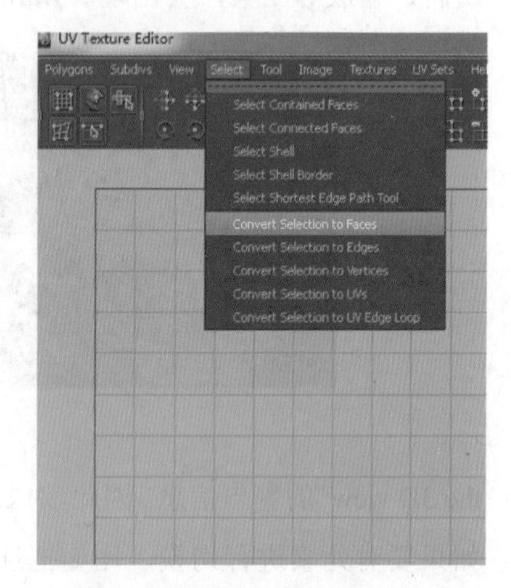

图1—93

（2）窗口界面与可编辑元素的显示控制。

1）网格（Grid）：打开 View > Grid，如图 1—96 所示。

2）纹理贴图（Image）：该菜单内容如图 1—97 所示。

Display Image：用于设定是否在 UV Texture Editor 中显示纹理贴图，如果 UV 需要对齐特定的纹理，就要打开这个选项。

Dim Image：Maya 8.5 以上版本才有，同时查看纹理和 UV 时，打开此项，纹理会稍微暗些，有利于更好地观察 UV 分布与摆放。

Display Unfiltered：用来显示精确的纹理像素的边界，如果关闭，则纹理显示状态为各个像素平滑过渡。

Shade UVs：Maya 8.5 以上版本才有，打开此项可以根据颜色来判断 UV 法线的正反

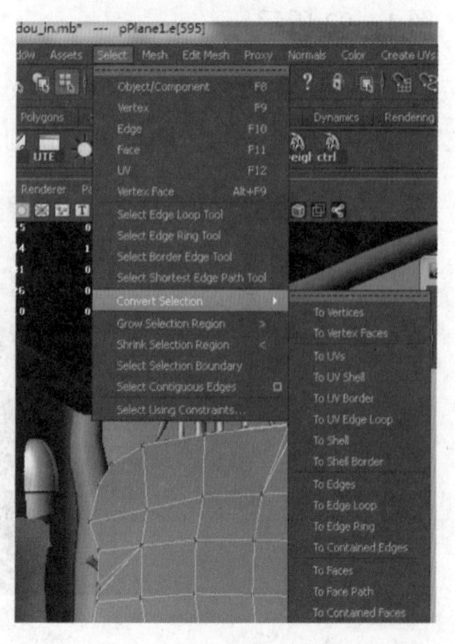

图1—94

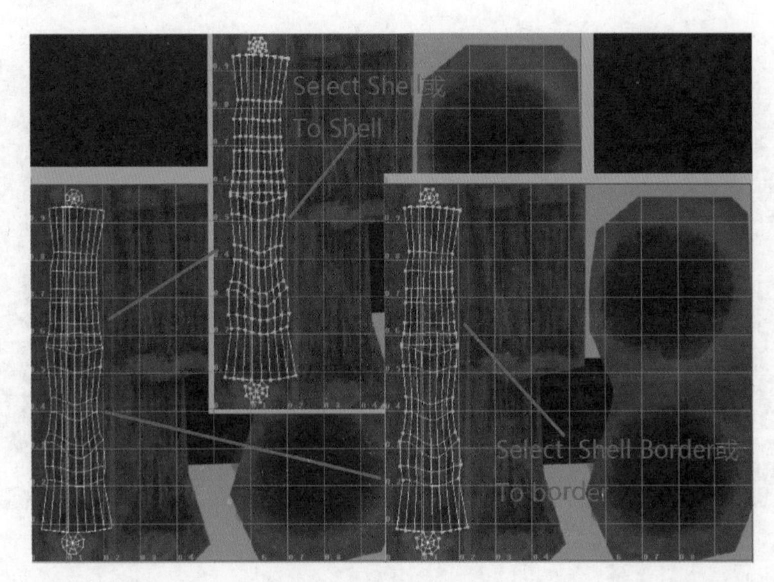

图1—95

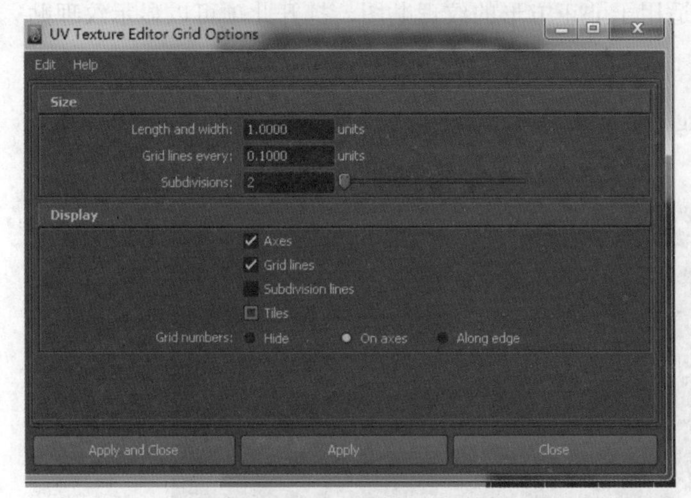

图1—96

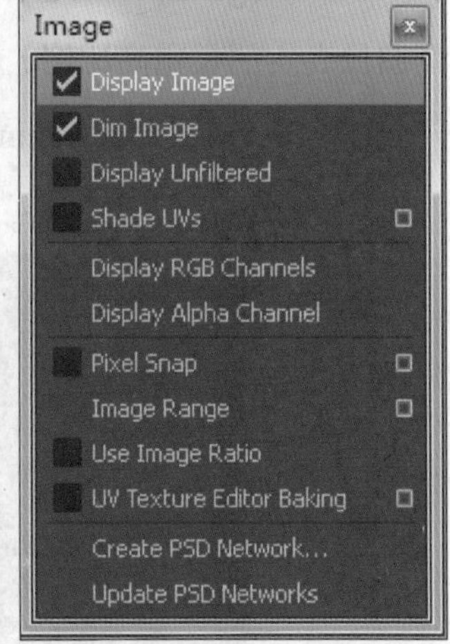

图1—97

以及是否重叠。法线为正面且没有重叠的 UV 呈现蓝色（见图 1—98），反之呈现红色（见图 1—99），重叠则呈现紫色。

Display RGB Channels：显示纹理贴图的色彩通道。

Display Alpha Channel：显示纹理贴图的 Alpha（黑白）通道。

Pixel Snap：打开此项可以让 UV 捕捉纹理贴图的单个像素中心。

Image Range：设定纹理贴图在 UV Texture Editor 中的显示范围。在 UV Texture Editor 的纹理空间中，纹理贴图是按 0 ～ 1 的纹理空间大小无限重复的，如图 1—100

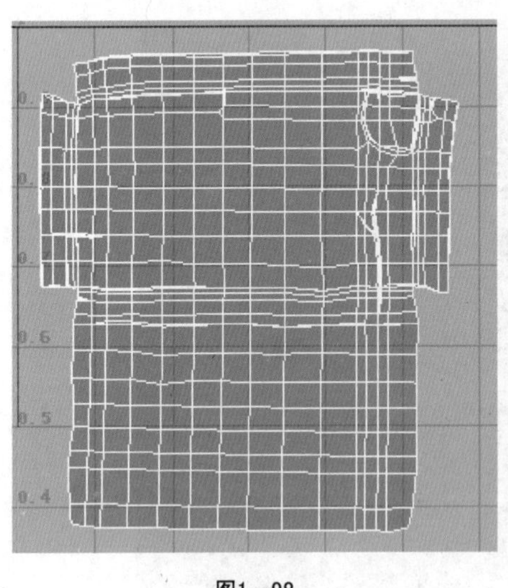

图1—98

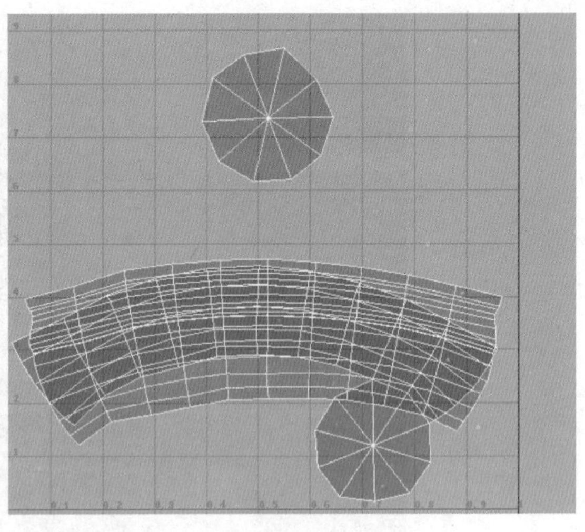
图1—99

所示。

Use Image Ratio：此项适用于非正方形的纹理贴图，打开此项可以显示纹理贴图图像真实的长宽高比例。

UV Texture Editor Baking：烘焙纹理编辑器的开关。

图1—100

3）显示控制（View）：该菜单内容如图 1—101 所示，用于可编辑元素的显示控制。

View Contained Faces：显示选择的元素（顶点、边、UV）所包含的面。

View Connected Faces：显示选择的元素（顶点、边、UV）所连接的面。

View Faces of Selected Images：显示纹理贴图所用的 UV。如果模型使用的材质与

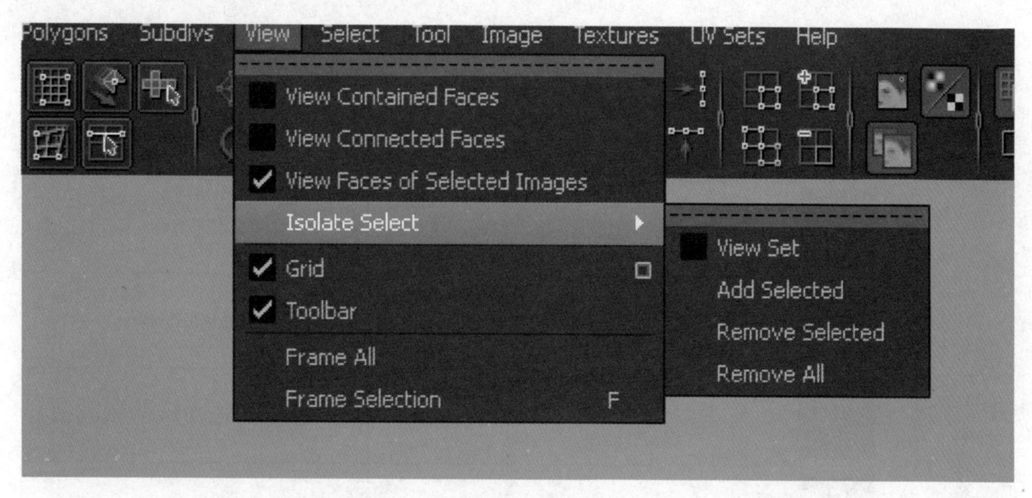

图1—101

纹理超过一个，就可以针对不同的材质与纹理使用这个选项进行按材质的隔离显示。

Isolate Select：在 UV Texture Editor 里编辑 UV 时，为了避免受到暂时不需要编辑的 UV 或其他纹理所使用的 UV 的影响，可以把这些 UV 隐藏。其中 View Set 用来打开隔离视窗，Add Selected 用来添加需要隔离的选择，Remove Selected 用来从视窗中移除所选元素，Remove All 用来全部移除，不显示任何元素。

（3）UV 编辑的常用工具。

UV Texture Editor 窗口菜单的工具栏列出了常用的 UV 编辑工具，如表 1—1 所示。

表1—1　　常用的UV编辑工具

图标		功能	操作元素
翻转与旋转		水平（U向）翻转	Face/UVs
		垂直（V向）翻转	
		顺时针45°旋转	Face/Edge/UVs/Vertex
		逆时针45°旋转	
		沿选择的边切割	

续前表

图标		功能	操作元素
移动与缝合	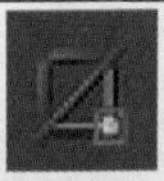	沿选择的边缝合	Edge/UVs
	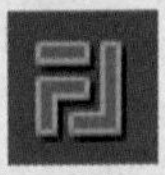	重新排布	Face/Edge/UVs/Vertex
	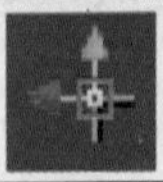	移动缝合	Face/Edge/UVs/Vertex
	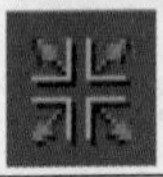	沿选择的边所连接的UV点切割	Face/UVs
	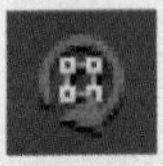	旋转UV的坐标值但保持UV拓扑不变	Face
对齐与松弛/UV正反显示开关	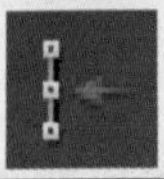	U向对齐选择UV点的最小坐标值	UVs
	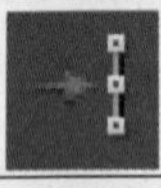	U向对齐选择UV点的最大坐标值	
	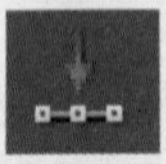	V向对齐选择UV点的最小坐标值	
	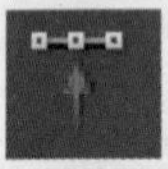	V向对齐选择UV点的最大坐标值	
	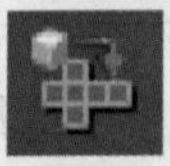	UV分布展开和松弛	
	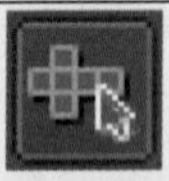	根据模型范围展开和松弛	
	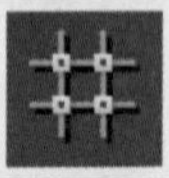	移动UV点对齐网络	
	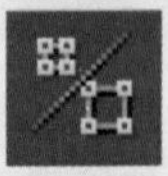	对选择的UV点进行松弛的操作	
隔离选择	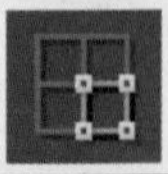	打开隔离选择模式	Face/Edge/UVs/Vertex
	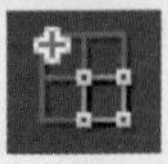	添加隔离选择的元素	

续前表

图标		功能	操作元素
隔离选择		去除所有的隔离选择	Face/Edge/UVs/Vertex
		减去隔离选择的元素	
纹理/网格/边界的显示		显示纹理贴图	Edge
		使用纹理贴图的比例	
		是否显示网格	
		显示选择物体纹理加粗的边界	
		UV捕捉纹理贴图的像素点	
		模糊贴图显示	
		显示的纹理贴图是否进行模糊过滤	
		显示纹理贴图的RGB彩色通道	
		显示纹理贴图的alpha通道	
粘贴与复制		复制	Face/UVs
		粘贴	
		粘贴UV坐标的U值	
		粘贴UV坐标的V值	
		设定复制粘贴是在UV点上还是在UV面上	

续前表

<table>
<tr><th colspan="2">图标</th><th>功能</th><th>操作元素</th></tr>
<tr><td rowspan="2">坐标控制</td><td></td><td colspan="2">显示选择UV点的坐标，输入一个值可改变UV坐标</td></tr>
<tr><td></td><td colspan="2">移动UV点时，在工具条上的坐标显示并不能及时更新，使用这个按钮可以更新UV点的新坐标值</td></tr>
</table>

（4）UV 的应用。

1）移动、剪切、缝合 UV。UV 的编辑大多为移动、剪切与缝合 UV 的重复性的工作。在三维空间中，每个顶点只有一个三维坐标，无论这个顶点是否与其他顶点共面。而在 UV 坐标空间中，这个顶点却可能有 1 个至无数个 UV 坐标。如图 1—102 所示，所选顶点在三维空间中只有 1 个坐标（见（a）图），在 UV 空间中却有 4 个 UV 坐标（见（b）图）。在 UV Texture Editor 中，可以通过剪切和缝合来决定坐标的数量。

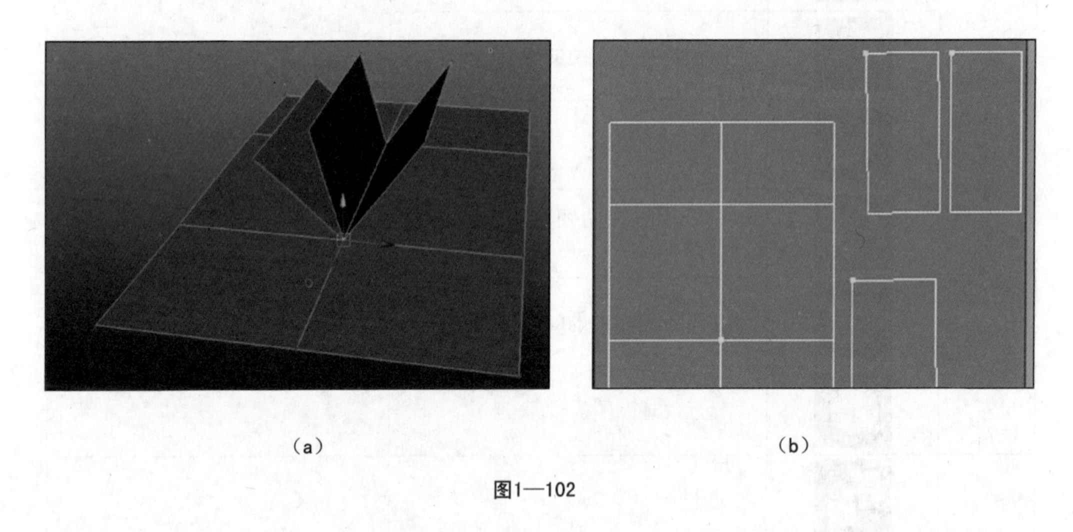

（a）　　（b）

图1—102

剪切 UV（Cut UVs）：选择 UV 的边，按住 Shift 键 + 鼠标右键，在出现的菜单中选择左边的 Cut UVs，或者点击图标，如图 1—103 所示。

缝合 UV（Sew UVs）和移动缝合 UV（Move and Sew UVs）：选择 UV 的边，按住 Shift 键 + 鼠标右键，在出现的菜单中选择 Sew UVs 或 Move and Sew UVs（见图 1—103），也可点击图标。Sew UVs 和 Move and Sew UVs 都是沿着所选的边进行缝合，区别是 Move and Sew UVs 会移动其中一块靠向另外一块进行缝合。使用 Limit shell size 选项，如图 1—104 所示，可以缝合指定数量的面片，缝合后也可以

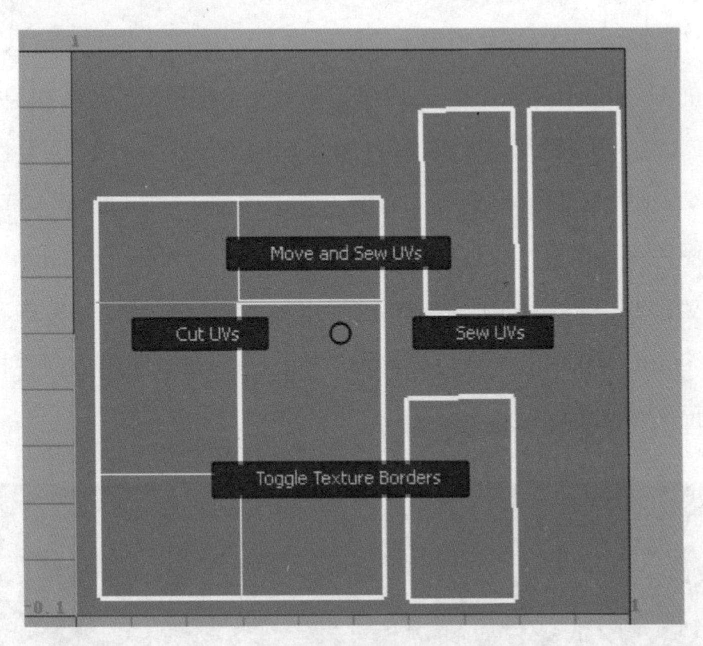

图1—103

在 Channel box 中调整缝合数量，这个数量是指将要被缝合的 UV 块中包含的面片数量。假设一个 UV 块与另一个 UV 块移动缝合，其中一个 UV 块包含 5 个面，那么只有当Number of faces的设定值大于或等于5时，这两个UV块才能被缝合在一起。

合并 UV（Merge UVs）：路径为 Polygons > Merge UVs，与缝合工具类似，但有一个控制距离的缝合选项。

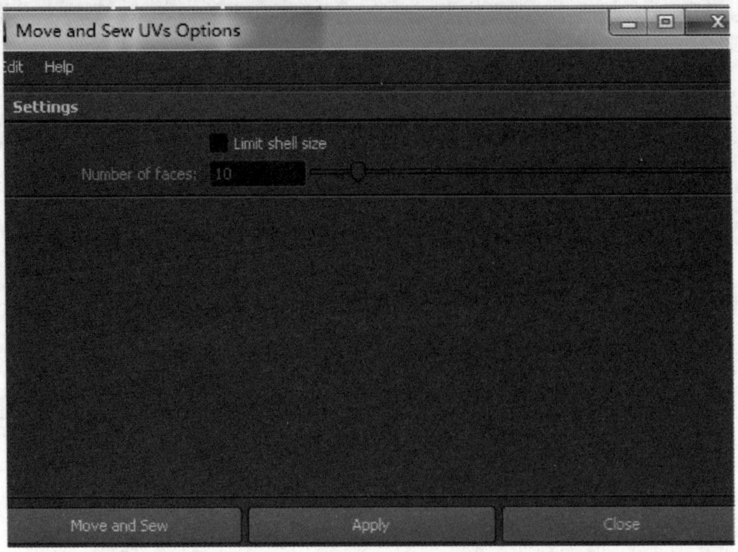

图1—104

删除 UV（Delete UVs）：从模型上删除所选 UV，该部分的 UV 信息就没有了（假设只有默认的 UVs Sets：map1），之后还需要重新给模型赋予 UV 信息。

2）放置 UV。该功能可以大大提高 UV 编辑的工作效率，减少重复性的操作步骤。

对齐 UV：使用工具条中的对齐网格工具，如图 1—105 所示，可以让所选 UV 对齐纹理贴图的实际像素，纹理贴图的大小由 Map size presets 控制。

翻转 UV：Flip 可以控制所选 UV 进行水平或垂直翻转，翻转的轴心可以设置为自动中心 Local 或 0 ～ 1 纹理边界的轴。该功能常在有明确方向性标志的贴图上查看 UV 的正反时使用。

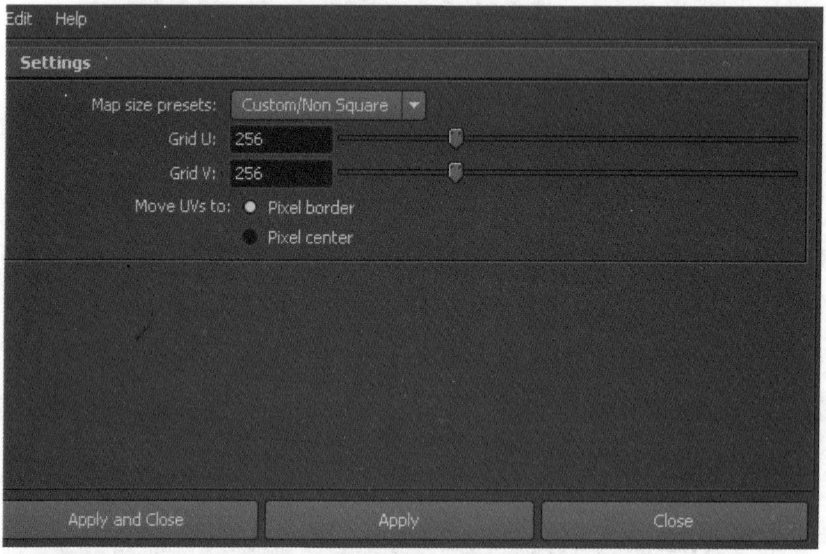

图1—105

3）处理 UV 边界。处理 UV 边界通常会用到以下工具：

Map UV Border：用于对所选 UV 块的整个边界进行正方形或圆形的处理，选项如图 1—106 所示，映射效果如图 1—107 所示。其中，Border target shape 用于设置将边映射成方形还是圆形，Preserve original shape 用于控制与映射之前的边的混合。

Straighten UV Border：用于对所选的 UV 块的边界进行拉直处理，其操作只影响边界上的 UV。如图 1—108 所示，可以框选拉伸部位的 UV，使用 Straighten UV Border Options，配合 Relax UVs 工具修正非边界上的 UV。

Curvature：用于定义边的形状，负值向内收，正值向外推，如果数值为 0，则是将所选边界强行拉为直线。

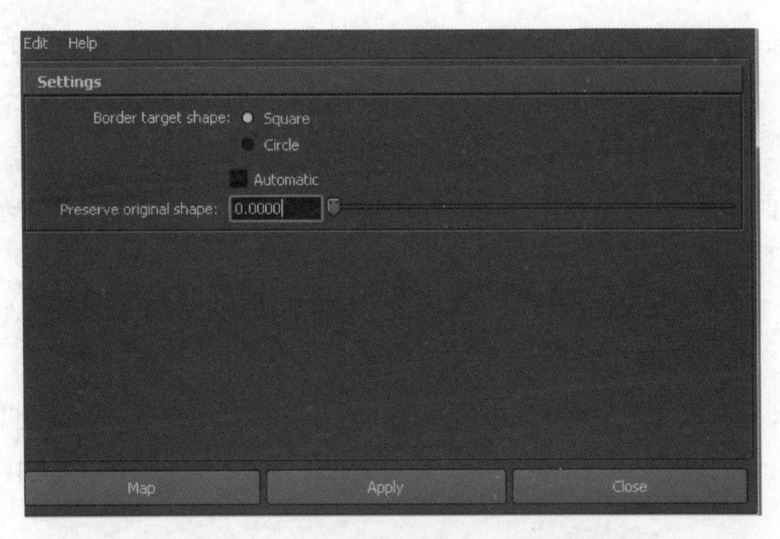

图1—106

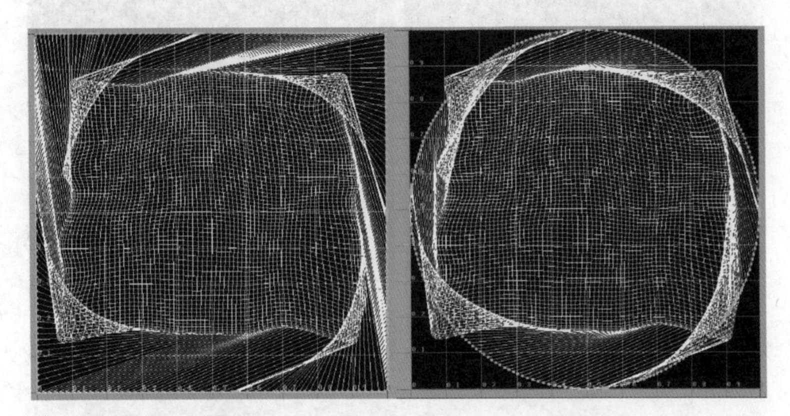

图1—107

图1—108

Preserve length ratio：用来确定边上每个 UV 点之间的距离，数值为 1 指保持原来的距离，数值为 0 指各条边上 UV 点之间的距离相等。在图 1—109 中，该值被设置为 0，因此该 UV 点与其他 UV 点一样平均分布在这条边上。

Fill gaps in selection：用于对某些因没有选择或无法选择而漏选的边界上的 UV 点产生拉直的效果。如图 1—109 所示，（a）图中有 3 个 UV 点没有选择。激活这个选项，把 UV Gap Tolerance 设为 3 或更高，应用后的效果与直接选择这 3 个 UV 点的效果完全相同。

Relax UVs：一般配合 Map UV Border 以及 Straighten UV Border 使用，适用于一些有比较均匀的结构线的物体。其菜单选项如图 1—110 所示。其中，Pin UV

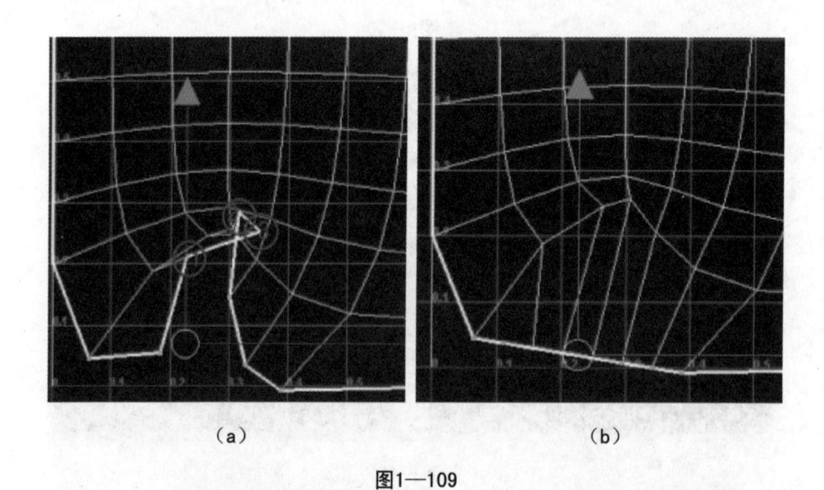

（a）　　（b）

图1—109

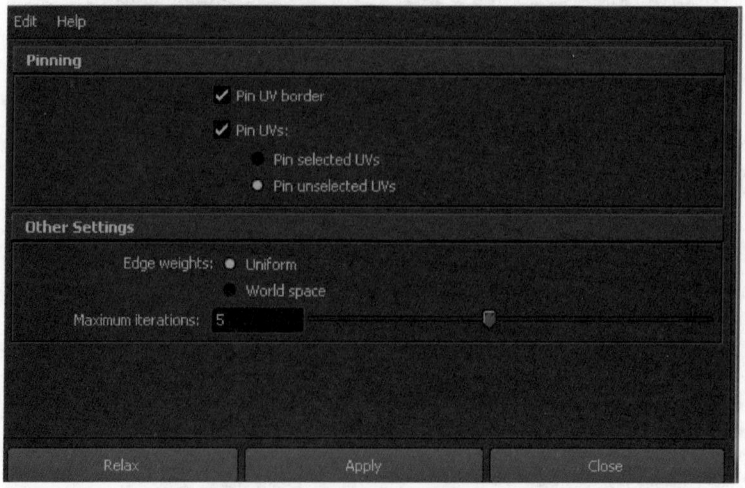

Edit　Help

Pinning

Pin UV border

Pin UVs:

Pin selected UVs

Pin unselected UVs

Other Settings

Edge weights: Uniform

World space

Maximum iterations: 5

Relax　Apply　Close

图1—110

border 用来在UV松弛时使UV边界保持不变；Pin UVs用来选择是否固定所选UV点；Edge weights 用来对 UV Relax 进行设置，Uniform 可以使所有边的长度统一，World space 可以使其尽量保持世界坐标空间的边的角度，从而保持对边界 UV 点的约束；Maximum iterations 用来控制 UV 松弛的程度。

（5）UV 的传递。

在场景制作过程中，对两个模型之间进行 UV 传递是很有必要的，可以先编辑好一个模型的 UV，再传递给另一个模型。UV 传递前必须进行检查，以确保要传递的两个模型的点、线、面数一致。检查命令的路径为 Display>Heads Up Display> Poly Count，传递 UV 命令的路径为 Mesh> Transfer Attributes Options 。如图 1—111 所示，选择 Sample space 中的 Component 选项，可以传递多边形模型上的每个元素。

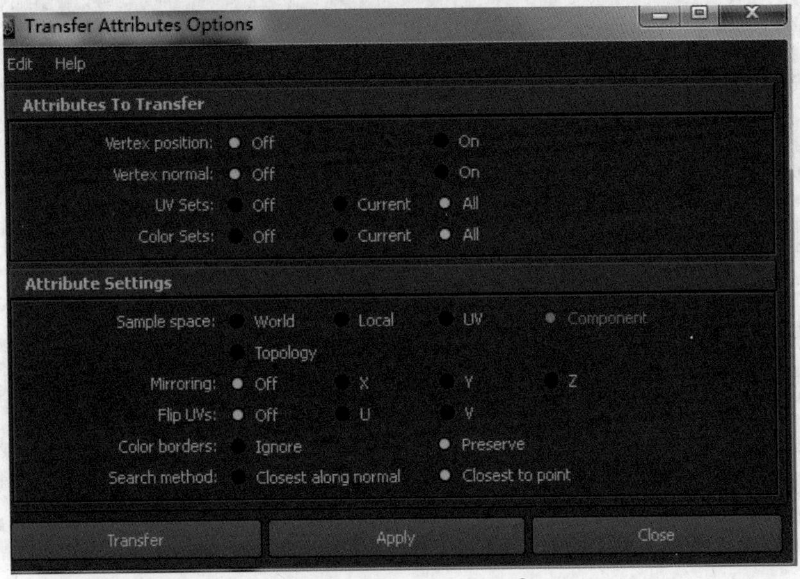

图1—111

传递过程中常常会出现一些问题，如图 1—112 所示。在（a）图中，UV 都是按照模型的面切开来的，而且每块面都有严重的拉伸，这是因为在传递 UV 之前，模型的法线是反的。（b）图是正确传递 UV 后的效果。

对 UV 进行传递时应切记两点，一是选择已经调整好的 UV 模型，二是在选择要传递的模型之后执行此命令。

（6）UV 快照。

UV 分好后，可以在 0～1 的范围内设置 UV Snapshot（UV 快照），如图 1—113 所示，

（a）

（b）

图1—112

UV Snapshot

UV Snapshot

File name: Documents\maya\projects\default\images\outUV Browse...

Size X: 256

Size Y: 256

Keep aspect ratio

Color value:

Anti-alias lines

Image format: Maya IFF

UV Range Options

UV range: Normal (0 to 1)

OK Reset Close

图1—113

作为后期制作纹理时的一个参考，这里的 Color 设置为白色。

File name：用于指定工程文件的保存路径。Maya 会自动将 UV 导出到该项目的 Images 文件夹中，并自动命名。

Size X、Y：用于设定 UV 导出图像的大小，以便确定将来绘制贴图的尺寸。

Image format：用于选择文件的保存格式，默认是 Maya IFF 格式，最好用 TGA、PNG 等带有通道图像的格式。PNG 格式的图像导出至 Photoshop 中时背景是透明的，使用较为方便。

2.3 细分曲面 UV

2.3.1 细分曲面 UV 的映射

细分曲面 UV 只有两种映射方式:平面映射与自动映射，在 Subdiv Surfaces>Texture 菜单下。如图 1—114 所示，细分曲面 UV 的映射选项与多边形的类似，只是因为细分曲面模型没有多重纹理贴图，所以没有 UV Sets 选项。细分曲面和多边形可以相互转化，所以可以使用多边形的代理模型来调整 UV，再将其转换为细分曲面。平面映射的设置步骤如下：

1）在 Standard 模式中为细分曲面选择 Display Level。

2）在模型中选择部分或所有面。如果不选中面，将不会产生任何映射。Maya 不会自动更改面元素的模式，当进行多边形映射时，该操作才会被执行。

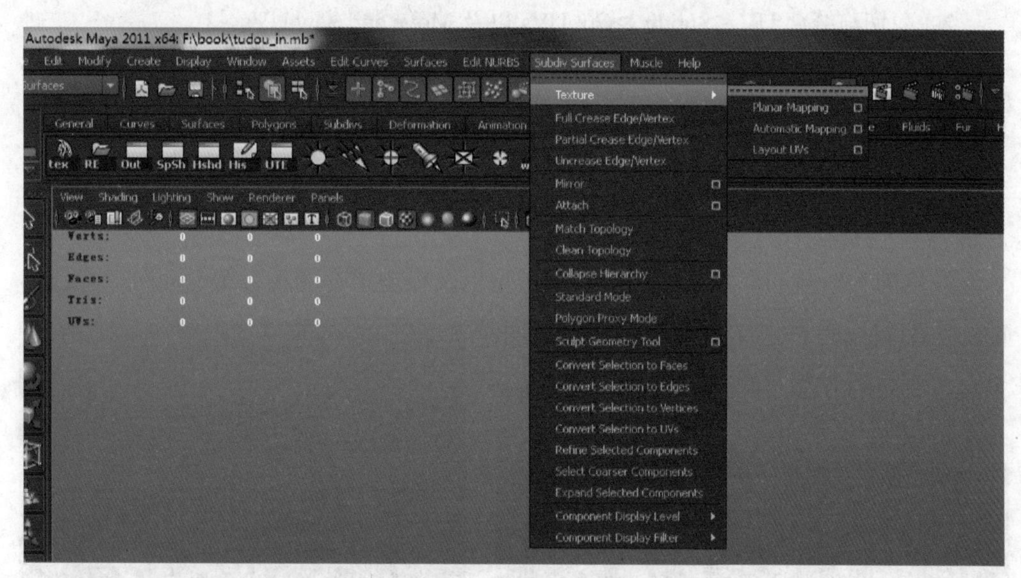

图1—114

3）在菜单中选择 Subdiv Surfaces> Texture> Planar Mapping 命令或使用选项窗口。

自动映射的设置与多边形 UV 的自动映射相同，这里不再赘述。

2.3.2 UV 的编辑模式

UV 编辑可以在 Polygon Proxy（多边形代理模式）或 Standard（标准）模式下进行。使用多边形代理模式，可以有更多的编辑功能。不过，因为 UV 最终是要应用到底层的细分曲面上的，所以 UV 的显示可能会有些扭曲，而且在进一步的细分区域中会更加明显。在标准模式下编辑 UV，则能确保显示出最佳纹理效果。

在细分曲面上点击鼠标右键选择 Polygon，可以切换到多边形代理模式，如图 1—115 所示。选择 Standard，可以切换到标准模式，如图 1—116 所示。

在标准模式下编辑 UV 时，首先要把 PolyToSubdiv 设置为 Inherit UVs From Poly，以免对覆盖细分曲面的 UV 产生误操作。在该模式下可以使用 Subdiv Surfaces>Texture 下的基本映射和在 Texture Editor 的 Subdivs 菜单下的一些工具，其操作方法与在多边形代理模式下相同。

2.3.3 使用 UV Texture Editor 编辑 UV

1) 在 Editor 窗口中显示纹理接缝。打开 Display>Subdiv Surfaces>UVs 以及 UV Borders（Texture Editor）这两个选项，可以在 3D 窗口与 Editor 窗口中显示 UV 与纹理接缝，如图 1—117 所示。

2）剪切与缝合 UV：Subdivs>Cut UVs 以及 Move and Sew UVs。

3）UV Snapshot：打开 Subdivs>UV Snapshot，其使用方法与多边形代理模式下的 UV Snapshot 一样，但不可以使用 Polygons，否则只能输出多边形代理的 UV。

2.4 UV 编辑的基本原则

最佳的 UV 排布取决于所用纹理的类型以及模型所在的场合等；同时，多边形的 UV 编辑也因自定义纹理的不同而不同。虽然各有各的方法，但一些基本原则还是必

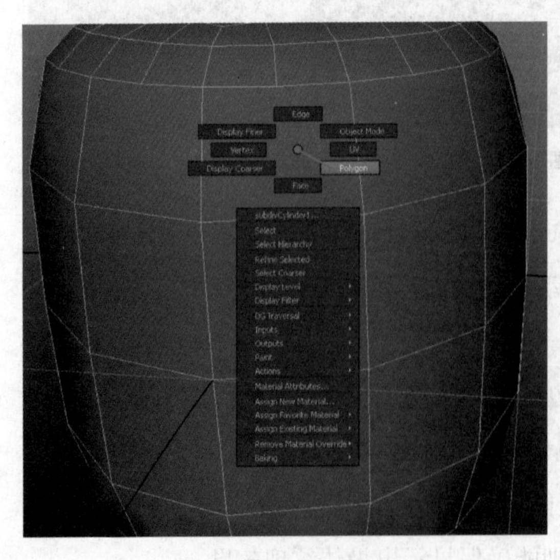

图1—115

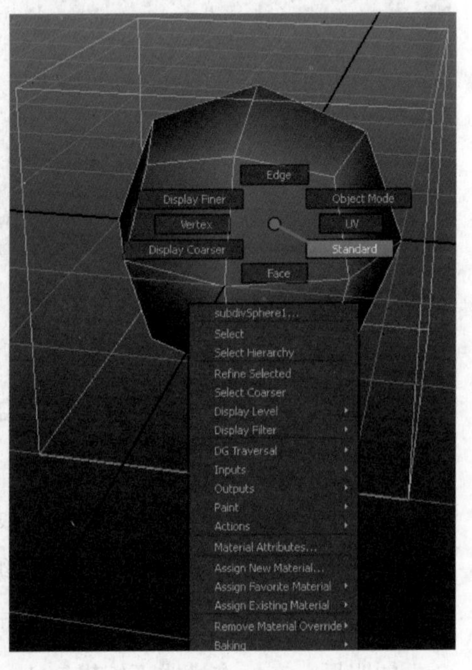

图1—116

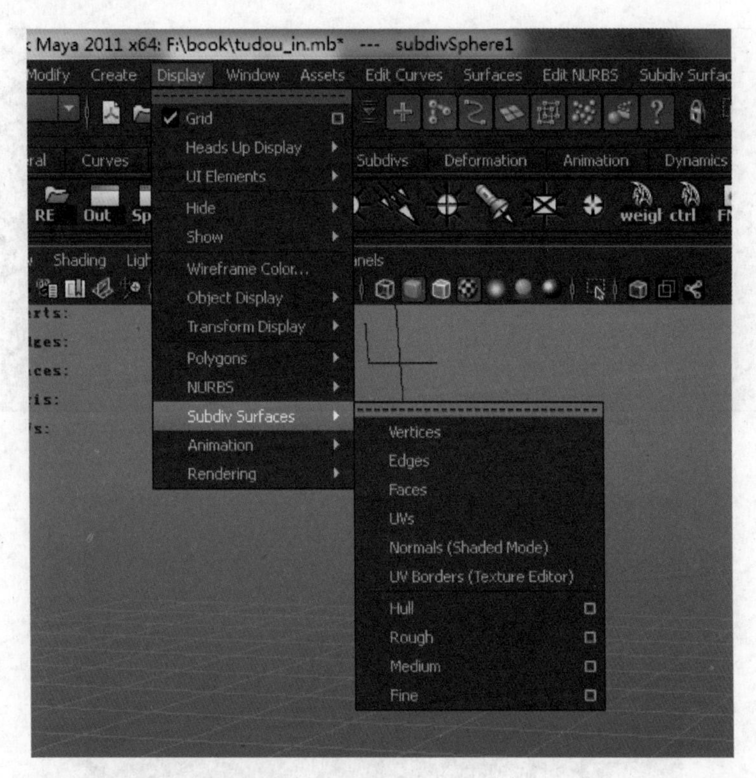

图1—117

须遵循的，具体内容如下：

（1）减少拉伸。

在 UV 拉伸最小的情况下，尽可能确保 UV 块的完整性，尽可能少划分 UV 块。在编辑 UV 的时候，拉伸现象是不可避免的，所以只能让这些拉伸尽量减小。有些地方产生的拉伸经过手动调整可能依然达不到要求，这时就必须用切割来消除。

（2）隐藏接缝。

UV 的接缝应摆放在摄像机注意不到的地方，目的是把它隐藏起来，避免被人察觉，比如放在两个物体的交接处、物体的背面或内侧等。

（3）避免重叠。

在 Maya 中，对于同样材质的物体，可以把 UV 重叠在一起进行绘制，这样可以减少重复的材质绘制工作，如图 1—118 所示。

（4）大小均匀。

从一个模型上划分出来的 UV 块，不要大的大、小的小，否则会出现如图 1—119 所示的情况。如果有特别的物体要做出区分，应将其细节平铺开来，逐个调整。

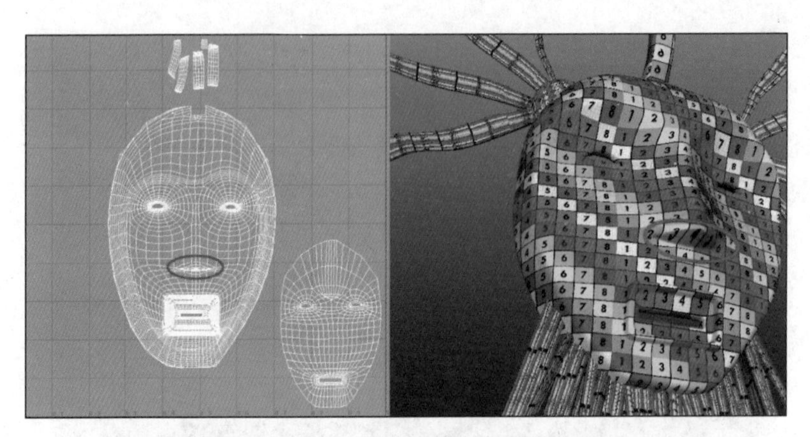

图1—118

图1—119

（5）将相同纹理的 UV 控制在 0 ～ 1 的纹理空间内。

数字 0 ～ 1 的范围为纹理空间，这个空间在 UV Texture Editor 中是无限重复的。UV 超出这个空间，会使用相同的纹理。比如，UV 坐标为（1，5，0）的点与 UV 坐标为 (0, 5, 0) 的点使用的像素相同，所以超出这个空间的纹理在模型表面上是重复的，这属于一种间接的 UV 重叠。如图 1—120 所示，纹理在 UV Texture Editor 中是无限重复的，这里仅显示重复 4 次。因为纹理是重复的，所以图中 UV 使用的像素也相同。

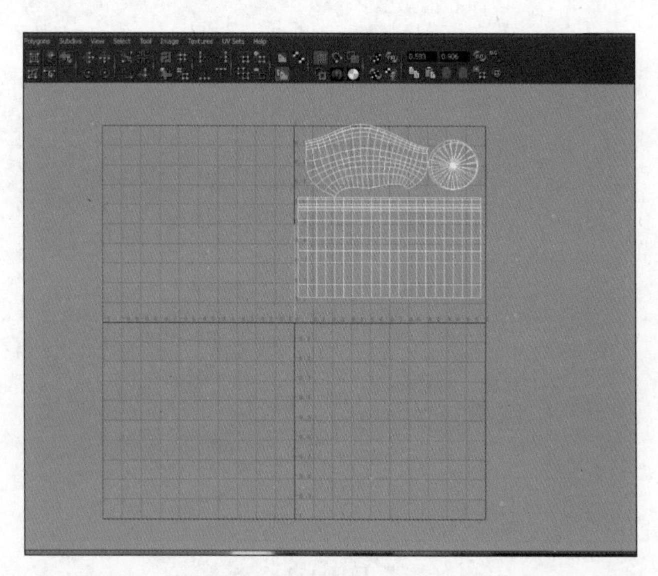

图1—120

需要注意的是，在导出 UV 时，一定要把 UV 分布在 0 ～ 1 的有效纹理空间里。图 1—121 显示的是错误的方法，将导致 UV 只能导出一半。

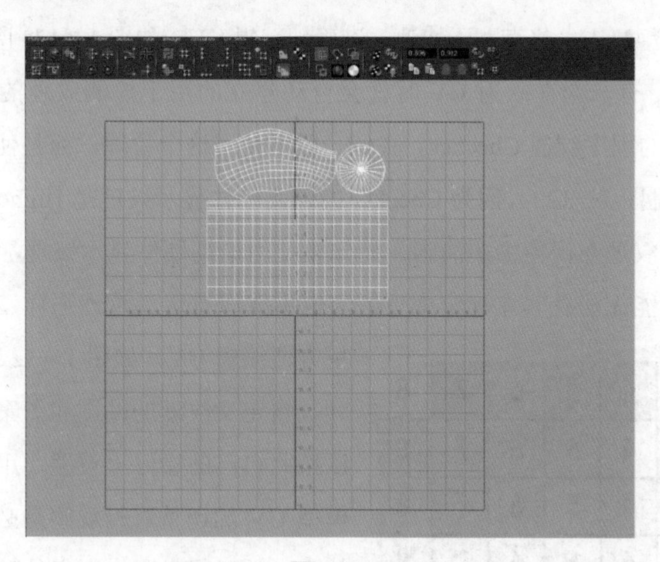

图1—121

（6）尽可能利用 0 ～ 1 的纹理空间。

纹理根据设置好的 UV 在模型表面上进行分布，同时会参与渲染。如果制作了一个纹理，却没有很好地利用纹理空间，就会导致实际使用纹理的像素会比设定值小。如图 1—122 所示，假设纹理像素为 1024×1024，那么实际使用的像素通常不会大于 320×320，这将导致实际贴图的分辨率不够。

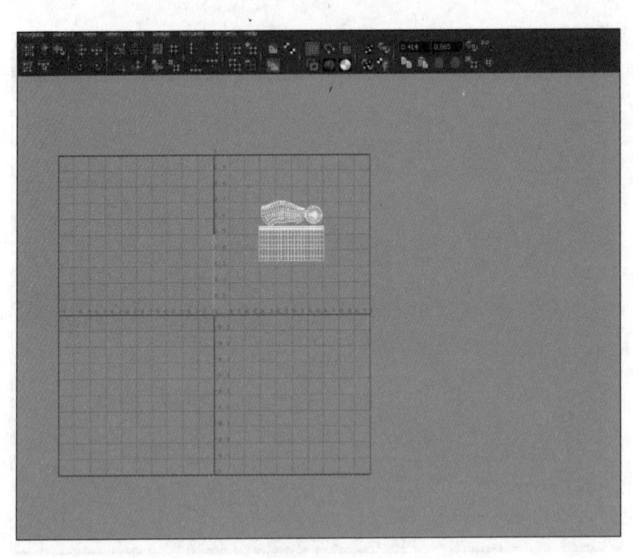

图1—122

2.5　UV 检测纹理的应用

编辑 UV 的最终目的是为使用 2D 纹理服务，因此在编辑纹理时提供一个标准的 2D 纹理用于检查 UV，将有利于快速、准确地编辑 UV，如图 1—123 所示。

Maya 本身有一个在映射 UV 时就会自动建立的用于检测纹理的材质网络，使用的是 Maya 的程序纹理 Checker。我们一般不使用这个纹理，而是使用自己制作的自定义纹理(见图 1—123)，因为 Checker 的最高硬件显示纹理是 Highest(256×256)，其他硬件显示纹理在视窗中不清晰，而如果使用最高硬件显示纹理，在编辑 UV 过程中，纹理可能无法及时在视窗中更新，也不能像自定义纹理那样，有特定的像素更方便编辑 UV，如图 1—124 所示。

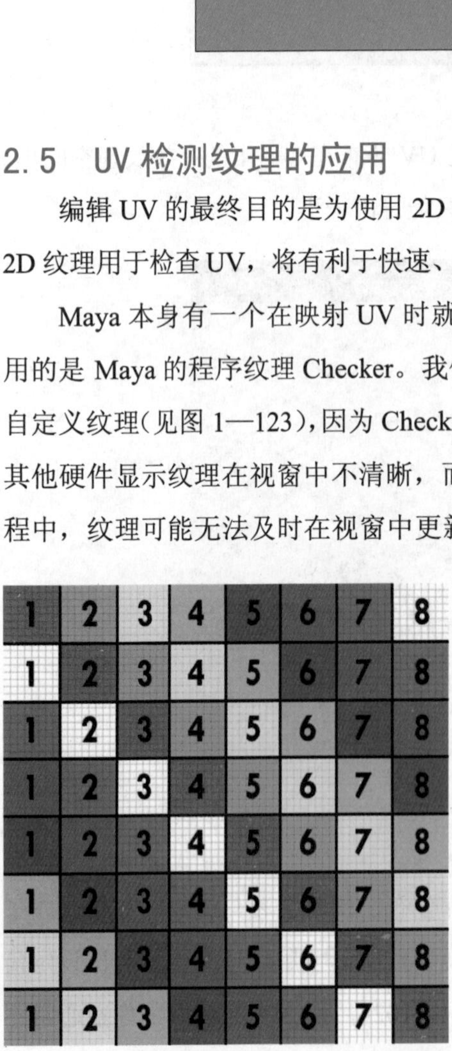

图1—123

自定义纹理的贴图和图案多种多样，可以按照自己的喜好来设置。用自定义纹理对模型 UV 的调整进行观察是必要的，如果调整 UV 的时候发现自定义纹理在模型上有很大的拉伸，意味着贴图赋予模型后的拉伸将更加明显，尤其是特写的时候。

自定义纹理的设置方法如下：

1）在编辑 UV 前，先重新建一个 Lambert 材质并赋予场景中的所有物体，确保所有物

图1—124

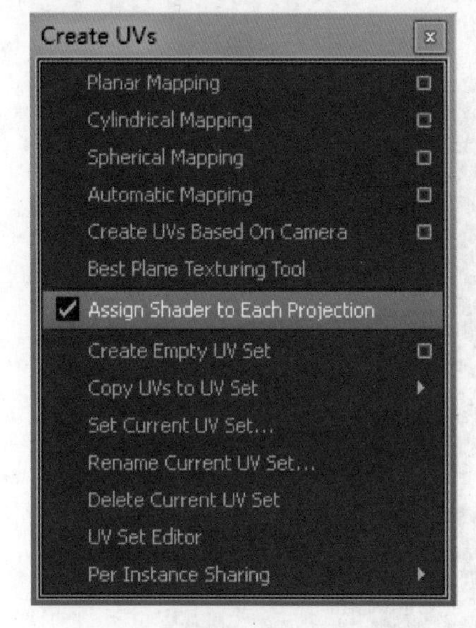

图1—125

体均未使用默认的Lambert材质。

2）将新建的Lambert材质的Color（颜色）属性指定给一张自定义贴图。如图1—123所示，自定义贴图由正方形加数字组成，这样可以很直观地检查UV的拉伸和正反。

3）在Maya中关闭使用自动纹理，如图1—125所示。

另外，在创建多边形物体UV的时候，要关掉Create UVs> Assign Shader to Each Projection选项，否则会自动为映射部分创建带有棋盘格的程序纹理材质。

实例制作

2.1 编辑石凳模型的UV

步骤1 为石凳模型指定一种颜色，并选择带有Checker纹理的Lambert材质，效果如图1—126所示。此时，纹理是杂乱的。

步骤2 打开Windows > UV Texture Editor选项，查看该模型的UV分布（见图1—127）。

无论是自定义纹理还是程序纹理，其分布都由UV坐标决定。要在模型上得到好的UV映射，就必须对模型的UV进行多次调节。UV分布的好坏，会直接影响最终

图1—126

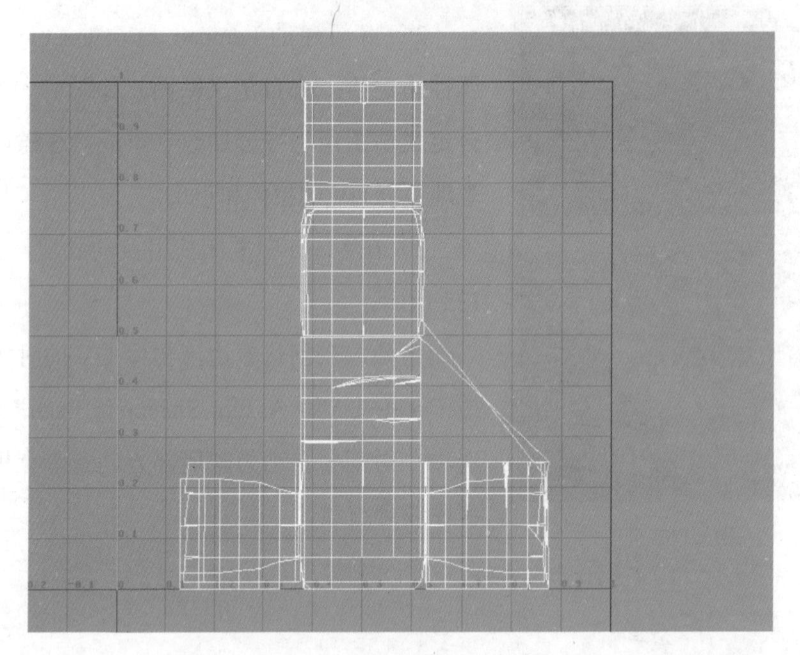

图1—127

的贴图效果。如图 1—128 所示，左边模型的 UV 划分得非常规整，因此贴图在模型上的分布就显得特别好；而右边模型上的 UV 划分得很乱，所以贴图赋予模型后，其纹理就出现了拉伸和扭曲。

UV 编辑的质量之所以会直接影响材质纹理在模型上的效果，是因为材质覆在物体表面的基础就是 UV。因此，在绘制贴图前，通常都要对模型的 UV 进行合理的划分。划分 UV 需要技巧，只有根据动画不同的要求，不断提高效率，才能把 UV 划分好，为后期贴图的绘制工作打下良好的基础。

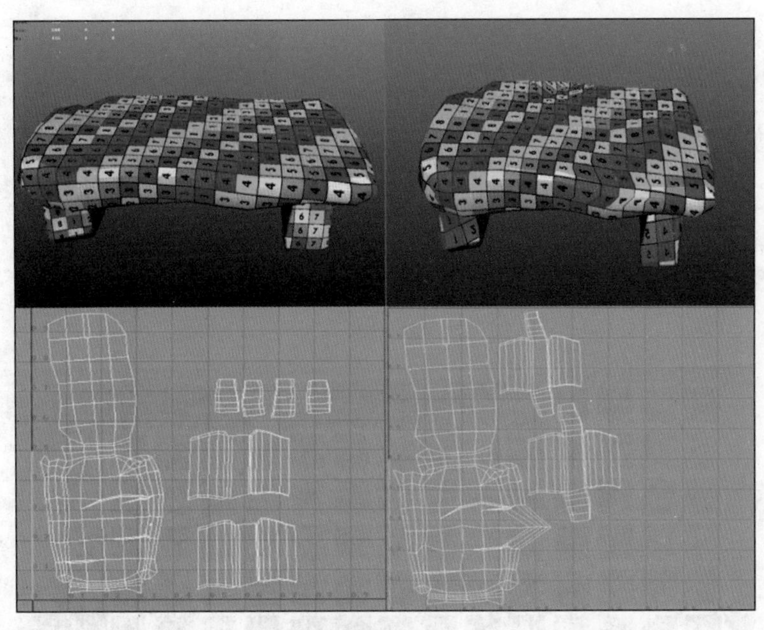

图1—128

2.2 编辑绳子模型的UV

在动画的制作过程中，难免会遇到一些形状不规则的模型，这时就需要运用一些技巧和经验了。接下来我们以绳子为例（见图 1—129），介绍关于不规则模型的UV 编辑方法。

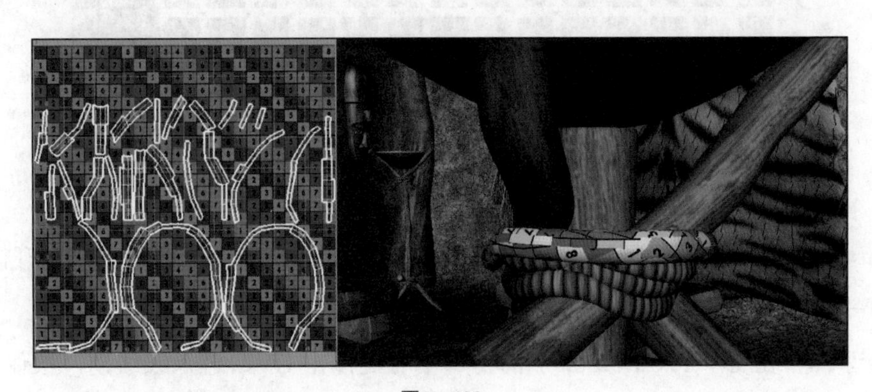

图1—129

步骤 1 选择物体，打开 UV Texture Editor > Polygons > Unitize，把各个物体模型的面单独分开后再重叠在一起，如图 1—130 所示。

步骤 2 选择模型，打开 UV Texture Editor > Polygons > Layout，把所有 UV 块重新整齐地摆放在 0 ～ 1 的纹理空间内，如图 1—131 所示。

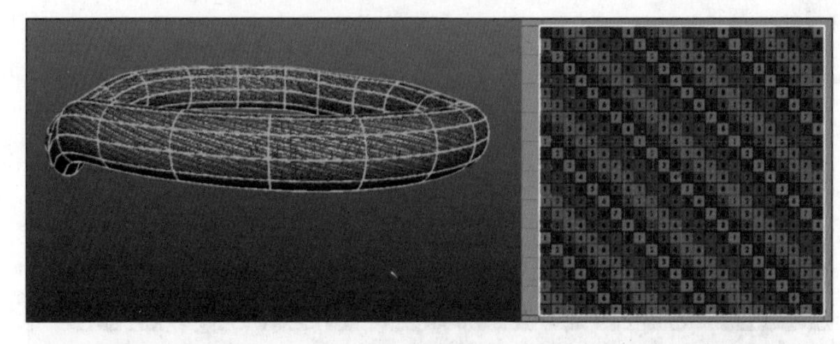

图1—130

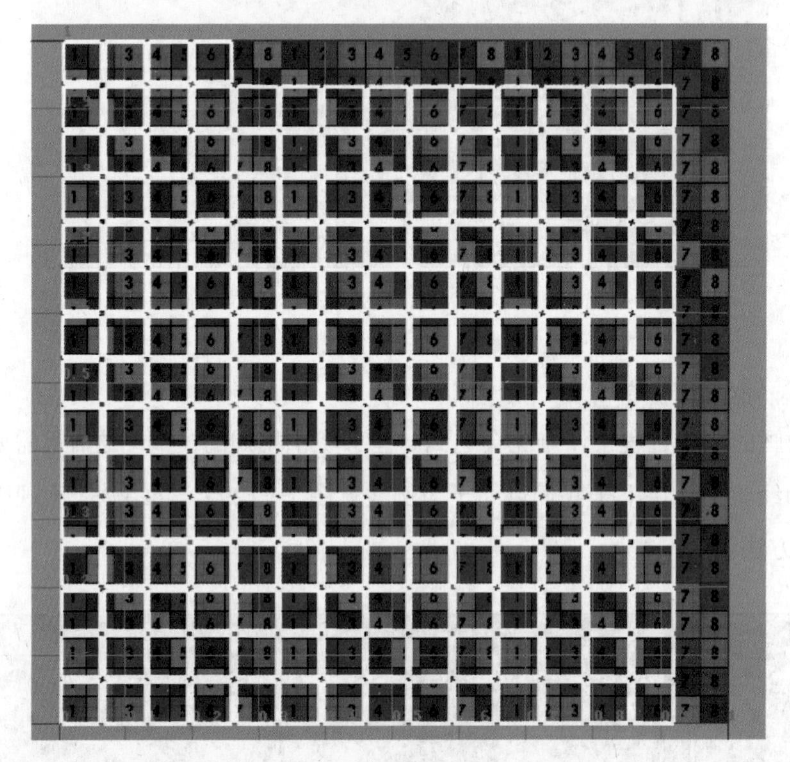

图1—131

步骤 3 在透视图中根据镜头来决定接缝的位置，并选择一条边用来切开模型，如图 1—132 所示。

步骤 4 在 UV Texture Editor 的窗口中右键点击 UV，进入线级别，按住 Shift 键 + 鼠标左键，框住整条 UV 线，就得到了反选的 UV 线，如图 1—133 所示。

步骤 5 在 UV Texture Editor 的窗口中打开 Polygons > Move and Sew UV Edges，也可以直接点击图标，或是按住 Shift 键 + 鼠标右键进行缝合，如图 1—134 所示。缝好 UV，我们再来看透视图，模型上的棋盘格还存在整体的横向拉伸。选中 UV，整体拉长 X 轴，以透视图中贴在模型上的棋盘格为标准进行调整，直至无拉伸，如

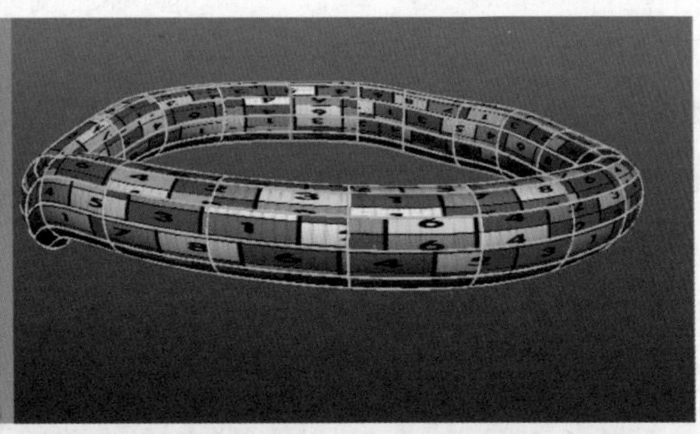

图1—132

图1—133

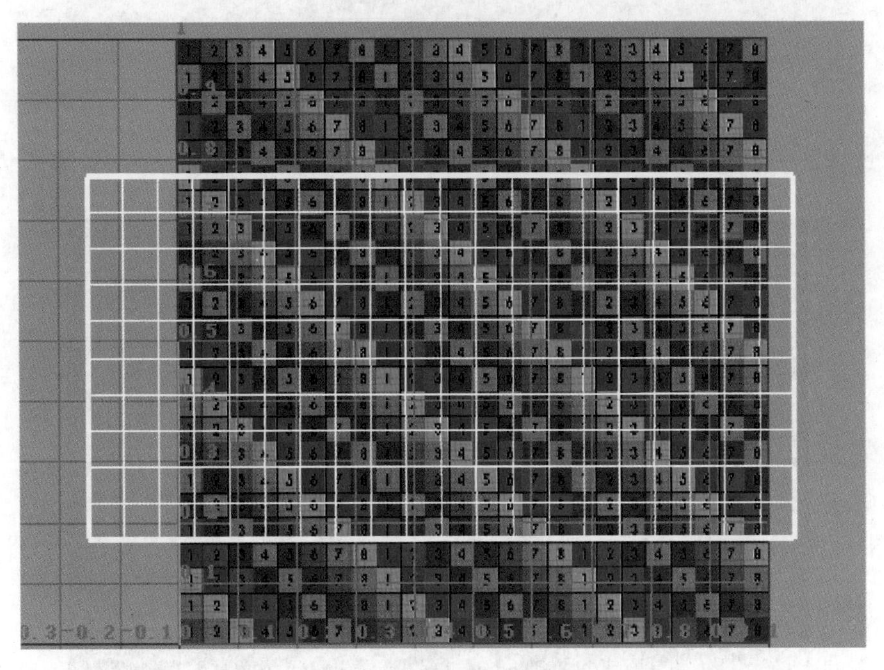

图1—134

图 1—135 所示。

步骤 6 进行微调。如图 1—136 所示，在 UV Texture Editor 的窗口中打开 Tool > Smooth UV Tool，把分好的 UV 再进行微调，使之与模型更加匹配，也使 UV 更加接近模型的顶点。

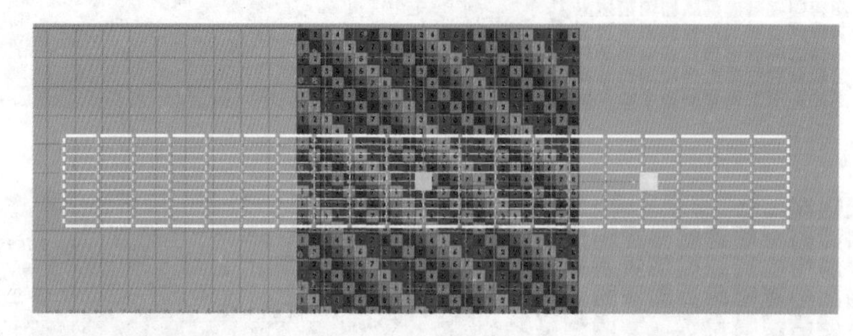

图1—135

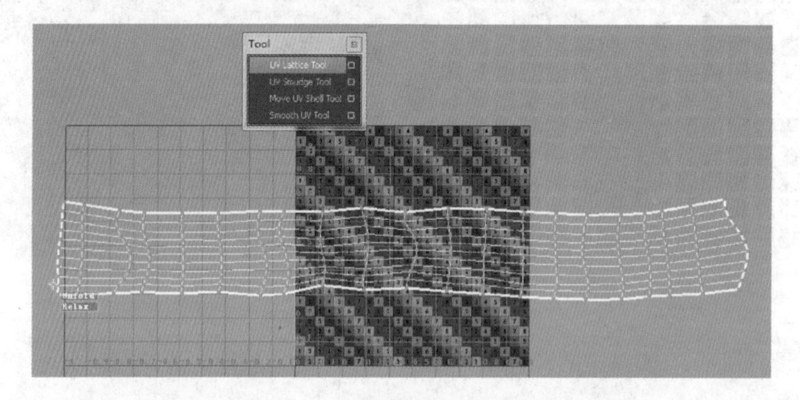

图1—136

这样，一条绳子的 UV 就分好了，如图 1—137 所示。绳子上的 UV 测试贴图非

图1—137

常整齐，不存在 UV 拉伸现象，已经很好地将 UV 展开来了，接下来就可以很方便地赋予绳子贴图了。

知识拓展

能够编辑 UV 的软件有很多，并不局限于 Maya。这里，我们介绍一款可以内置在 Maya 中划分 UV 的软件——Headus UVLayout。

Headus UVLayout 是一款专门用来划分 UV 的软件，功能全面而且智能化，把划分 UV 这种通常被认为是一项极为烦琐的工作变成了一种乐趣。

Headus UVLayout 可以通过接口文件整合入 Maya 成为其插件，图 1—138 即为装载 Headus UVLayout 后的 Maya 2011 的工具架，其中新增了一个 UVLayout 标签栏。

Headus UVLayout 的操作界面如图 1—139 所示。

图1—138

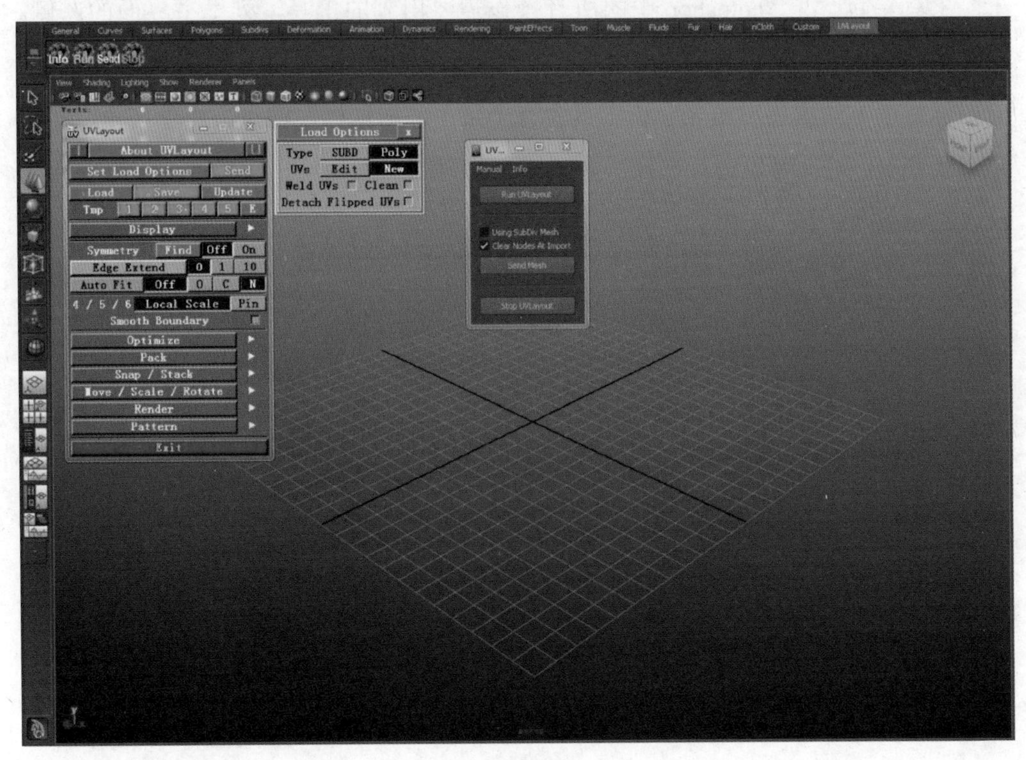

图1—139

任务3 制作贴图

要点提示

1. Photoshop 基础知识。

2. BodyPaint 的操作方法。

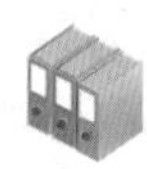

背景知识

3.1 Photoshop 基础知识

3.1.1 工具箱

工具箱包含了 Photoshop 中的所有操作需要用到的工具，列于主界面的左侧。选择某一工具可用鼠标单击，出现高亮度显示即代表被选中，如图 1—140 所示。工具图标右下方的黑色三角表示该工具含有子菜单，用鼠标左键点击黑色三角，即可显示子菜单，进而可以进行选择，如图 1—141 所示。

图1—140　　图1—141

3.1.2 文件的处理

打开文件:单击“文件”菜单,选择“打开”命令,找到所需文件后,单击该文件,下方会出现缩略图,单击“打开”按钮即可。

导入文件:当所需图片在Photoshop中没有此类格式支持时,可以选择“置入”命令。单击“文件”菜单下的“置入”命令,选择文件,单击“置入”按钮即可。

存储文件:图像绘制完成后,需要保存文件。单击“文件”菜单,选择“存储为”命令,设置存储路径,输入文件名,选择文件存储格式,点击“保存”按钮即可,如图1—142所示。

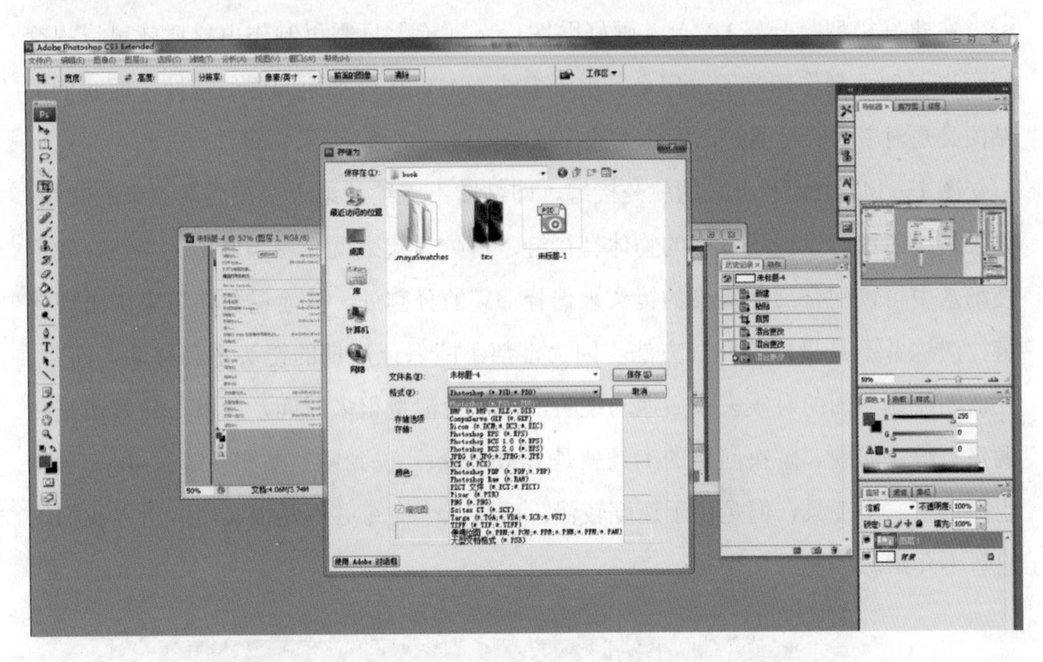

图1—142

常见的文件存储格式有以下几种。

PSD格式:这是Photoshop默认的存储格式,其优点是可以将文件中的图层、色彩和通道等信息保存下来,便于修改。

JPEG格式:这是一种采用有损压缩方式并具有较好压缩效果的文件格式。但是当压缩数值设置得较大时,图像的细节会受损。

TIFF格式:这是一种通用的文件格式,所有绘画、图像编辑软件都支持该格式。Photoshop可以在TIFF文件中存储图层,但在另一程序中打开该文件时,只能看到拼合后的图层。

3.1.3 重要概念

分辨率：分辨率是指单位长度内包含的像素的数量，单位是像素 / 英寸（dpi）。分辨率越高，所包含的像素越多，图像就越清晰。通常情况下，如果只用于显示，分辨率设置为 72 dpi 即可；如果用于输出，则分辨率不能低于 300 dpi。

图层：图层是构成图像的重要组成单位，许多效果都可以通过对图层的直接操作得到，用图层来实现效果是一种直观而简便的方法。

3.2 BodyPaint 的操作方法

在建好模型、分好 UV，并画好贴图后，理论上只需再制作出材质就可以提交原画进入动画制作环节了。但是，由于多边形 UV 具有平面伸展的特性，而我们的贴图又是对着 UV 绘制的，因此无法保证贴图没有接缝。

图 1—143 中标示出来的就是接缝，即贴图不连续的地方。在后期渲染的时候，如果最终出图时发现场景中的物体有接缝，再处理起来就会相当麻烦。当然，我们在场景中可以配合后期渲染的镜头来选择 UV 的分割处，从而避免在渲染中出现接缝，但这并不是最好的解决方法，因为谁都不能保证后期的镜头不会移动。而且，在前期绘制贴图的时候去找后期的镜头，往往会浪费很多时间，所以，最好还是在源头上解决问题。解决问题的工具就是 BodyPaint。说到修补贴图接缝，Maya 自身也提供了一个工具，但是由于速度较慢，而且几个命令并不是很实用，所以我们这里暂不介绍。

图1—143

3.2.1 准备工作

在使用 BodyPaint 之前，我们还需要做一项准备工作，即从 Maya 中导出要修改贴图接缝的物体的 OBJ 文件。

先点击所要导出文件的物体，再点击 File>Export Selection（见图 1—144）。

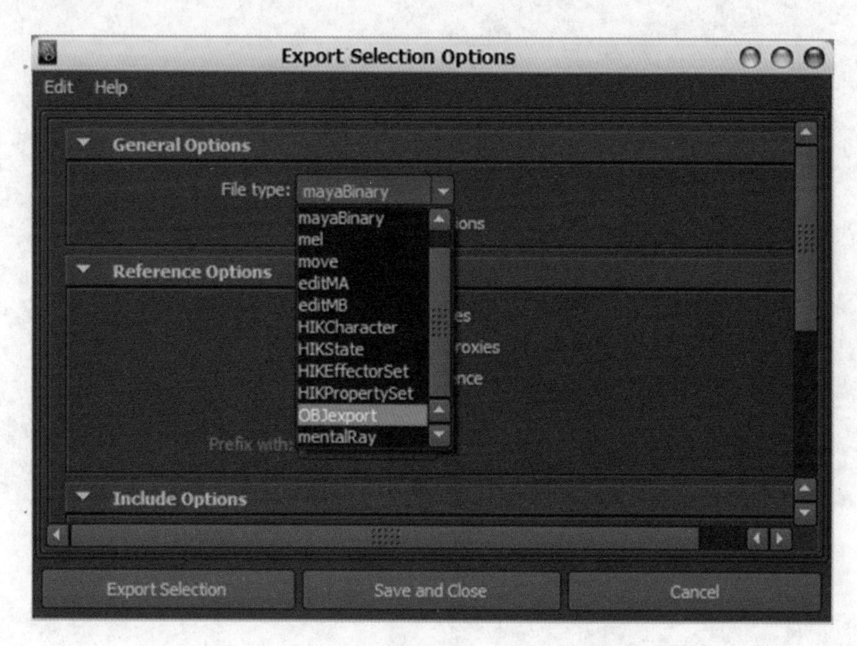

图1—144

在 File type 的下拉菜单里选择 OBJexport，点击 Export Selection。然后把文件放到一个便于自己查找的位置，以便导入 BodyPaint。

3.2.2 BodyPaint 的操作界面

BodyPaint 虽然是英文软件，但也有汉化包，为了讲解方便，我们下面用中文版来讲解（见图 1—145）。

由于 BodyPaint 整合进了 CINEMA 4D，所以我们打开 BodyPaint 后看到的界面并不是 BodyPaint，还需要点击图标进行切换（见图 1—146）。

接下来需要进行一些设置。打开编辑 >Preferneces（见图 1—147），在“手写板”、“使用高分辨坐标”和“反转鼠标旋转轨迹”前打勾。

在 PodyPaint 中，我们所需要的命令集中在界面左边的工具栏中（见图 1—148）。这些工具的用途和 PhotoShop 中的一样，所以这里就不多做解释了，后面会结合实际的例子来进行讲解。

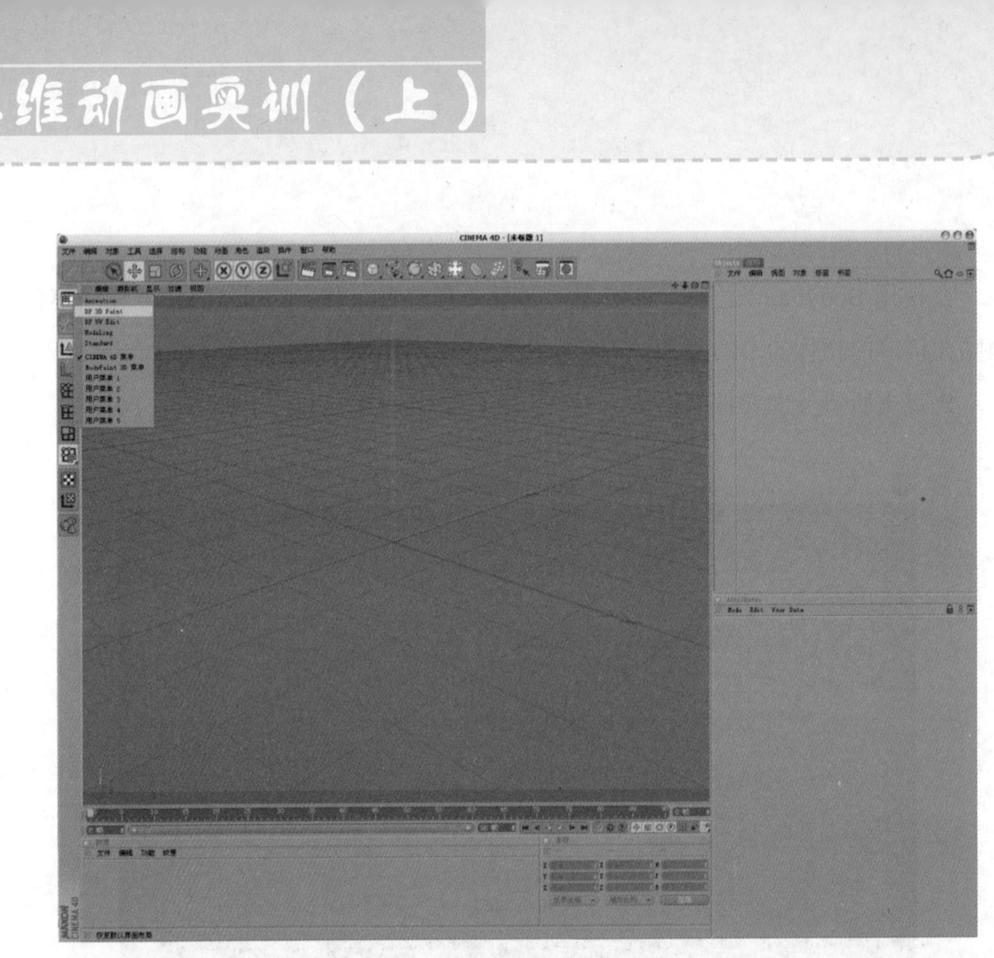

图1—145

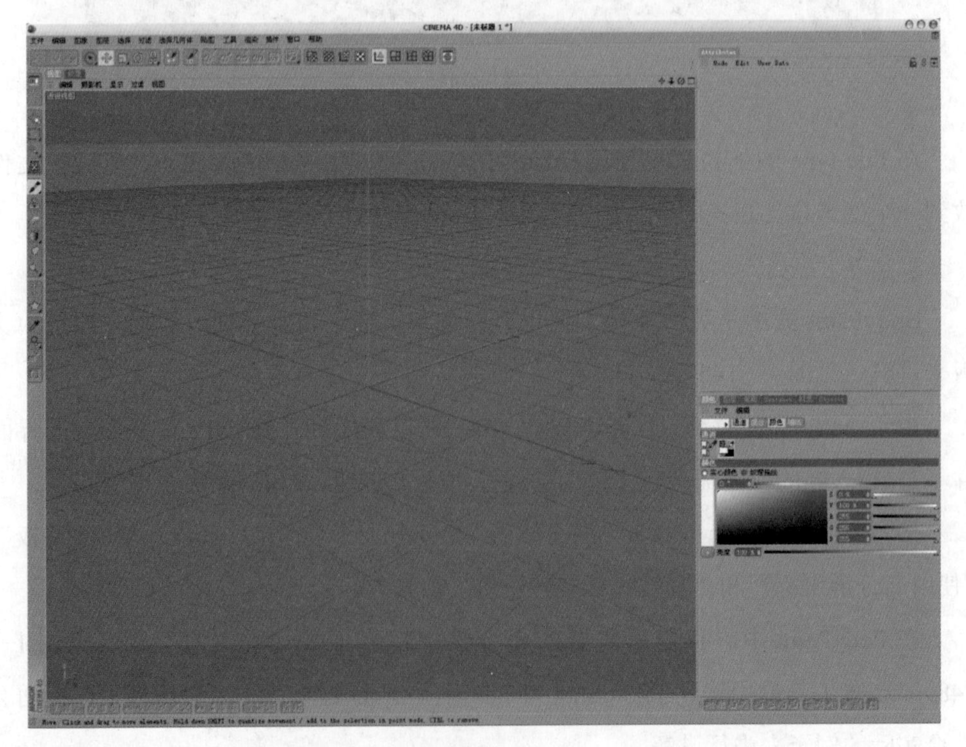

图1—146

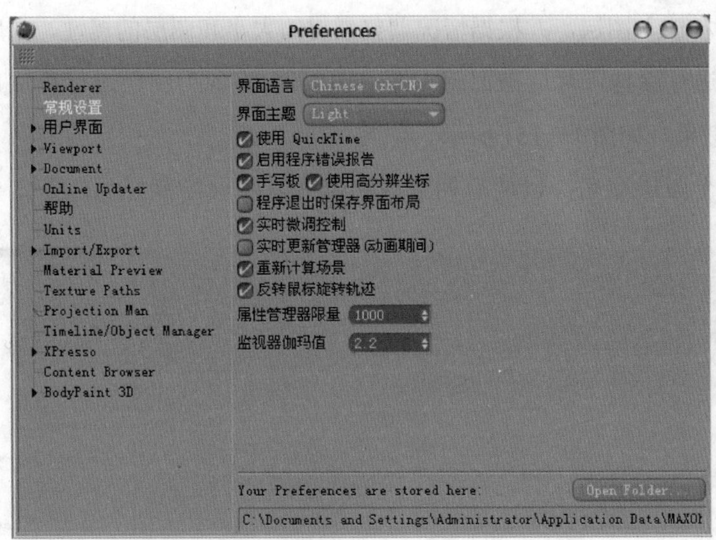

图1—147

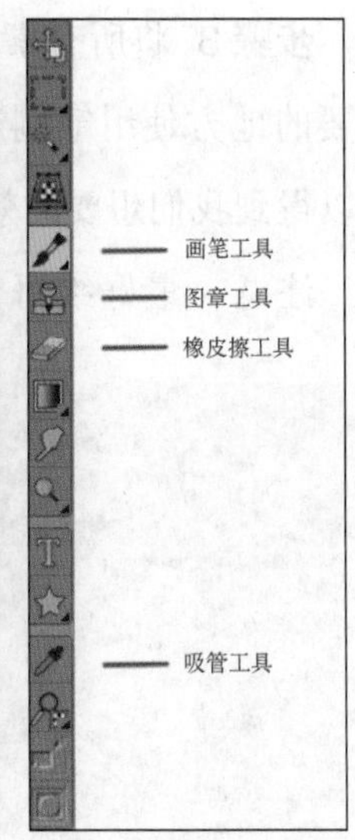

图1—148

实例制作

3.1 制作砂罐子的后期贴图

下面我们使用 Photoshop 来制作砂罐子的材质贴图。

步骤 1 从 Maya 中导入 PNG 格式的 UV 分布图，如图 1—149 所示。

步骤 2 双击图层，将其命名为 UV，然后将背景色填充为白色，以便观察绘图时的效果和 UV 线的位置，如图 1—150 所示。

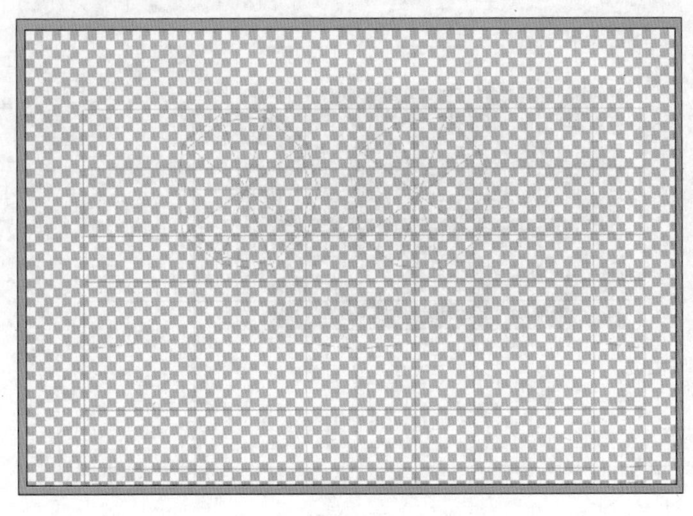

图1—149

步骤3 将所有素材放入图层，并根据情况调整素材的大小和图层的属性，在所需要的地方使用笔刷进行涂抹，营造破旧感，即“做旧”。将各个图层进行叠加也可以得到我们想要的效果，如图 1—151 所示。

注意：最好给每个图层命名，以便后期查找和修改。图层绘制好后，一定要

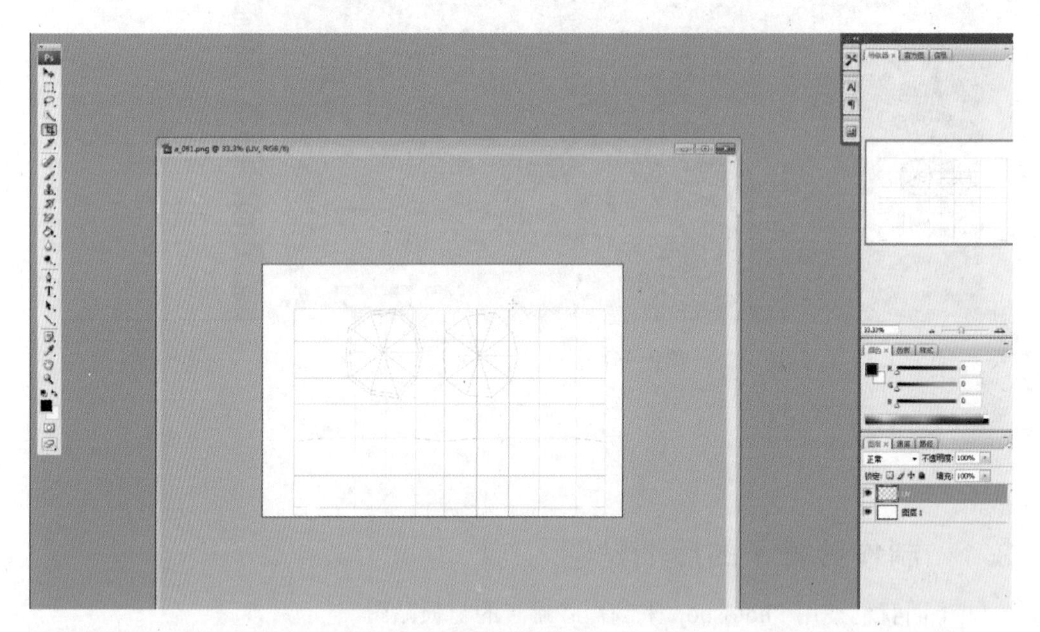

图1—150

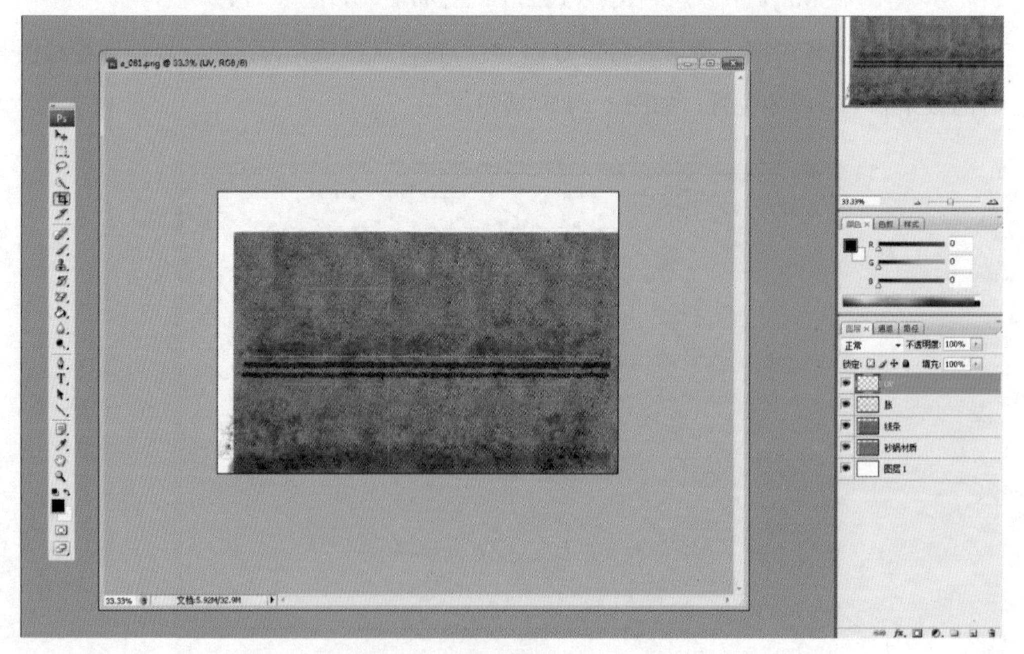

图1—151

将 UV 图层关闭。从 Maya 中导出 UV 时是带有通道的，当不需要贴图带有透明信息时，将通道图层关闭，将文件存储到项目工程文件的 sourceimages 文件夹中，一般存为 TGA 格式，也可根据需要存为其他格式。

步骤 4 制作凹凸贴图。光有颜色贴图是不够的，物体表面的沙粒粗糙到什么程度，是否有裂痕和层次感，这些都需要由凹凸贴图来表现。制作凹凸贴图可以将之前的颜色贴图去色，打开图像 > 模式 > 灰度，如图 1—152 所示，生成灰度图。此时最好不要合并图层，应保留各个图层以便随时修改。在灰度图中，黑色代表凹，白色代表凸。

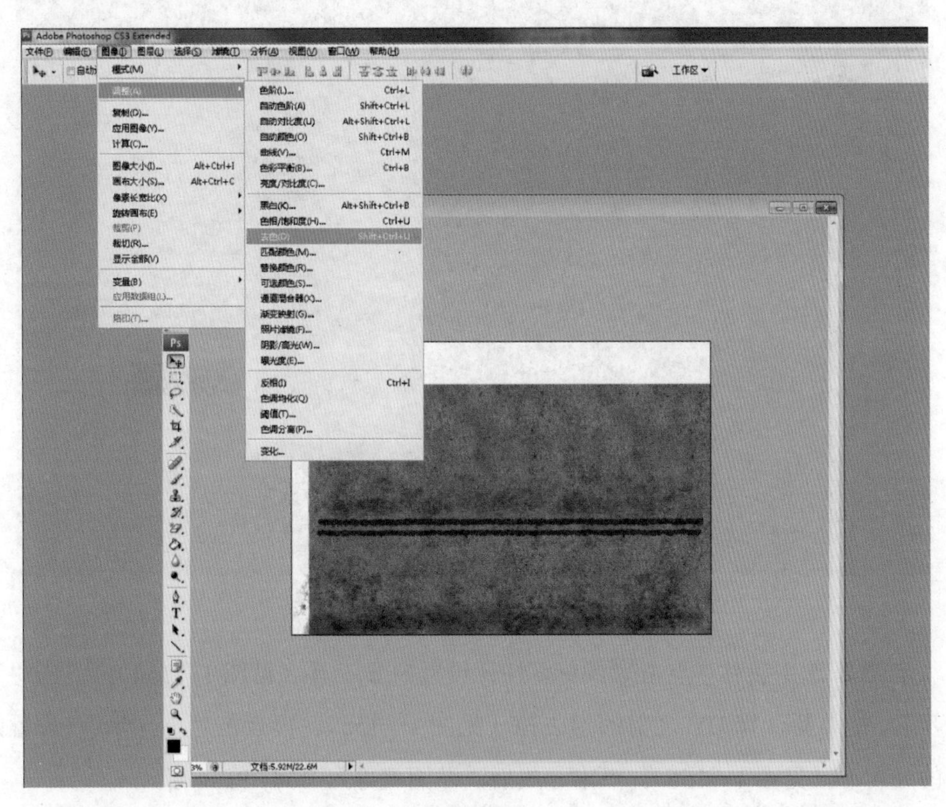

图1—152

3.2 处理石头贴图中的接缝问题

下面我们使用 BodyPaint 来处理图 1—143 的石头贴图中的接缝问题。

步骤 1 打开之前从 Maya 中导出的 OBJ 文件，移动一下，感觉好像不是很顺。BodyPaint 的操作方式和 Maya 是一样的，但是，为什么在 Maya 中可以顺利移动的物体在导入 BodyPaint 后却会出现这样的问题？这是因为，我们导出的是 OBJ 文件，而 OBJ 文件的中心是被归回到世界坐标的原点位置的，而我们在位移视图的时候是以物体的中心为目标的，所以才会出现移动不顺的情况。这个问题可以在 BodyPaint 中解决。选中物体，把界面切换到 Modeling。使用移轴工具把物体的轴心移回到物体自身的中心。操作时可以使用鼠标中键来切换单视窗与四视窗。

调整好轴心，就可以把界面切换回 BodyPaint 的界面了，如图 1—153 所示。

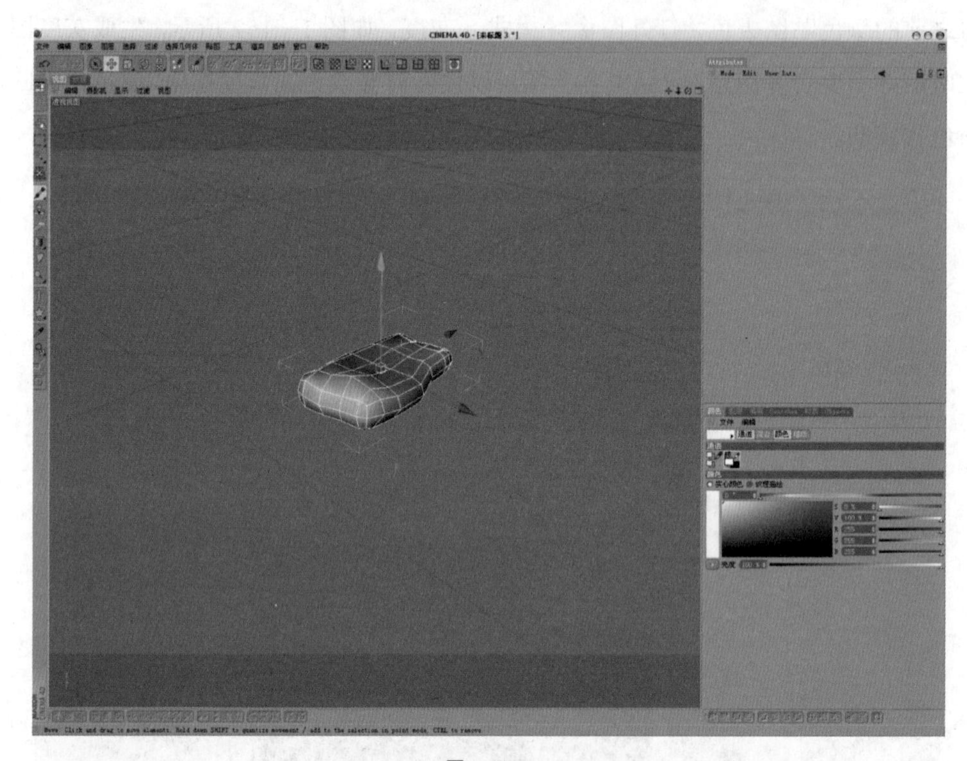

图1—153

步骤 2 选中物体，点击图标，打开设置向导工具（见图 1—154）。点击“下一步”，把重新计算 UV 之前的勾去掉（见图 1—155）。再点击“下一步”，设置贴图的分辨率（见图 1—156）。点击完成后，贴图就导入 Body Paint 了。

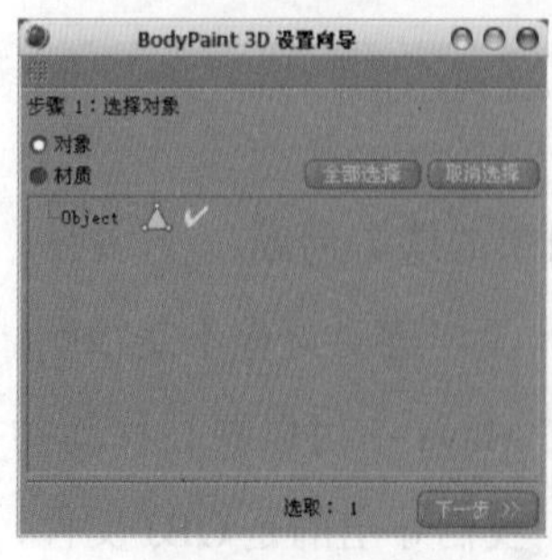

图1—154

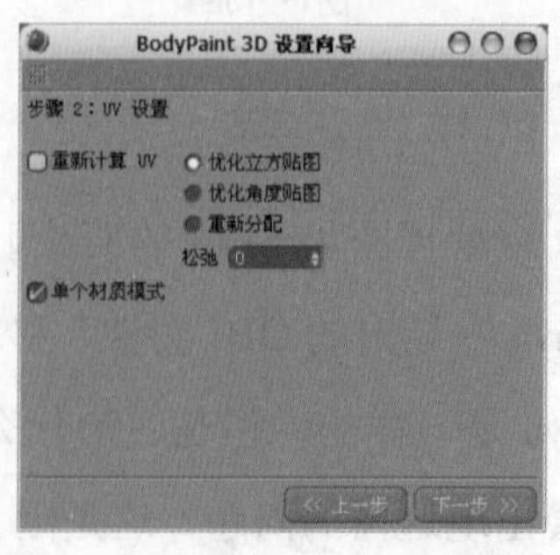

图1—155

图1—156

步骤 3 接下来开始修缝。首先点击材质标签，然后点击图 1—157 中的 材质，切换到材质选项，进行属性设置，再将纹理选项里的贴图改成之前在 Maya 中画好的贴图（见图 1—158）。设置完成后，视图中的物体就换成了之前的贴图。

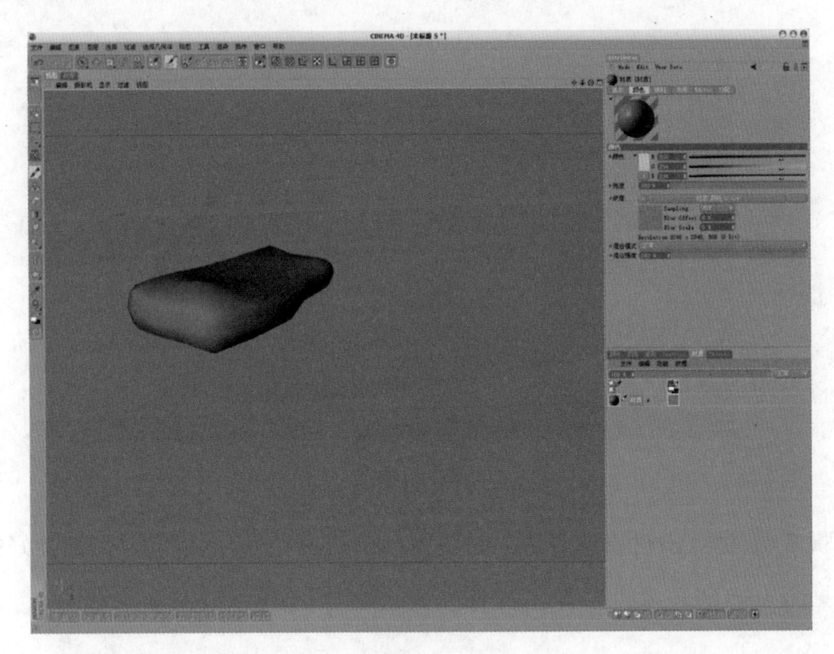

图1—157

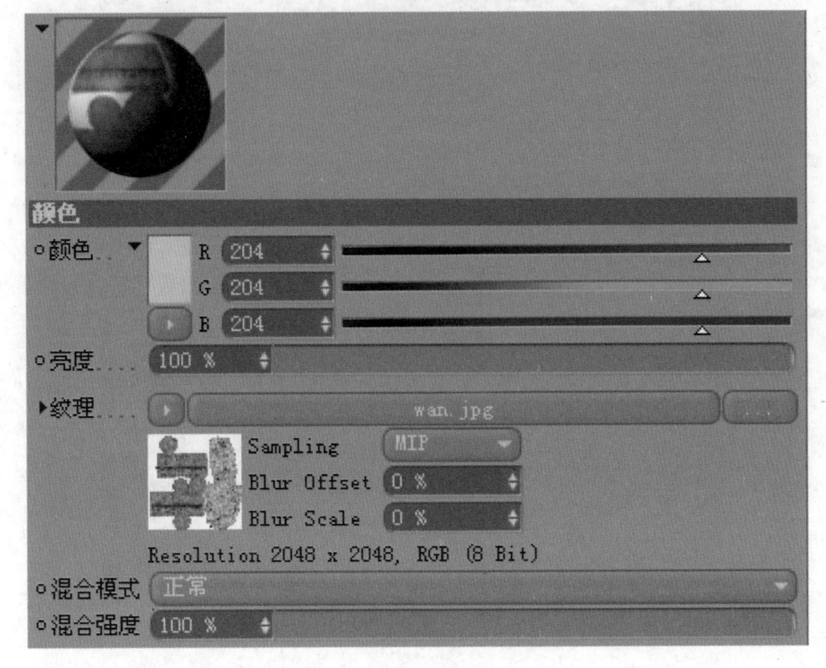

图1—158

步骤 4 点击工具架上的印章图标，出现一个吸管。用该吸管吸取所要复制的区域，为贴图上色。使用该工具时，最好把界面中的图标选中，这样印章工具所吸取的就是三维里的颜色。修改后的贴图如图 1—159 所示。

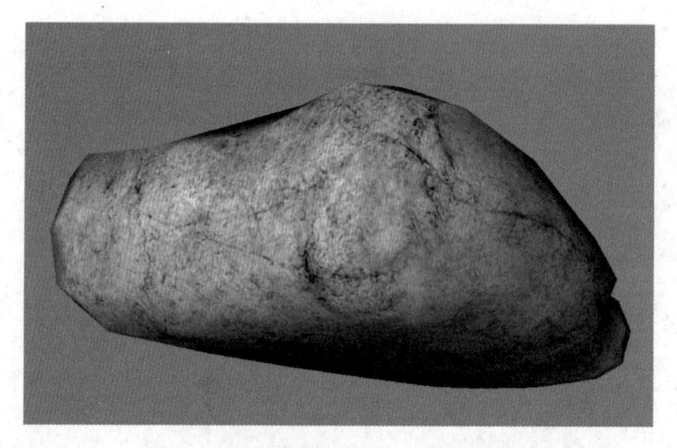

图1—159

步骤 5 右键点击材质球旁边的贴图图标，点击“另存纹理为”，把画好的贴图导出（见图 1—160）。到此，石头贴图接缝的处理工作就结束了。

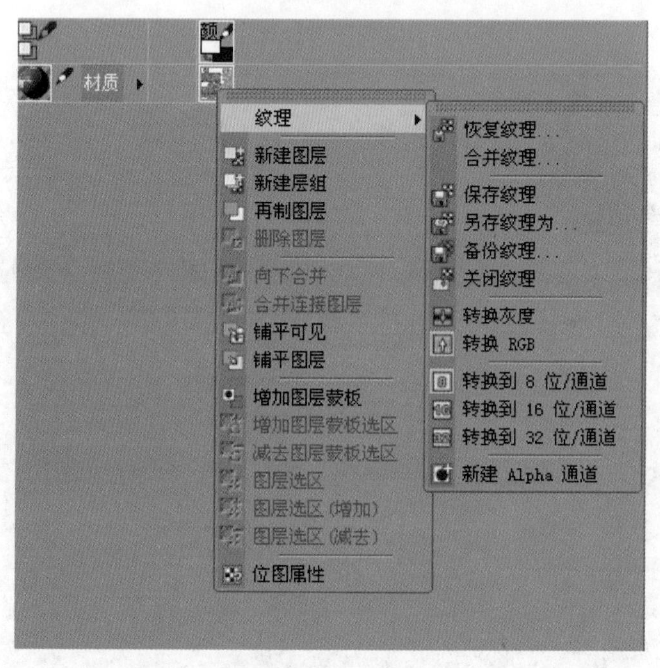

图1—160

项目概览

本章介绍了场景渲染时常用灯光的类型、属性、设置技巧，以及常用渲染器Mental Ray的操作方法，并结合《土豆》场景制作实例，详细讲解了场景渲染的操作方法。

项目要点

1. Maya软件中灯光的类型、属性和设置技巧。
2. Maya软件内置渲染器Mental Ray的运用。

项目目标

1. 掌握场景灯光的类型和属性，能够运用三点式照明法设置灯光。

2. 掌握 Mental Ray 的使用方法，能够熟练运用和设置直接照明、分层渲染和后期合成的相关参数。

最终效果

图2—1

任务1 灯光基础

要点提示

1. 灯光的类型。
2. 灯光的属性。
3. 灯光的设置技巧：三点式照明法。

背景知识

灯光是动画制作中不可或缺的一项内容，它不但可以增加画面的表现力，还可以传达场景的气氛。Maya 的灯光面板中只有 6 种类型的灯光，却可以实现我们想要的各种效果。如何做到这一点呢？首先，注意灯光的选择。这 6 种类型的灯光各有其长短，应根据所需效果的不同选用最适合的灯光，以能够扬长避短为佳。其次，利用全局照明。全局照明的概念我们后面会详细介绍。再次，提高美术素养。要注意培养自己的美术素养，了解画面布局和镜头应用的相关知识，提高对色彩的敏感度。最后，注意日常积累。如果对灯光感兴趣，可以去学习一些摄影方面的知识和技巧，相信一定会受益良多。下面进入对灯光的学习。

1.1 灯光的类型

在 Maya 中，我们可以创建 6 种类型的灯光，分别是：Ambient Light（环境光）、Directional Light（平行光）、Point Light（点光源）、Spot Light（聚光灯）、Area Light（区域光）和 Volume Light（体积光）。

1.1.1 环境光

环境光可以从各个方向均匀地照亮场景中的所有物体，多用于模拟物体受周围环境中的光线漫反射形成的照明效果（见图 2—2）。环境光可以投射阴影，但只会出现 Ray Trace Shadows（光线追踪阴影），如图 2—3 所示。

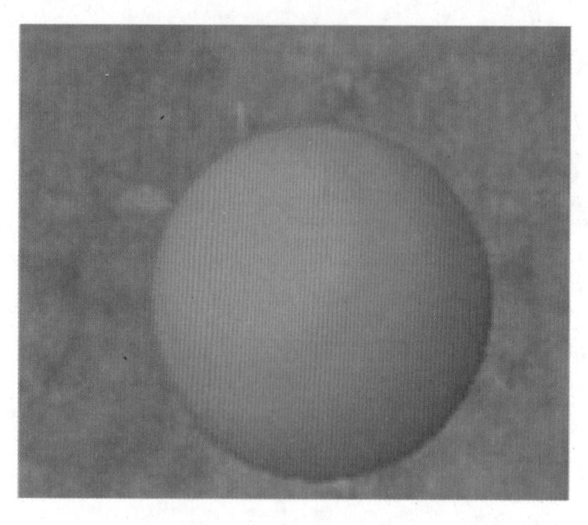

图2—2

图2—3

1.1.2 平行光

顾名思义，平行光的光线都是平行的（见图 2—4）。平行光的照明效果与灯光的位置和大小无关，只与灯光的方向有关。平行光的光线没有夹角，像太阳发出的光一样，所以一般用来模拟太阳光。平行光没有衰减，可以投射阴影，其阴影也是平行的（见图 2—5）。

图2—4

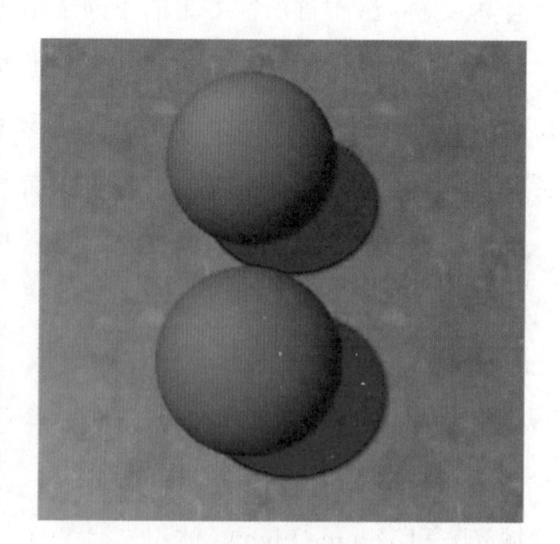

图2—5

1.1.3 点光源

点光源从一个点向四面八方发射光线，其照明效果与灯光的位置有关，与旋转角度或缩放无关（见图 2—6）。点光源可以投射阴影，其阴影形状如图 2—7 所示。

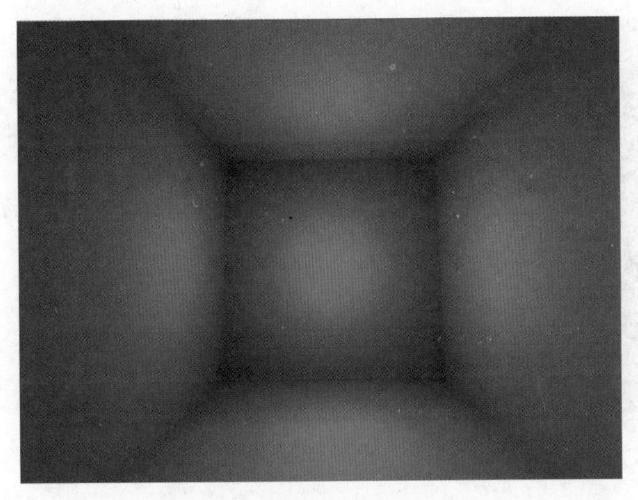
图2—6

图2—7

1.1.4 聚光灯

聚光灯具有方向性，其光线从一点发出，并以圆锥形状扩散（见图 2—8）。聚光灯的参数最为复杂，因此其产生的效果也最为多样，这使得聚光灯成为最常用的灯光之一。聚光灯投射的阴影如图 2—9 所示。

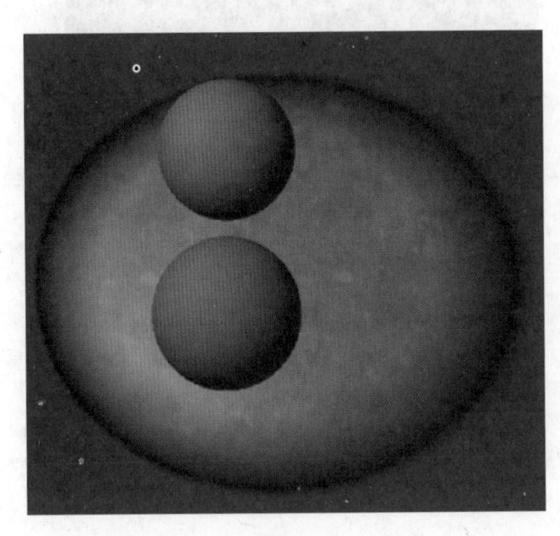
图2—8

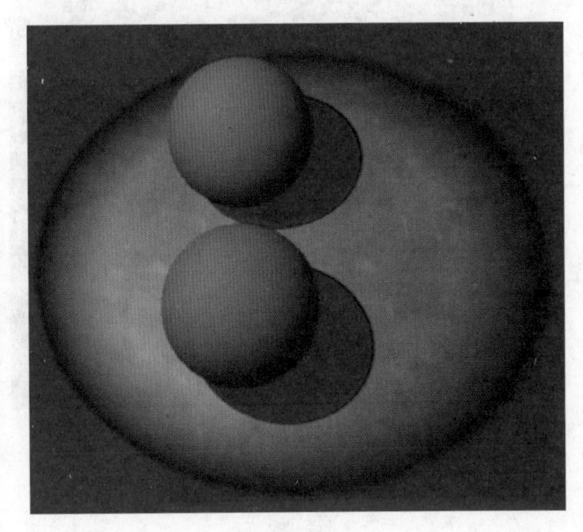
图2—9

1.1.5 区域光

区域光是一种二维的面光源，如同一块发光板，是由一个平面发出的光（见图 2—10），因此它的亮度不仅和强度相关，还和面积大小直接相关，多用来模拟诸如从窗口射入的光线等。区域光也可以投射，其阴影随着距离的变化而变虚或变实（见图 2—11）。

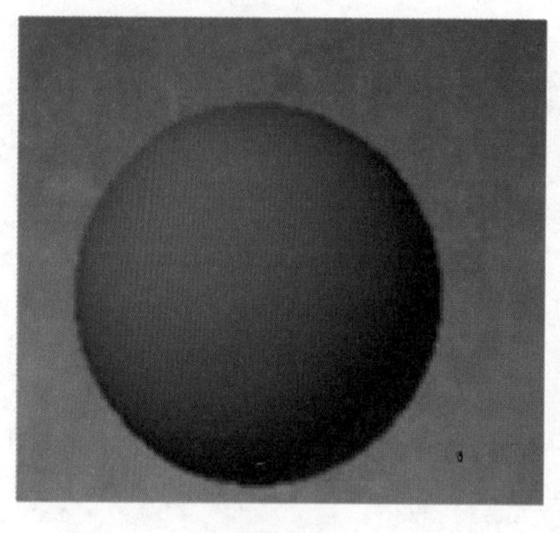

图2—10

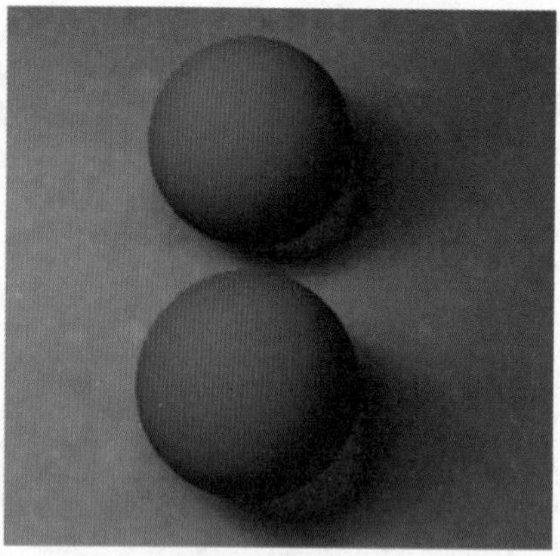

图2—11

1.1.6 体积光

体积光能够实现很强的衰减效果，通过调节其参数，特别是直接缩放其控制器的大小，可以十分直观而有效地控制光线的照射范围和颜色变化（见图 2—12）。体积光投射的阴影如图 2—13 所示。

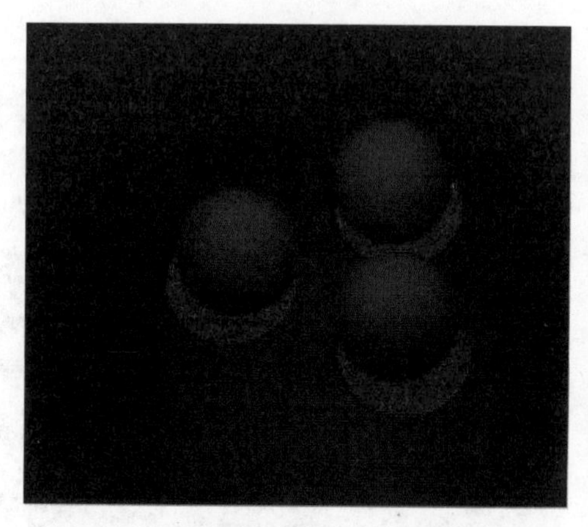

图2—12

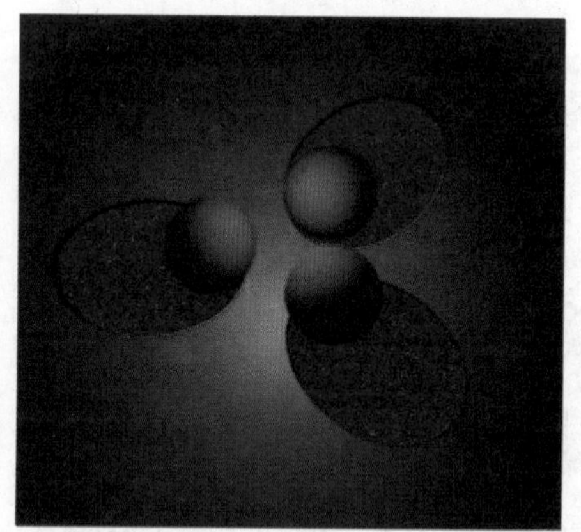

图2—13

1.2 灯光的属性

与 Maya 中的其他物体一样，灯光也有自己的属性编辑面板，用来调节灯光的所有属性参数。其中，我们较常用到的是灯光的基本属性、灯光特效和灯光阴影等，以下将一一介绍。

1.2.1 灯光的基本属性

正如之前在灯光的类型中所提到的，聚光灯具有最为复杂的参数，其他灯光有的参数，聚光灯几乎都有，而聚光灯有的参数，其他灯光却未必有。因此，下面以聚光灯为例，来介绍灯光的基本属性，如图 2—14 示。

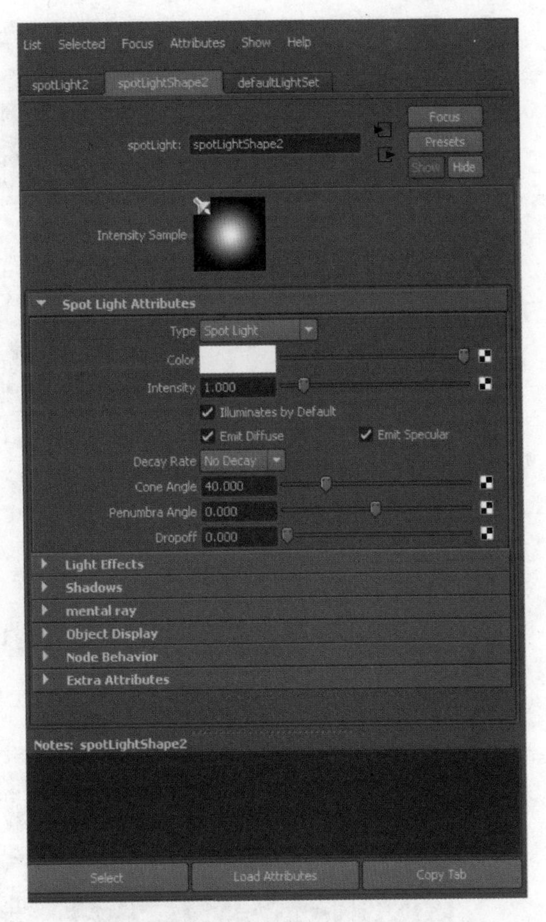

图2—14

Type：设置灯光类型。通过 Type 右侧的下拉箭头，可以转换灯光类型。注意，由于不同灯光有不同属性，因此转换后一些特有的灯光属性会消失。

Color：设置灯光颜色。默认为白色。点击颜色区域会弹出 Color Chooser（颜色转换窗口），用来转换颜色。颜色区域最右侧是贴图图标，点击该图标可弹出 Create Render Node（材质创建面板），用来为灯光颜色属性指定一种材质纹理，并对该纹理进行灯光投影。注意：Maya 灯光的所有属性只要右侧有贴图图标，都可以进行贴图操作。

Intensity：设置灯光强度（即亮度）。当数值为零时，不产生照明效果。当数值为负数时，可以吸收其他灯光的光线，在实践中经常用来抵消其他不需要的光。比如，我们需要为某个物体添加一个投影，如果添加投影就要添加灯光，而添加灯光就会照亮该物体，从而打破原来的光的平衡，这时就可以通过添加同样类型、同样数值的负数光来吸收这些多余的光线。

Decay Rate：设置灯光衰减方式。Maya 中的灯光有 4 种衰减方式（见图 2—15）：No Decay（无衰减）、Linear（线性衰减）、Quadratic（平方衰减）和 Cubic（立方衰减）。其中，No Decay 是默认方式。

图 2—16 显示的是灯光和物体在场景中的位置，图 2—17 是不同的 Decay Rate 参数产生的效果。从 A 到 D，Decay Rate 参数依次为 No Decay、Linear、Quadratic 和 Cubic。从中可以看出，No Decay 不产生衰减效果，Cubic 产生的衰减效果最为明显。我们常用到的是 Linear 和 Quadratic。

Cone Angle：聚光灯特有属性，用来控制光束扩散的角度。

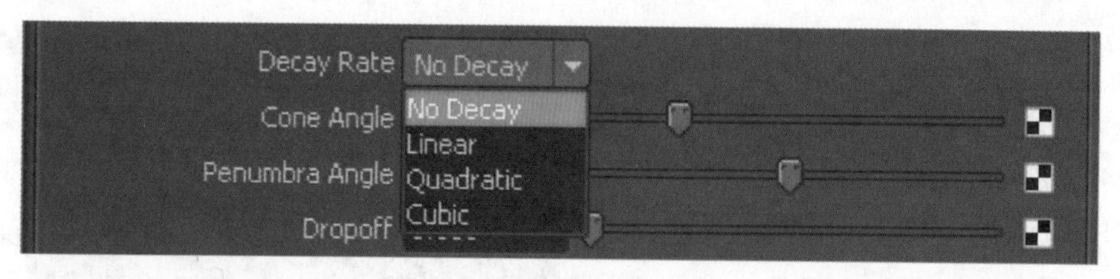

图2—15

图2—16

图2—17

Penumbra Angle：聚光灯特有属性，用来控制聚光灯的锥角边缘在半径方向上的衰减。

Dropoff：聚光灯特有属性，用来控制灯光强度从中心到聚光灯边缘减弱的速率。

除了以上这些属性，还有一个环境光的特有属性：Ambient Shade。当 Ambient Shade 的值为 1 时，环境光就完全变成一个点光源。当 Ambient Shade 的值为 0，Intensity 的值为 1 时，物体被照亮但没有明暗关系。这一特性在画贴图时十分有效，可用来检查贴图的固有色是否正确。

1.2.2 灯光特效

制作灯光特效的插件有很多，其实很多灯光特效可以直接在 Maya 中制作出来。

如图 2—18 所示，Maya 的灯光特效主要包括 Light Fog（灯光雾）、Light Glow（辉光）、Barn Doors（光栅）和 Decay Regions（衰减区域）4 种。当然，并不是所有类型的灯光都可以添加这些特效。这里着重介绍灯光雾和辉光特效。

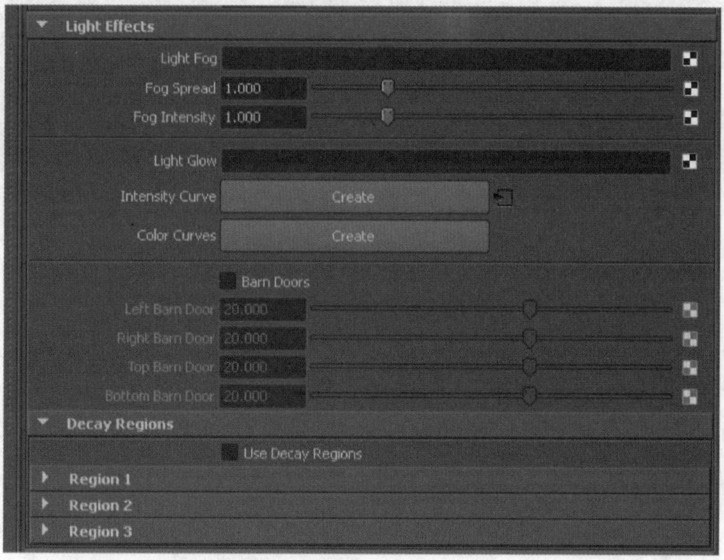

图2—18

（1）灯光雾。

顾名思义，灯光雾模拟的是日常生活中的手电筒、舞台灯光等光源中的一些雾化效果。灯光雾的形状视灯光类型而定，聚光灯、点光源和体积光都有自己的灯光雾。灯光雾的阴影可以对处在雾中的物体产生阴影效果。Maya 未对灯光雾的阴影参数专门进行分类，而是将其并入灯光的属性编辑面板的 Shadows 参数栏中，我们将在灯光阴影部分对其进行详细介绍。灯光雾只能在灯光照射范围内存在，其基本属性如图 2—19 所示。

图2—19

Light Fog（灯光雾）：创建灯光雾效果。点击 Light Fog 右侧按钮，Maya 会给灯光添加一个如图 2—20 所示的雾节点，其中 Color（颜色）、Density（密度）、Color

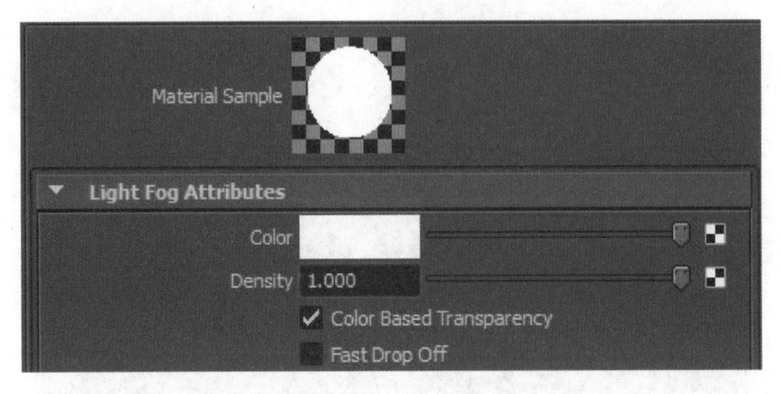

图2—20

Based Transparency（颜色基本透明，相当于雾的透明度）、Fast Drop Off（衰减）等参数可以控制雾中或者雾后的物体的模糊程度，其模糊程度与雾的密度及物体距离相机的远近有关。

Fog Spread（雾扩散）和Fog Intensity（雾强度）：分别控制雾在横截面方向上的衰减程度和雾的浓度。

另外，某些灯光的Light Effects会多一些参数，这里补充说明一些。

1）点光源特有的灯光雾属性。点光源的Light Effects面板如图2—21所示。

Fog Type（雾类型）：设置灯光雾的三种不同浓度的衰减方式。Normal表示雾的浓度不随距离变化，Linear表示雾的浓度随距离的增加呈线性衰减，Exponential表示雾的浓度随距离的平方呈反比衰减。图2—22从左向右依次是选项为Normal、Linear和Exponential时的效果。

Fog Radius（雾半径）：控制雾的传播范围。

2）聚光灯特有的灯光雾属性。聚光灯的Light Effects面板如图2—23所示。

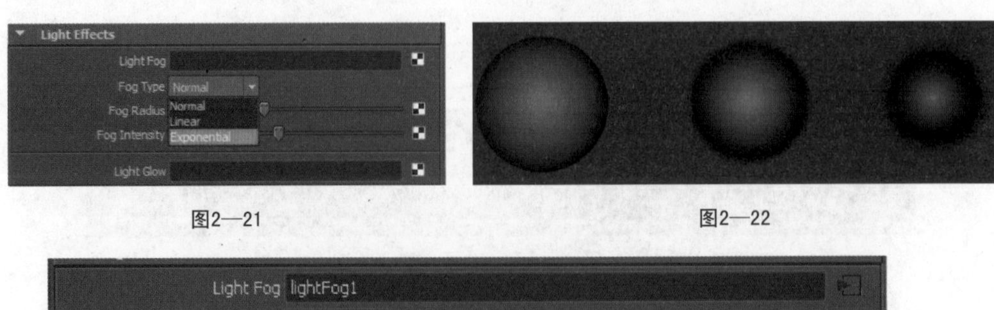

图2—21 图2—22

图2—23

图2—24

Fog Spread（雾扩散）：控制雾在横截面半径方向上的衰减程度。图2—24从左向右依次是Fog Spread参数值为2、1和0.5时的效果。

Fog Intensity（雾强度）：控制雾的强度。

（2）辉光。

辉光是生活中一种常见的物理现象，如夜晚的车灯、逆光下的太阳光等。点击Light Glow最右侧的进入下游节点按钮（见图2—25），即可进入opticalFX Attributes节点的属性编辑面板（见图2—26），在这里可以设置辉光的各种属性，如Glow Type（辉光类型）、Halo Type（光晕类型）和Lens Flare（镜头晕斑）等。

1）辉光类型。Maya提供了6种辉光类型，分别是：

None：不显示辉光效果。

Linear：辉光线性衰减。

Exponential：辉光指数衰减。

Ball：辉光在指定的距离内衰减，衰减距离由Glow Spread（辉光扩散）参数控制。

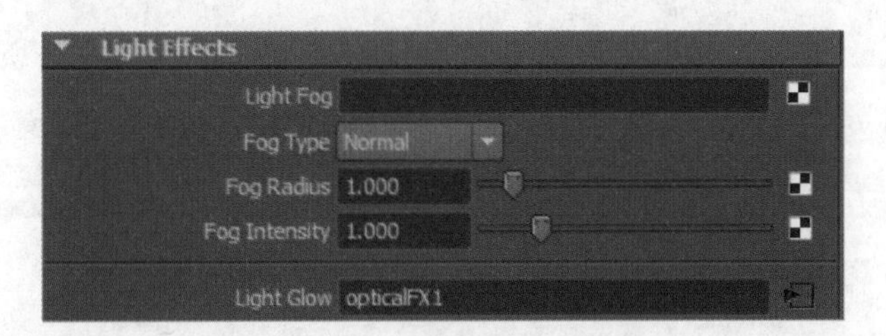

图2—25

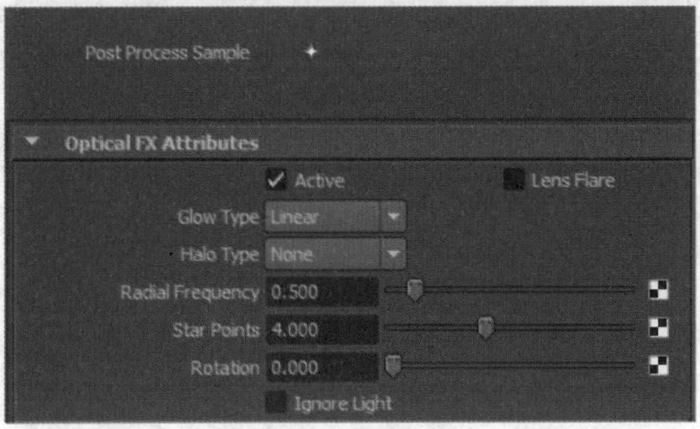

图2—26

Lens Flare：模拟灯光照射相机镜头产生的效果。

Rim Halo：在辉光周围生成一圈圆环状的光晕，环的大小由 Halo Spread（光晕扩散）参数控制。

图 2—27 为以上几种效果的示意图。

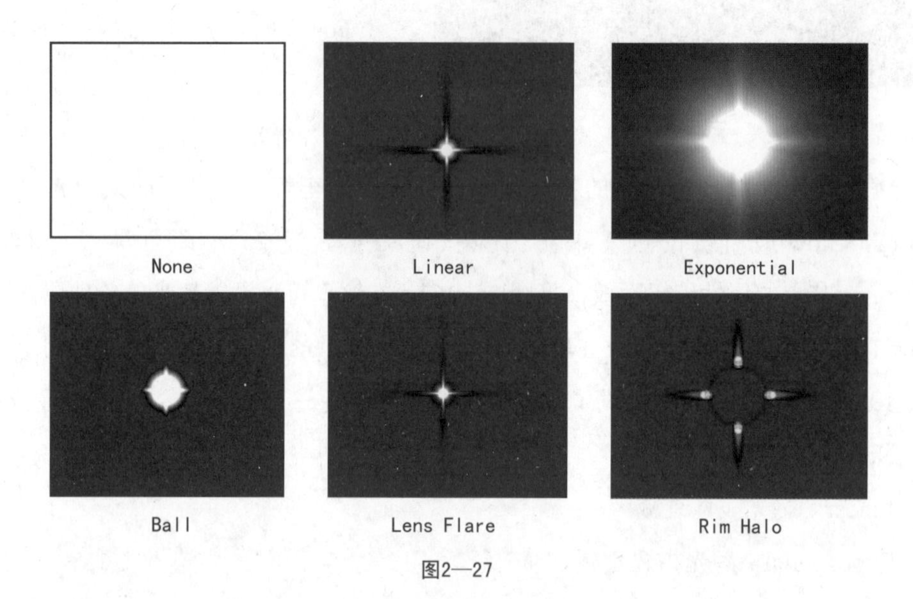

图2—27

辉光类型确定后，还可以通过一些相关参数来调节辉光的具体效果。我们可以在 Glow Attributes（辉光属性）面板中找到这些参数，如图 2—28 所示，包括 Glow Color（辉光颜色）、Glow Intensity（辉光强度）、Glow Spread（辉光发散）、Glow Noise（辉光噪波）、Glow Radial Noise（辉光半径噪波）、Glow Star Level（辉光星级）、Glow Opacity（辉光透明度）等参数。

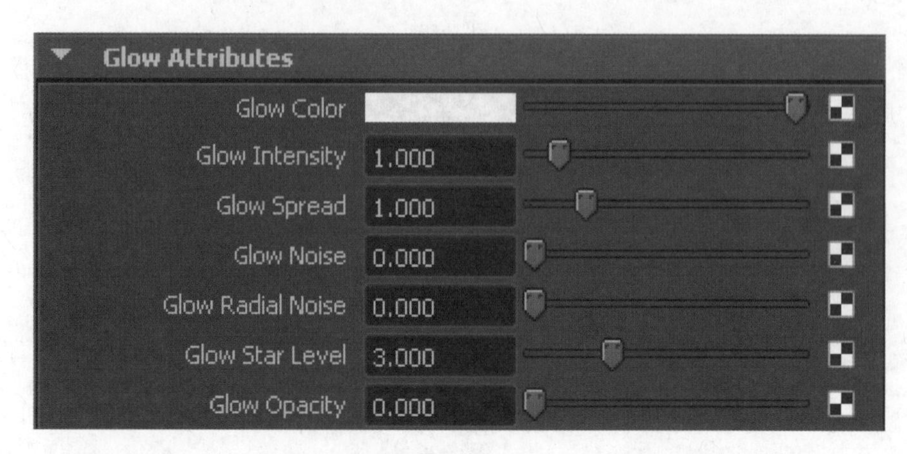

图2—28

有一些参数从名字上就能猜出其用途，我们就不再赘述了。这里重点介绍 Glow Star Level 参数。这一参数通常用来模拟摄像机的星状过滤器的效果，通过它可以改变辉光中心与光芒的比例与粗细。图 2—29 显示的是 Glow Star Level 值为 0、1.5 和 4 时的效果。

Glow Star Level值为0

Glow Star Level值为1.5

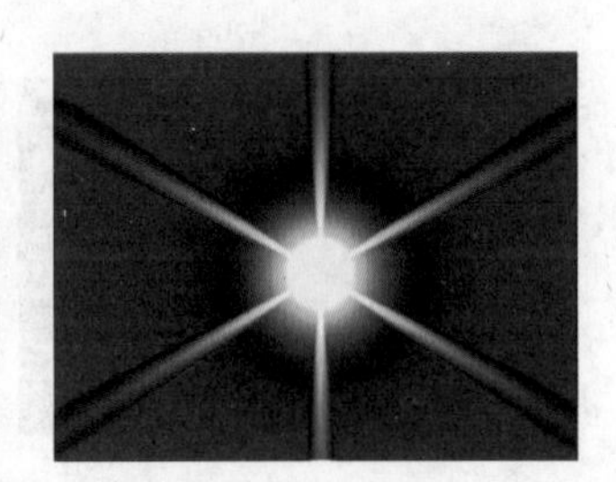

Glow Star Level值为4

图2—29

2）光晕类型。Maya 提供的光晕类型也有 6 种，分别是：None、Linear、Exponential、Ball、Lens Flare 和 Rim Halo，具体含义可参见辉光类型，效果如图 2—30 所示。

与辉光类型一样，光晕类型也有一些用来调节光晕的具体效果的相关参数。如图 2—31 所示，Halo Attributes（光晕属性）有以下 3 个参数。

Halo Color（光晕颜色）：设置光晕的颜色。

Halo Intensity（光晕强度）：控制光晕的亮度，调节光晕的大小。

Halo Spread（光晕发散）：设置光晕的传播距离。

3）镜头晕斑。启用镜头晕斑时，要先勾选 opticalFX Attributes 中的 Lens Flare，激活这一光效，然后开启图 2—32 所示的 Lens Flare Attributes（镜头晕斑属性）面板。下面通过实例讲述该属性栏中部分参数的用途。

首先，单击 Flare Color（镜头晕斑颜色）右侧的颜色区域，将其设置为黄色。Flare Intensity（镜头晕斑强度）保持默认值，Flare Num Circles 光圈数量设置为一定数值。考虑到渲染速度，该数值不宜太大，效果如图 2—33 所示。

其次，将 Flare Intensity 值分别调为 2 和 4，效果如图 2—34 所示。

最后，再来看一个有趣的参数：Hexagon Flare（六角晕斑）。勾选 Hexagon Flare 参数，可以产生六边形的晕斑，如图 2—35 所示。

以上是几个较为重要的参数，除此之外还有 Flare Min Size（晕斑范围的最小值）、

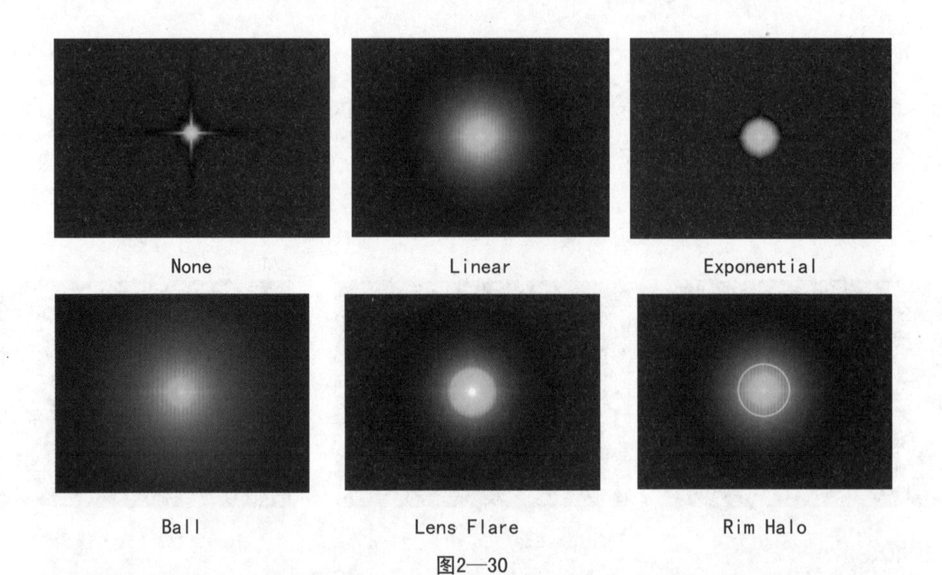

图2—30

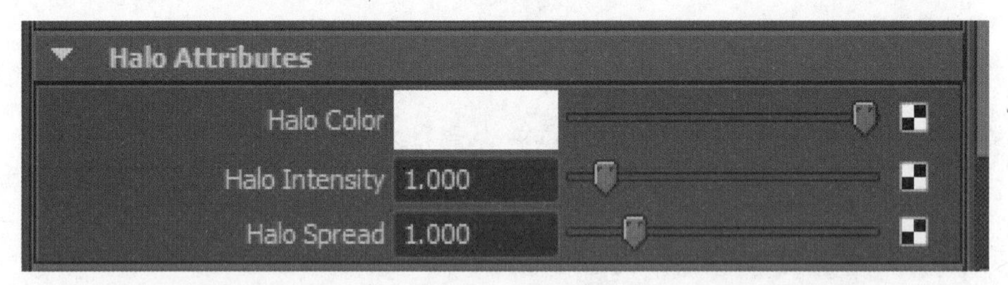

图2—31

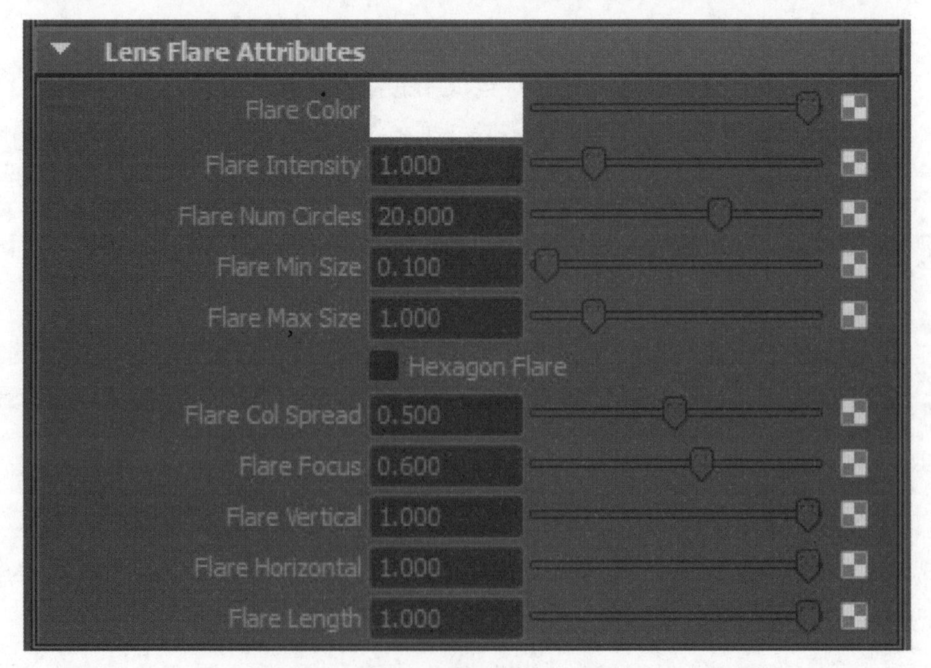

图2—32

图2—33

Flare Max Size（晕斑范围的最大值）、Flare Col Spread（晕斑扩散）、Flare Focus（晕斑焦点）等参数。这些参数相配合，可以调试出比较理想的镜头晕斑效果。

1.2.3 灯光阴影

《圣经》中说：上帝说要有光，于是就有了光。光不能没有影，于是就出现了影。光与影互相依存，物体有光源照射就会产生阴影。阴影是体现场景和物体的空间感、体积感和质量感的重要手段之一。

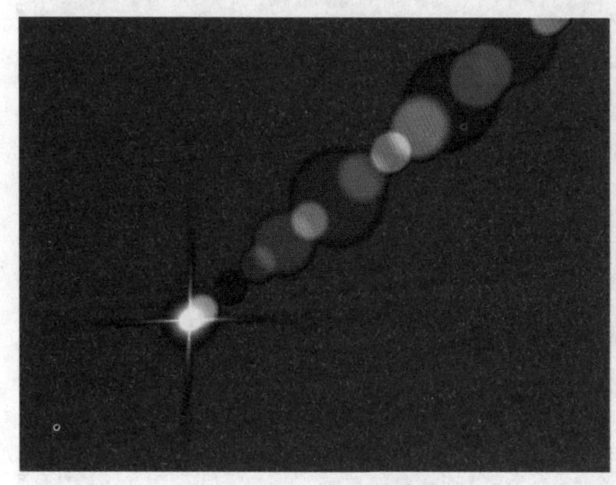

Flare Intensity值为2

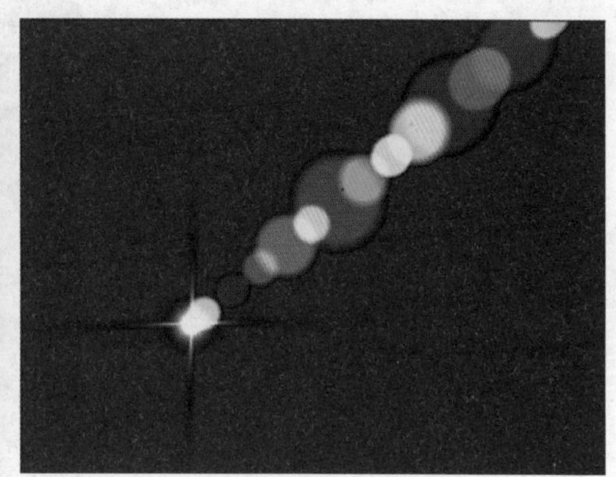

Flare Intensity值为4

图2—34

Maya 提供了两种阴影生成方式：Depth Map Shadows（深度贴图阴影）和 Ray Trace Shadows（光线追踪阴影）。

为了提高效率，Maya 中创建的灯光默认关闭阴影选项，需要手动勾选 Use Depth Map Shadows（见图 2—36）或 Use Ray Trace Shadows（见图 2—37），选择相应的阴影生成方式。二者只能选其一。

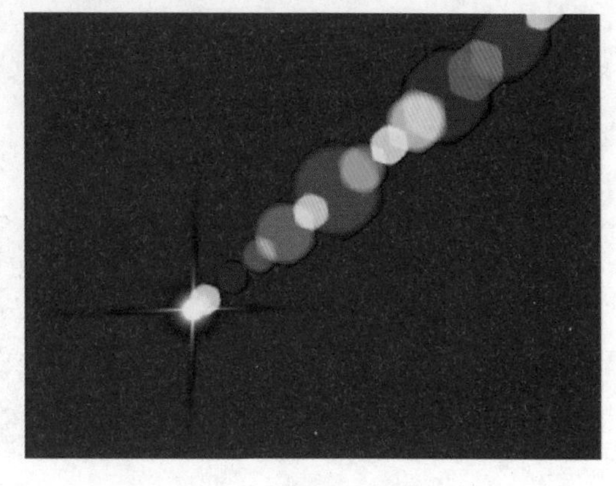

图2—35

注意：选择用光线追踪阴影方式生成阴影时，还需要在 Windows>Rendering

Editors>Render Globals（渲染全局设置）面板中找到 Raytracing Quality 选项栏，勾选 Raytracing 选项来启动渲染的光线追踪计算功能（见图 2—38），只勾选 Use Ray Trace Shadows 选项是无效的。

另外，环境光只支持光线追踪阴影，没有 Depth Map Shadows 选项。

（1）深度贴图阴影及其属性。

深度贴图阴影是指 Maya 在进行渲染时生成一个深度贴图文件，记录投射阴影的光源与场景中被照射物体表面之间的距离等信息，用来确定物体表面的前后位置，并对后面的表面投射阴影的方式。其特点是渲染速度快，生成的阴影相对较软，边缘柔和，但是效果不如光线追踪阴影真实。

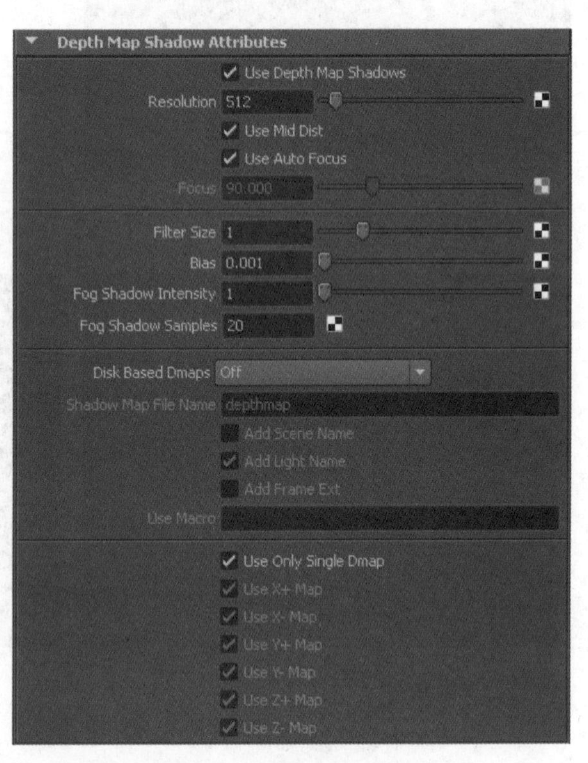

图2—36

深度贴图阴影的主要属性有以下几个：

Use Depth Map Shadows：开启深度贴图阴影功能，勾选后将激活深度贴图阴影的其他属性参数。

Resolution（精度）：控制生成的深度贴图文件的大小。例如，512 像素（默认值）将生成一个 512 像素 ×512 像素的深度贴图文件。该值的大小与阴影的清晰度成正比，与渲染速度成反比。如图 2—39 所示，（a）图是 Resolution 值为 512 像素时生成的阴影效果，（b）图是 Resolution 值为 2048 像素时生成的阴影效果。

深度贴图阴影还有一些控制灯光雾的参数，如图 2—40 所示。

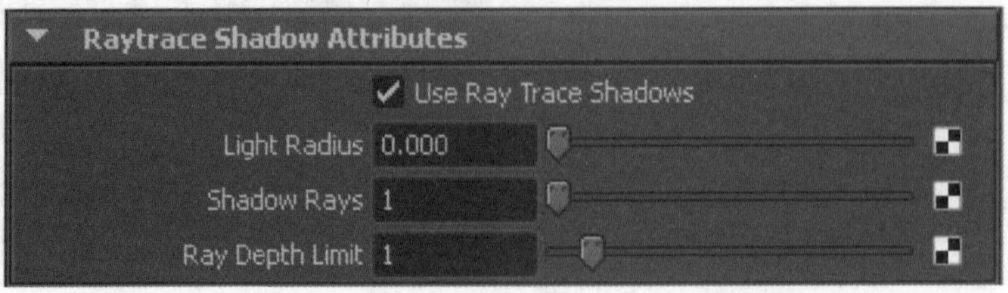

Raytrace Shadow Attributes
Use Ray Trace Shadows
Light Radius 0.000
Shadow Rays 1
Ray Depth Limit 1

图2—37

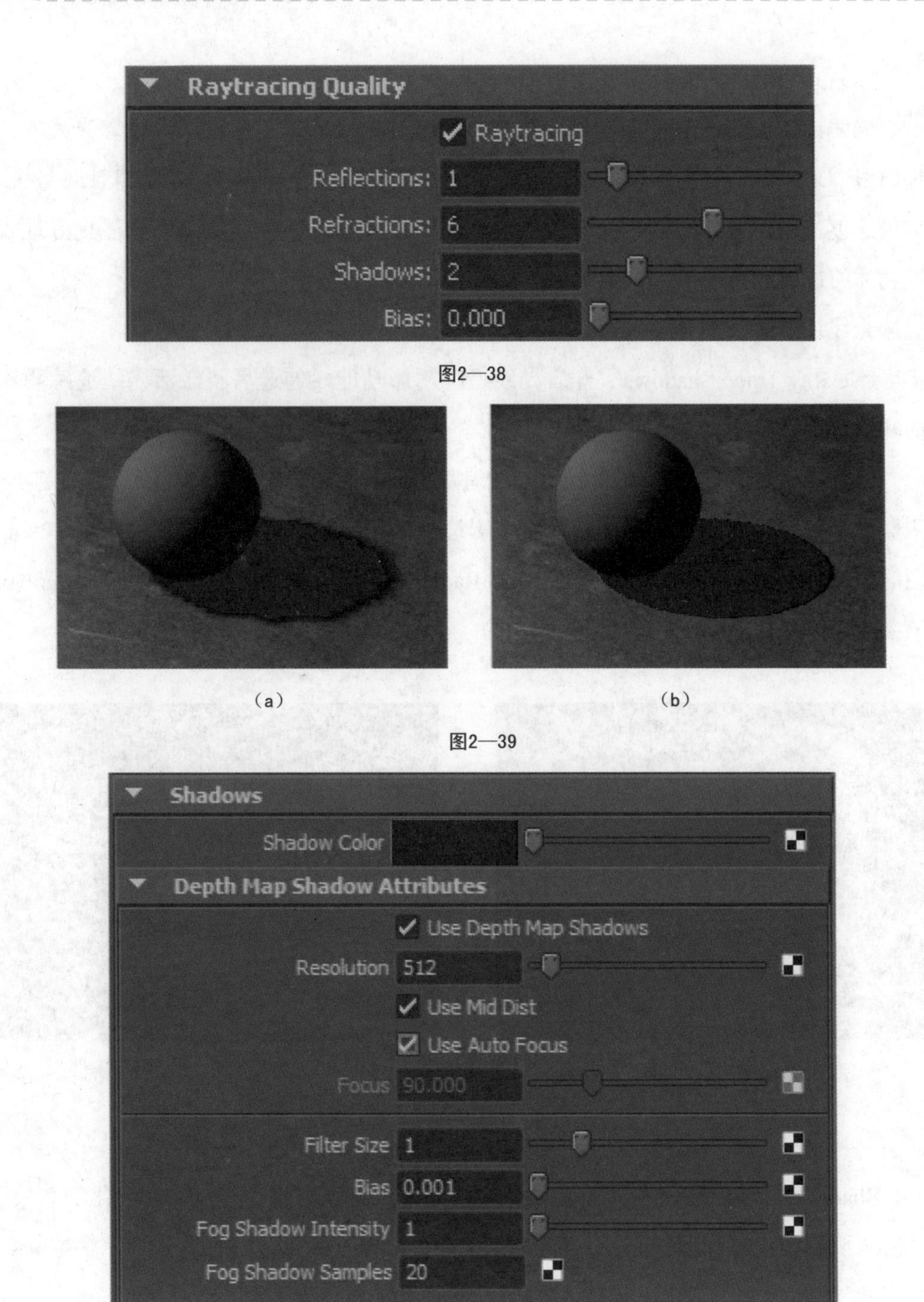

图2—38

图2—39

图2—40

Fog Shadow Intensity（雾阴影强度）和 Fog Shadow Samples（雾阴影采样值）这两个参数是用来控制灯光雾的阴影效果的。前者控制灯光雾阴影的强度，后者控制灯光雾阴影的边缘柔和程度，二者同样会增加渲染时间，可根据需要增减。

（2）光线追踪阴影及其属性。

光线追踪阴影比深度贴图阴影更为真实。其生成原理是通过跟踪计算光线的传播路线，来确定投射阴影的方式和位置。这种阴影生成方式的特点是信息计算量大，渲染速度慢，但是生成的阴影较为真实，边缘比较清晰。光线追踪阴影能更好地表现物体的反射和折射效果，因此在实际操作中使用较多。

光线追踪阴影的主要属性有以下几个：

Use Ray Trace Shadows：开启光线追踪阴影功能，勾选后将激活光线追踪阴影的其他属性参数。

Light Radius（灯光半径）：控制光线追踪生成的阴影边缘的模糊程度。该值越小，阴影边缘的颗粒感越强；该值越大，阴影边缘的颗粒越细腻。如图 2—41 所示，（a）图的 Light Radius 值较小，（b）图的 Light Radius 值较大。需要注意的是，在平行光中，该参数名称为 Light Angle，功能是相同的。在区域光中没有该参数。

（a）　　（b）

图2—41

Shadow Rays：控制光线追踪生成的阴影边缘的细腻程度，有点类似羽化的效果。该值与阴影的细腻程度成正比，提高该值，生成的阴影会更加细腻，但计算量也会相应增加，渲染速度变慢。实际运用时，应根据需要调整该值。

Ray Depth Limit：设置生成光线追踪阴影时光线进行反射或折射的次数，默认值为 1。需要注意的是，该参数与在渲染全局设置面板中的 Raytracing Quality 选项栏中的 Shadows 参数功能一样，Maya 在渲染时会比较这两个参数的值，以较小的值为准。此外，只有当该值大于 2 时，透明物体后面的阴影才会显示出来。

1.3 灯光的设置技巧：三点式照明法

设置灯光又叫布光、照明，其方法有很多种，其中最基础的一种是三点式照明法。作为经典的布光方法，三点式照明法又被称为三角形照明法，其照明一般由主光源（Key Light）、辅光源（Fill Light）和背光源（Back Light）组成。

下面我们以一个简单的模型为例来介绍三点式照明法，如图 2—42 所示。

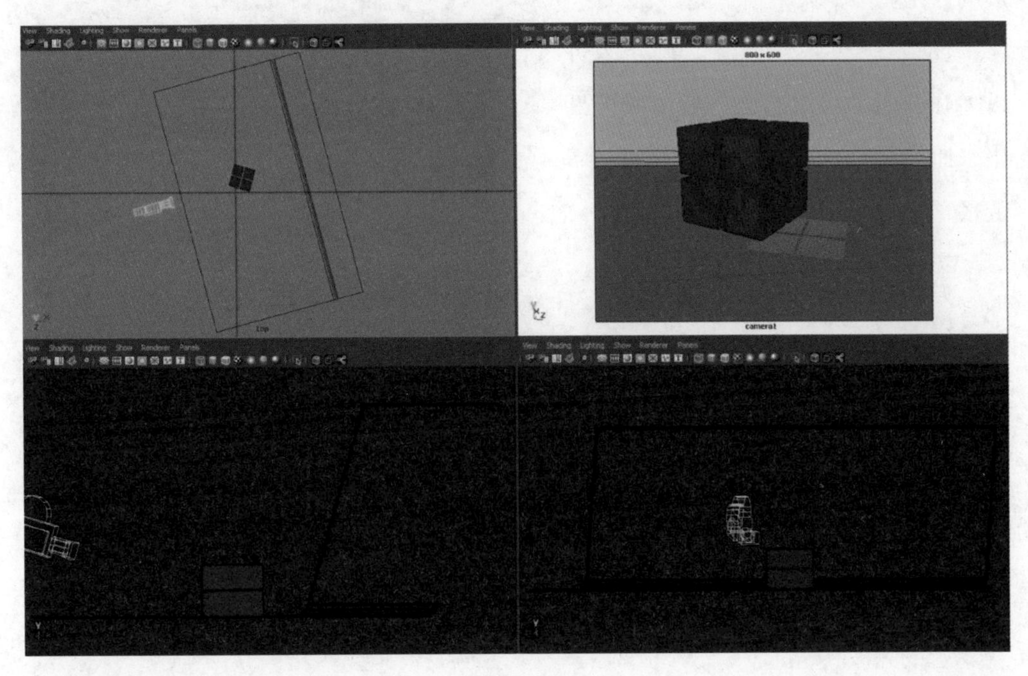

图2—42

步骤 1 设置主光源。设置主光源时，一般应考虑阴影位置和物体最亮的部分等因素。除非镜头需要，否则一般不要设置逆光的效果。因为那样不好补光，也不容易体现出物体的立体感。这里我们先设置一盏平行光，打出明暗交界线（见图 2—43）。当然，也可以设置聚光灯或者点光源 。

步骤 2 设置辅光源。从图 2—43 中我们可以看出，画面主体的暗面太黑了，所以接下来，我们需要设置辅光源。这里我们选择点光源作为辅光源。那么，作为辅光源的灯光需要开启阴影吗？答案是肯定的。因为现实中的任何一盏灯都会产生阴影，Maya 中的灯光如果不开启阴影，将会忽略明暗面，造成一些常识性的物理错误，而这是灯光制作中的大忌。为了避免辅光源的阴影和主光源的阴影堆叠，可以把影子做得虚一点。图 2—44 为设置了辅光源后的画面。

现在，我们有了清晰的暗面，但是画面感觉却有点怪。缺少什么呢？颜色！我们现在打算做一个主光源是暖色调的画面，因此辅光源自然应是冷色调。如图 2—45 所示，加上颜色后的灯光显然令人眼前一亮。

图2—43

步骤 3 设置背光源。背光源可以增强画面的层次感，一般情况下只用来照亮画面的主体，而且强度要高于主光源。为了不影响背景，这里使用灯光链接。

图2—44

图2—45

打开图 2—46 中的 Light Linking Editor（灯光链接编辑器），选择 Light centric light linking（以灯光为中心的灯光链接），如图 2—47 所示。

从图 2—47 中我们可以看到，左侧是场景中的灯光，右侧是场景中的物体。在这个例子中，背光源使用的是平行光。为了打断背光源与背景 pPlane1 之间的链接，应用鼠标左键单击物体，使其脱离选择状态。如图 2—47 所示，pPlane1 处于未勾选状态，说明背光源已经成功地脱离了与背景之间的链接。也就是说，背光源只对除背景以外的物体起照明作用。

图 2—48 是增加了背景灯的效果。我们可以看到，在主体的顶部和暗部的边缘有一丝亮边，起到了丰富画面的作用。

步骤 4 设置背景光源。主光源、辅光源和背光源设置完成后，我们再设置环

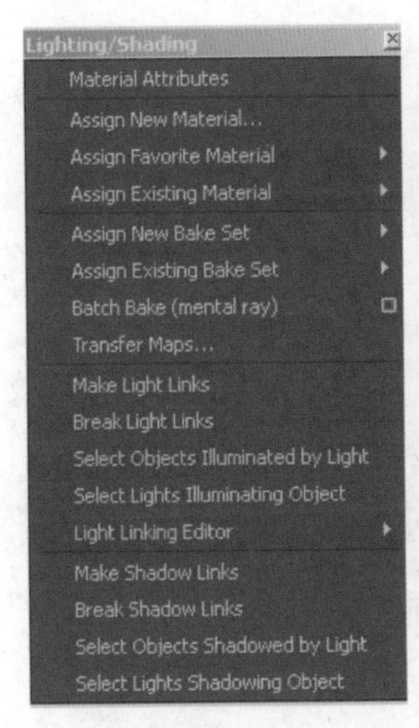

图2—46

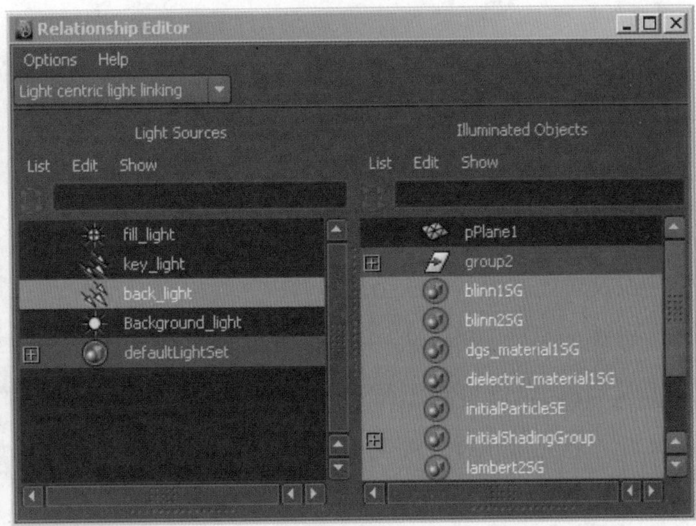

图2—47

图2—48

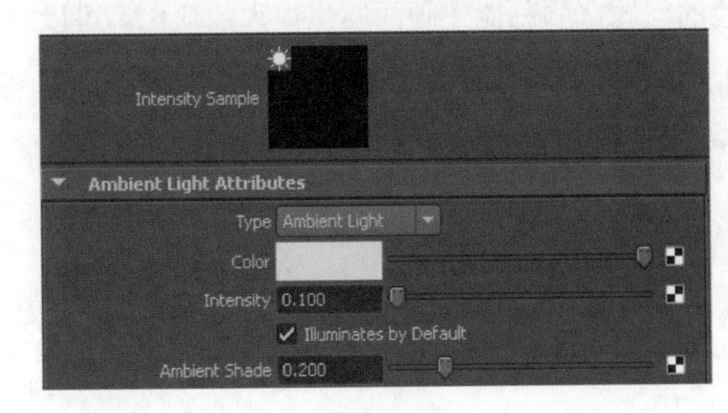

图2—49

境光来模拟环境的亮度，效果有点类似我们后面会讲到的间接照明。这里我们调低了 Ambient Shade 值，这样可以使场景的亮面和暗面的亮度增加得更为均匀。颜色设置为淡蓝色，用来和主光源做对比（见图 2—49）。注意：这里的 Ambient Shade 值不宜过低或过高，否则画面会失去立体感，而且会影响主光源的明暗效果。

至此，该模型的灯光就设置好了。通过实例，我们对三点式照明法有了一些了解，现在再来学习一下基本概念。

主光源：基本的光，通常也是最亮的光，用来让观看者清楚地了解明显的光源方向。主光源提供了场景主要的照明效果，并且承担了投射主要阴影的任务。在室外场景中，主光源所代表的往往是太阳光，在室内场景中则往往是通过窗户或门照进来的光等。

辅光源：平衡主光源的效果，照亮主光源未能照到的黑色区域，控制场景中最亮区域和最暗区域间的对比度。设置辅光源的一般原则是：如果主光源是暖色调，那么辅光源最好使用冷色调，这样有利于把前景人物与背景区分开来。

背光源：帮助物体从背景中凸显出来。比如，在音乐MV中，往往会利用彩色光源、侧光源及对比光源，使歌手从背景中凸显出来。

有趣的是，三点式照明法有时也会出现第四种光源：背景光源（Background Light）。我们可以将它想象成一组光源，通常要比主光源与辅光源的组合暗一些。主光源、辅光源和背光源以主题或物体为主要考量标准，而背景光源则与整个场景的环境有关。

当场景较大，单独的一个三点式照明无法提供有效的照明时，可以采取一种变通的办法。比如，将场景划分为不同的区段，在每个区段内设置三点式照明，这种照明方法称为区段照明法。

在实际情况中，场景的复杂程度可能要求采取更为复杂的照明设计。因此，当这两种方法还不能满足需求时，我们可以使用一种自由的照明方案来营造合适的氛围。比如，使用强光灯来照亮关键的区域和对象，让观众对所强调的事物产生关注。

在上面这个例子中，我们初步认识了 Maya 中的灯光类型及其用法。灯光是感性的，达到一种效果往往可以有很多种不同的方法，这需要我们在大量的练习中摸索和积累。例子中还提到了灯光颜色的问题，颜色能使画面发生很大的变化。可以说，Maya 中只有 6 种灯光，灯光的步法也是能一步步测试出来的，唯独颜色是需要长期的积累和推敲的。现在，你不妨为一个简单的场景设置几种不同的灯光颜色，去感受一下灯光颜色的魅力。

实例制作

下面我们简单讲解一些在实际场景中的灯光布法和颜色应用。在附有贴图的场景中，灯光颜色的表现将更加微妙，使用不同的色调往往会营造出不同的氛围。但是有一点需要特别注意，带有颜色的灯光一定不能掩盖物体本身的颜色，否则灯光就失去了意义，而且也不符合物理规律。

1.1 室外场景布光

下面我们以《土豆》的一个场景为例，设置室外场景的灯光。

1.1.1 白天室外场景布光

如图 2—50 所示，此场景为森林外景，现在我们来制作白天的效果。

步骤 1 设置主光源。室外的白天一般可以用平行光作为主光源，用来模拟太阳光。这里选择平行光，一方面是因为位置上操作简便，另一方面是因为平行光的阴

图2—50

影和太阳光的阴影更为接近。打开 Creat > Lights > Directional Light，设置主光源的位置，如图 2—51 所示。

图2—51

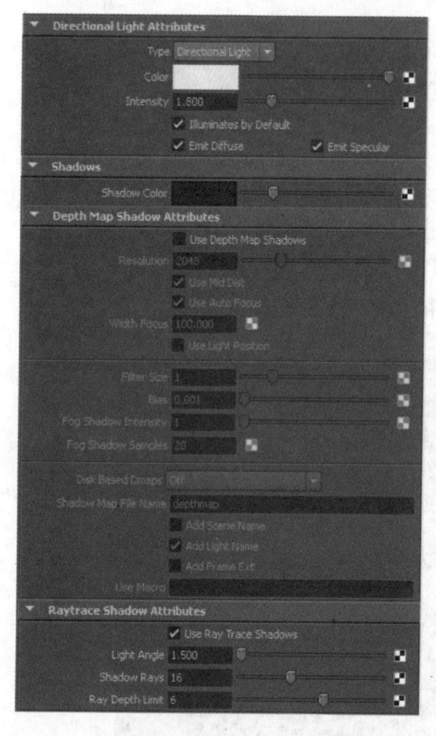

图2—52

步骤 2 设置主光源的阴影。选定主光源颜色后，开启阴影。我们需要的是一个阳光明媚的白天，为了得到更真实的阴影效果，这里采用光线追踪阴影生成方式。光线追踪阴影的参数设置如图 2—52 至图 2—54 所示。这里，我们更改了灯光阴影的颜色，以便产生更强的对比。阴影的灯光角度值设置为 1.5，以便得到柔和的阴影边缘。阴影采样值设置为 16，以便降低阴影的噪点。

步骤 3 进行主光源及其阴影的渲染。渲染质量可以在 Render Settings 中进行设置，如图 2—55 所示。

这里我们使用自定义的渲染质量。当然，也可以选择 Presets（预设）里的 DRAFT（草图级别），这样可以加快渲染速度，在短时间内把主光源的位置确定下来。

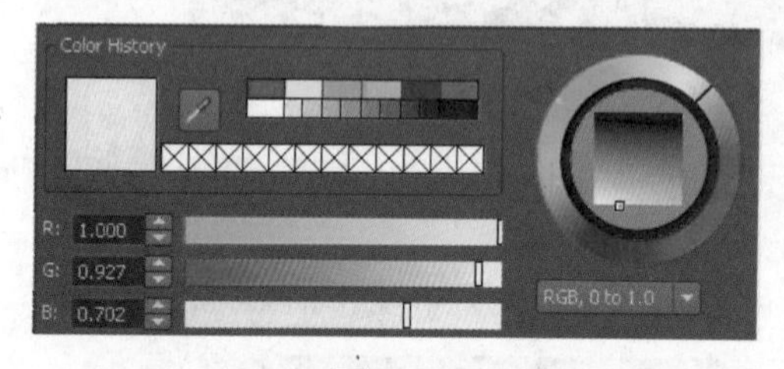

图2—53

图2—54

自定义设置渲染质量需要在 Raytrace/Scanline Quanlity 栏中修改参数，如图 2—56 所示。Min Sample Level 和 Max Sample Level 分别代表画面的最低和最高的采样级别。参数值越小，级别越低，画面质量越差；参数值越大，级别越高，画面质量越高。但是，过高的级别会耗费过多的时间，因此应根据需要选择合适的级别。这两个参数调整之后，Number of Samples 会显示每个像素的采样数量。

设置好质量后，点击渲染，我们就可以看到有一盏主光源的场景的效果了，如图 2—57 所示。

步骤 4 设置辅光源。从图 2—57 中可以看到，画面中的暗部太暗，需要补光。

因此，我们需要创建一盏平行光作为辅助光源，如图 2—58 所示。

因为主光源的颜色为暖色，所以这里将画面暗部的颜色设为偏蓝的冷色，灯光参数如图 2—59 和图 2—60 所示。

渲染后的效果如图 2—61 所示。

现在暗部已经有了一些变化，但还不是很明显，因此还需要补一些点光源来提亮暗部。打开 Creat > Lights > Point Light，进行点光源的设置。这里的点光源以偏蓝或偏紫的冷色为佳，最好再加一些灯光衰减效果。点光源的位置如图 2—62 所示。

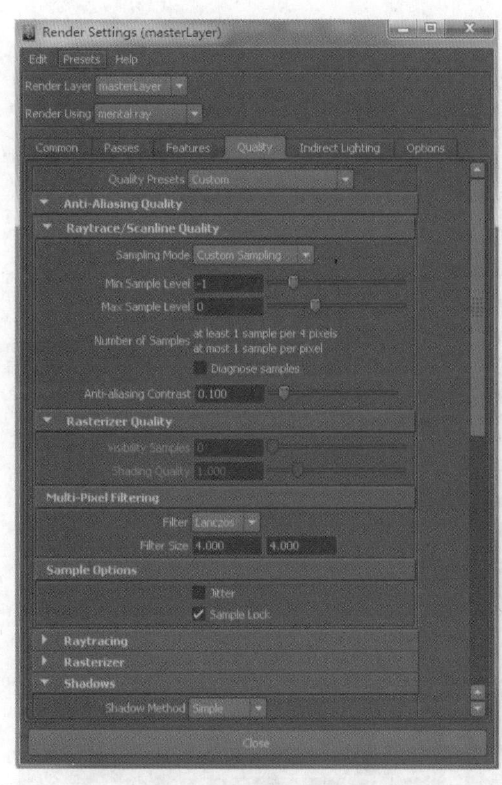

图2—55

Raytrace/Scanline Quality
Sampling Mode Custom Sampling
Min Sample Level -1
Max Sample Level 0
Number of Samples at least 1 sample per 4 pixels
at most 1 sample per pixel
Diagnose samples
Anti-aliasing Contrast 0.100

图2—56

图2—57

这里使用的点光源和倒置的平行光都是为了模拟环境的亮度。为了使画面的环

图2—58

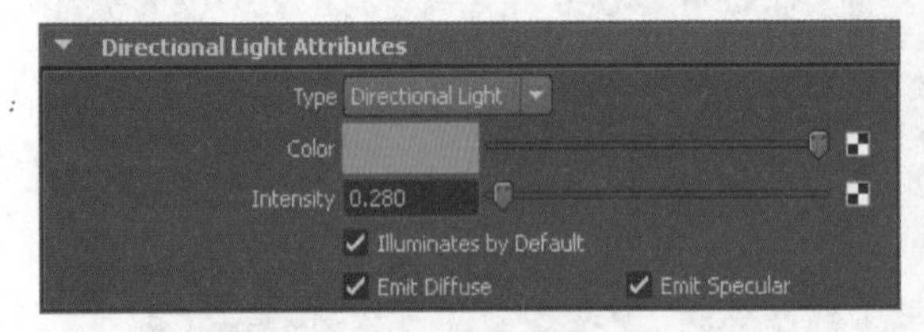

图2—59

图2—60

图2—61

图2—62

境颜色更加丰富，所以选择了点光源，而放弃了环境光。

渲染后的效果如图 2—63 所示。

图2—63

步骤 5 设置背光源。该场景画面的主体在画面中间的山坡上，为了突出主体，可以补一些与主光源颜色相近的暖色，参数设置如图 2—64 和图 2—65 所示。

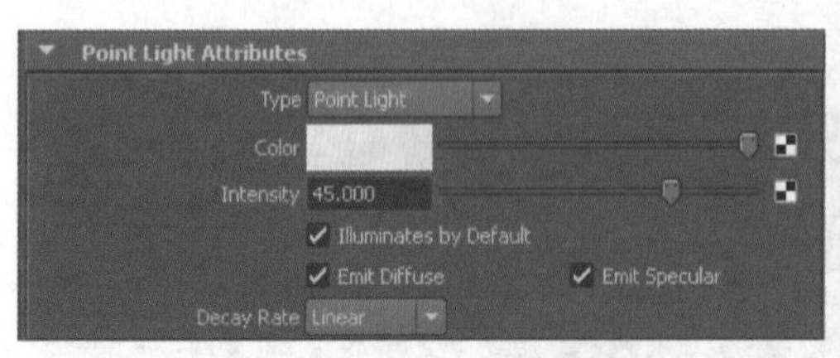

图2—64

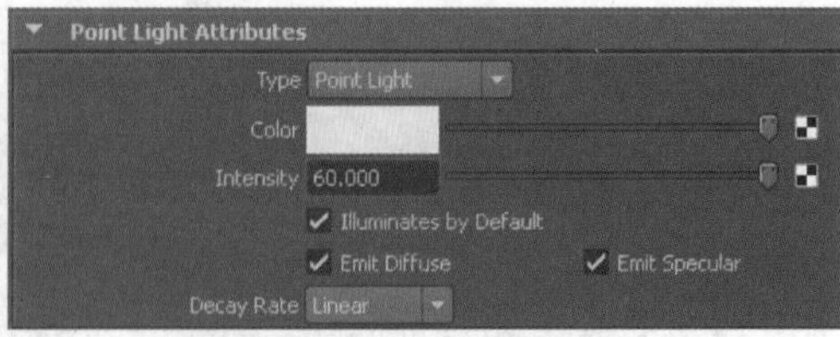

图2—65

渲染后的效果如图 2—66 所示 。

注意：增加画面主体的亮度是一种遵循画面色阶的调整方式，这样既可以突出画面的主体，又不会影响暗部的颜色和细节。但是，画面主体增加的亮度必须在正常的曝光范围以内。与主体的亮度相比，靠近画面两侧的暗部可以稍显暗淡，以延伸色阶的暗部，如果太亮，会使画面失去层次感和立体感。

现在画面已经差不多做好了，只是纯暗部细节的表现力还有些欠缺，而且成片的暗部让画面显得比较灰，所以我们增加一些带有衰减的点光源来“划破”低表现力的暗部，令其更加生动。参数设置如图 2—67 和图 2—68 所示 。

渲染后的效果如图 2—69 所示。

图2—66

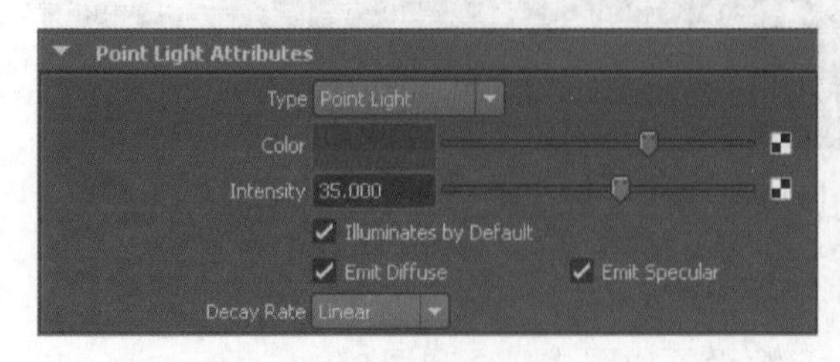

图2—67

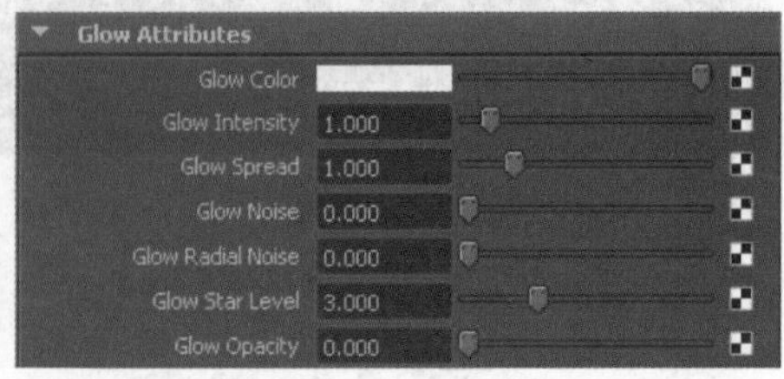

图2—68

图2—69

最后，进行高质量的渲染，在 Raytrace/Scanline Quanlity 栏中修改参数，如图 2—70 所示。

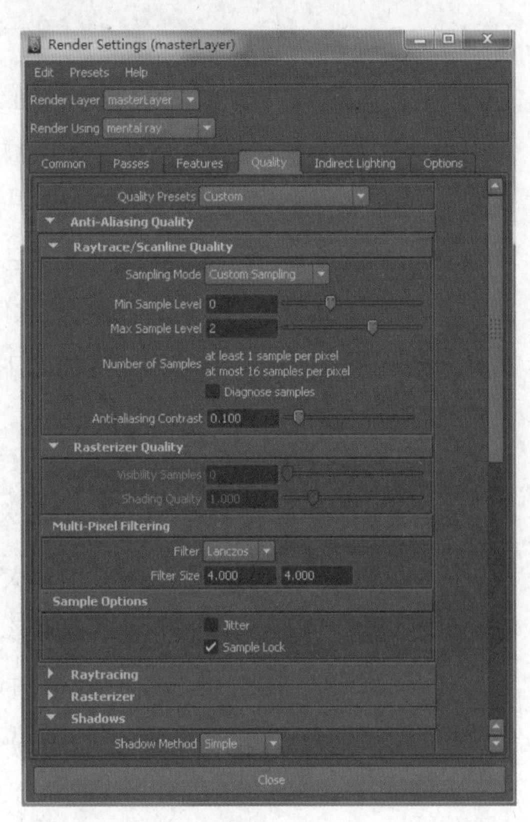

图2—70

步骤 6 收尾工作。渲染结束后，我们可以将渲染出来的图片合成，这样效果会更好。打开 Photoshop，导入渲染成品图，按住 Ctrl 键 + 鼠标左键，单击 Alpha 1 Ctrl+4 ，选出通道，然后按住 Ctrl+Shift+I 键反选删除不需要的部分，最后导入晴天天空图片，将其拖进场景层并叠加在场景层。最终效果如图 2—71 所示。

制作好的场景图片一般存储为 TGA 或者 PNG 格式，因为这样的格式带有 Alpha 通道，方便在后期软件中进行合成处理。如果存储为 JPG 格式，则无法选择通道。

注意：白天其实可以有很多不同的变化和效果，不同的时间（如早晨、中午、下午、傍晚、夜晚等），不同的天气（如雨天、阴天、晴天等），不同的季节等，其色彩

图2—71

和阴影也有所不同。比如，早晨的阳光偏红，下午的偏黄，傍晚的就是橙色了；早晨的阴影柔和且长，到了中午和下午就变得比较锐利且短，傍晚又恢复柔和且长。另外，同样是中午，冬天和夏天的阴影长度也不一样，冬天的会比夏天的长一些。这些不同的效果要通过灯光表现出来是需要一定的色彩功底的，同样也离不开日常的观察和积累。拍照是一种非常好的方式，通过二维软件，我们可以得到照片中的很多颜色信息，并从中得到启发。另外，照片也能帮助我们抓住一些自己平时不在意的细节，而这些细节往往会成为动画作品中价值千金的亮点。

1.1.2　夜晚室外场景布光

同样是这个场景，接下来我们再来做一个夜晚的效果（见图 2—72）。与白天相比，夜晚的变化更多，因为其暗部更多，有很大的创造空间。夜晚可选择的颜色也更多。比如，淡蓝色的月光加上紫红色的暗部阴影，会给人明朗的感觉；而深蓝色加上深绿色的对比，会给人阴森、幽暗的感觉。同时，因为是夜晚，没有一个固定的标准，所以阴影的长度也会变成戏剧表现的一个筹码，用以改变画面的氛围。

步骤 1　设置主光源。室外夜晚的灯光主要是月光，这里我们同样选择用平行光来模拟月光。其实，聚光灯也可以用来模拟月光，因为聚光灯的阴影由小及大，有助于营造特定的场景氛围，有兴趣的读者可以自己尝试一下。打开 Creat > Lights > Directional Light，设置主光源的位置，如图 2—73 所示。

图2—72

我们要做的是一个明朗的夜晚，所以月光为冷色。注意：晚上的冷暖对比和白天正好相反。白天是主光源偏暖，辅光源偏冷；晚上则是主光源偏冷，辅光源偏暖。当然，这也不是绝对的，色调的选择还取决于气氛的要求。选定好主光源的颜色后，开启阴影。为了得到更好的阴影效果，我们采用光线追踪阴影生成方式，参数设置如图2—74和图2—75所示。

参数设置完成后，进行渲染。渲染质量不用太高，只是为了看一下效果，如图2—76所示。

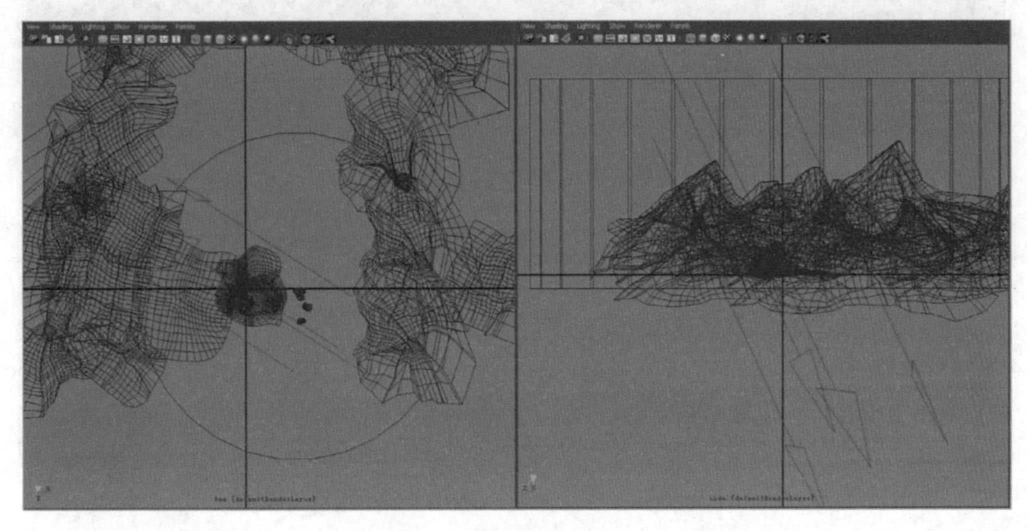

图2—73

步骤 2　设置辅光源。从图 2—76 中我们可以看到，画面中的暗部区域需要补光。补光先从阴影开始。因为夜晚的颜色偏冷，所以阴影最好也选择冷色调。我们创建一个垂直向下的深紫色的平行光，使阴影有一定范围的变化，辅光源的位置和参数设置如图 2—77 和图 2—78 所示。

渲染后的效果如图 2—79 所示。

步骤 3　设置背光源。现在画面整体感觉较暗，因此接下来主要进行一些主体的提亮设置。先来提亮前景的植物，

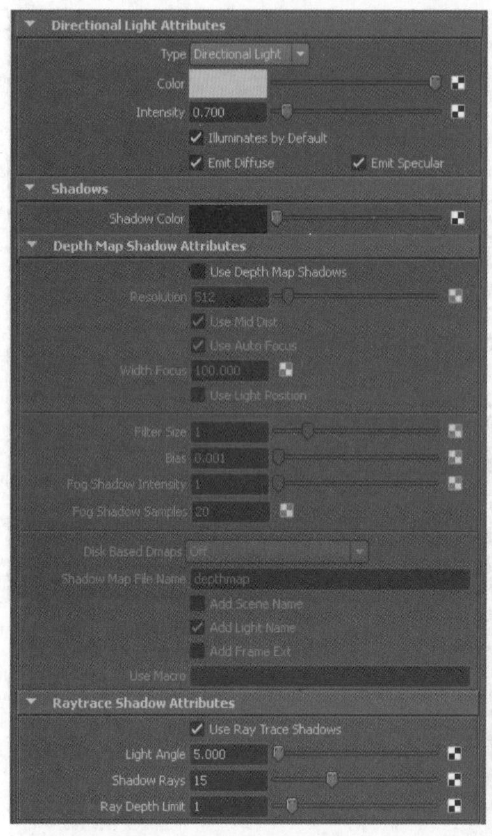

图2—74

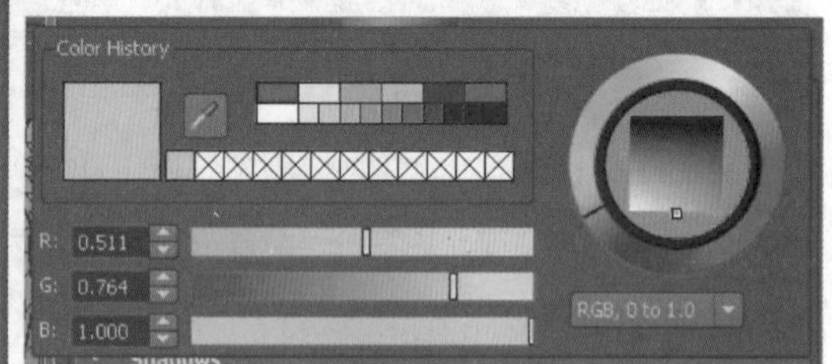

图2—75

图2—76

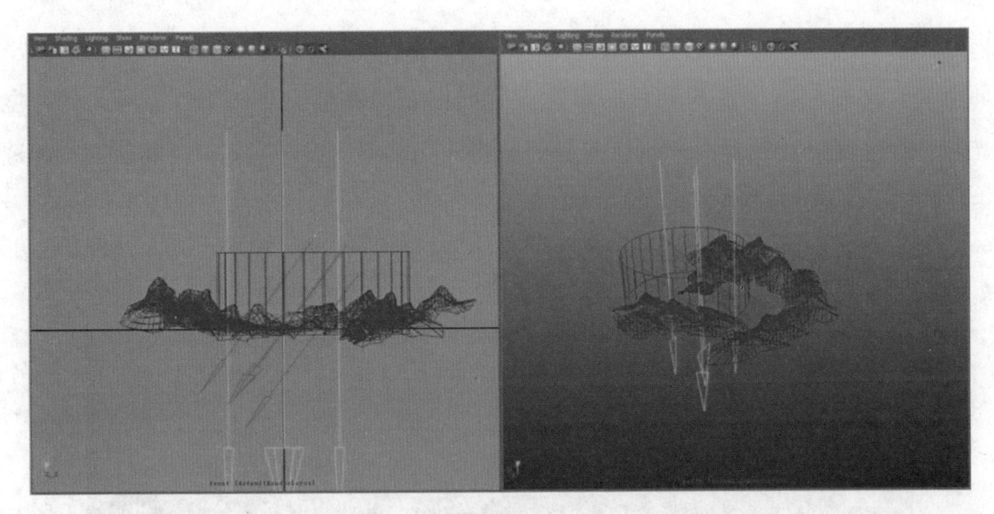

图2—77

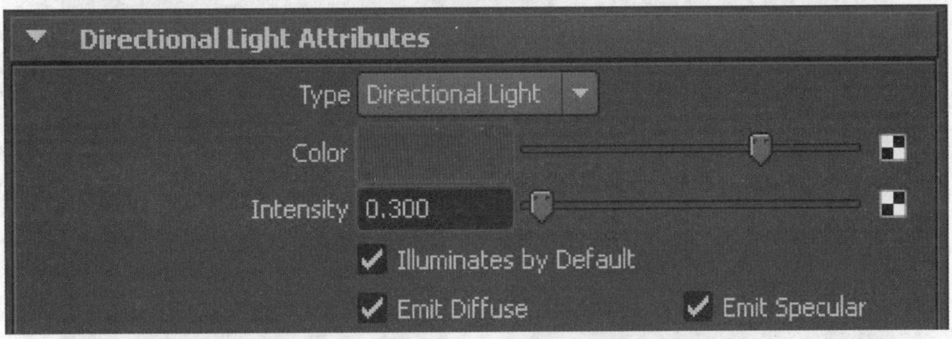

Directional Light Attributes
Type Directional Light
Color
Intensity 0.300
Illuminates by Default
Emit Diffuse
Emit Specular

图2—78

图2—79

用点光源和环境光都可以，不过点光源后面会有更好的用途，所以这里我们选用环境光。环境光的位置和颜色的参数设置如图 2—80 至图 2—83 所示。此处环境光应进行灯光链接设置，只照亮前景的植物（先关掉三盏环境光，再和植物一起选中，点击 make light links（见图 2—84 ），颜色和位置可适当调整（见图 2—85）。

渲染后的效果如图 2—86 所示。

图2—80

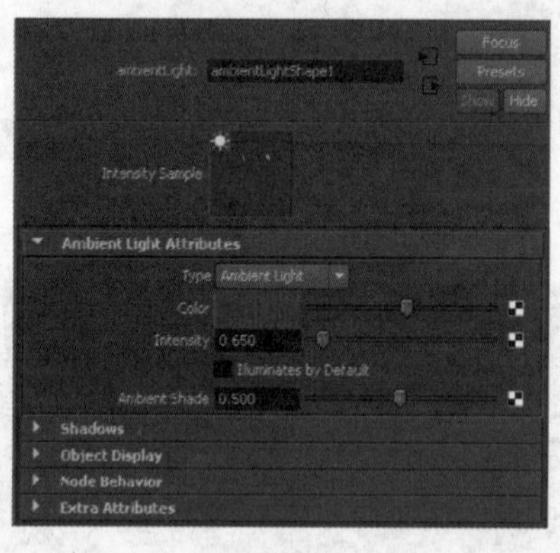

图2—81

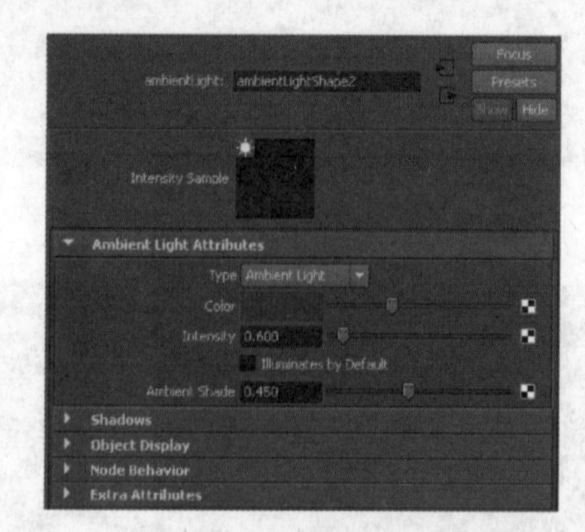

图2—82

从画面中可以很明显地看到前景的植物被照亮了，效果还不错。接下来的目标是提亮场景深处的房屋和小坡。为了产生场景深处亮、前景暗的效果，我们在此处设置两盏聚光灯。因为只是为了把光补给房屋和小坡，所以选择聚光灯。聚光灯可以更好地控制范围。设置控制范围，并与房屋地面建立灯光链接，其中一

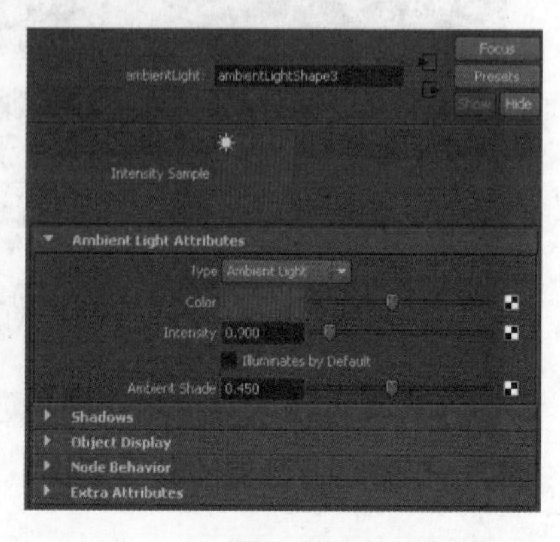

图2—83

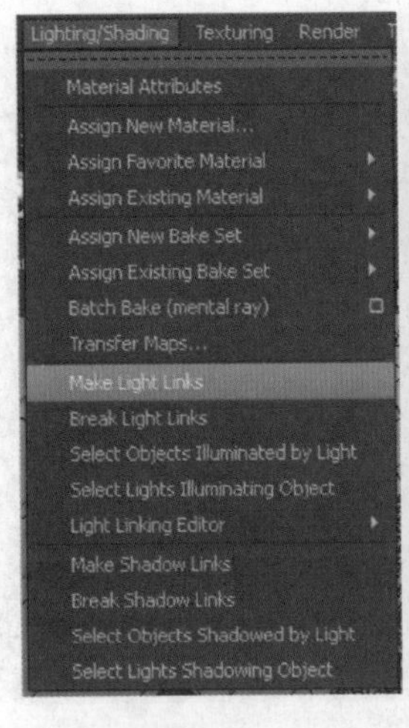

图2—84

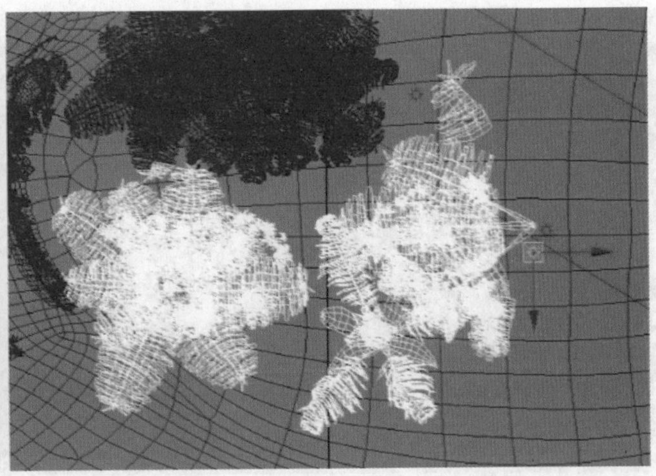

图2—85

图2—86

盏聚光灯用来提亮小坡落在房屋前面的阴影。聚光灯的位置和参数设置如图 2—87 至图 2—89 所示。

渲染后的效果如图 2—90 所示。

现在画面明显好多了，但还是觉得缺了点什么，原因是阴影的暗部过黑，丢失了细节，同时也“抢镜”了。所以，接下来我们还要给场景添加一些不同颜色的点光源作为点缀，使场景更加丰富生动。点光源的数量、位置和颜色等可以根据需要调整。这里我们为房屋前的两盏环境光和前景建立灯光链接，以便进一步均匀提亮

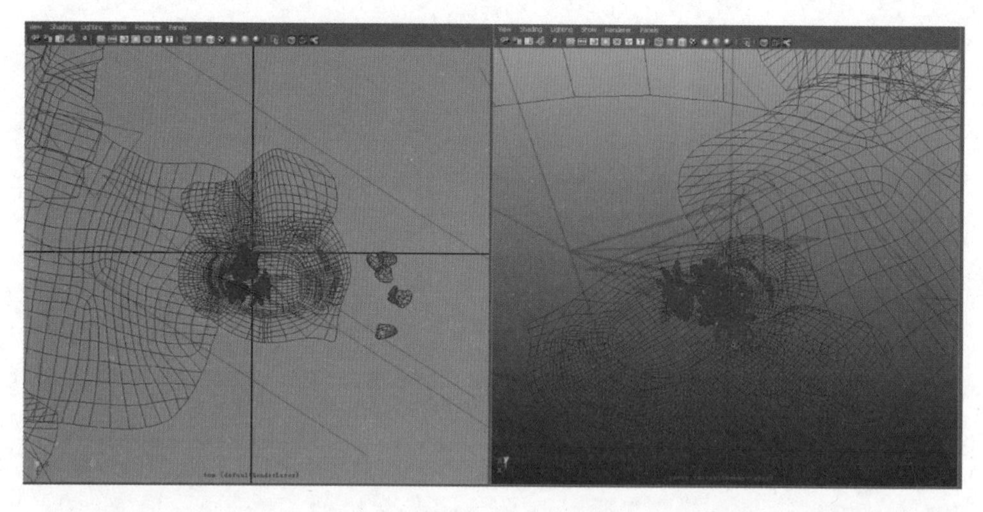

图2—87

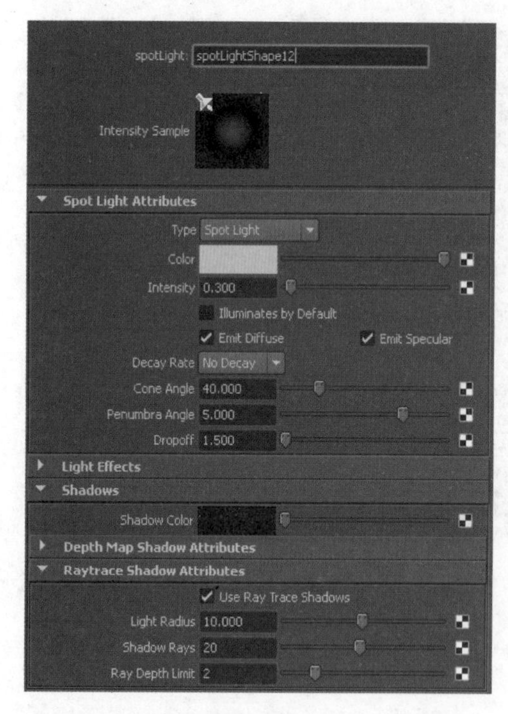

图2—88

图2—89

墙面的阴影。灯光的位置和参数如图 2—91 至图 2—95 所示。

最后，进行高质量渲染，效果如图 2—96 所示。

步骤 4 收尾工作。渲染结束后，还要进行图片合成工作，方法与白天室外场景布光一样，只是将导入的图片换成夜晚天空图片，最终效果如图 2—97 所示。此处因为夜景需要更多的对比，所以频繁使用了灯光链接的手法。前面提到过夜晚色调

图2—90

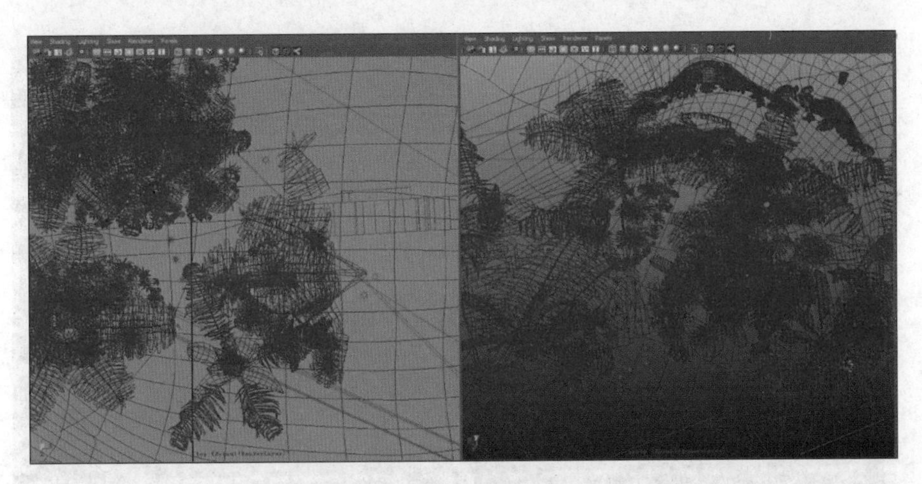

图2—91

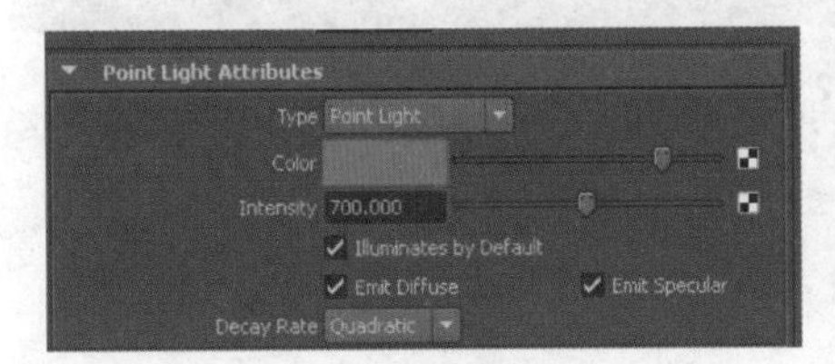

图2—92

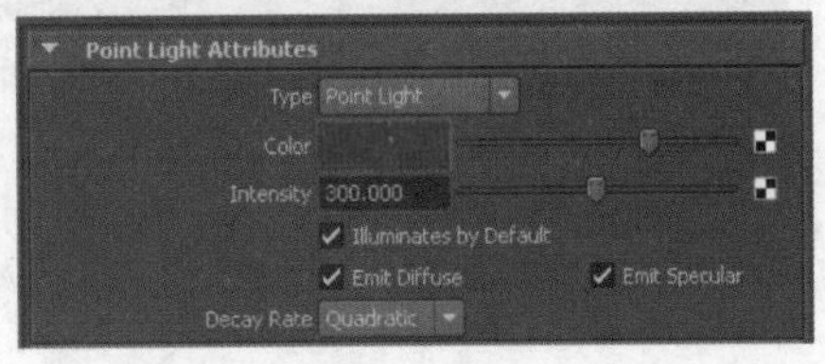

图2—93

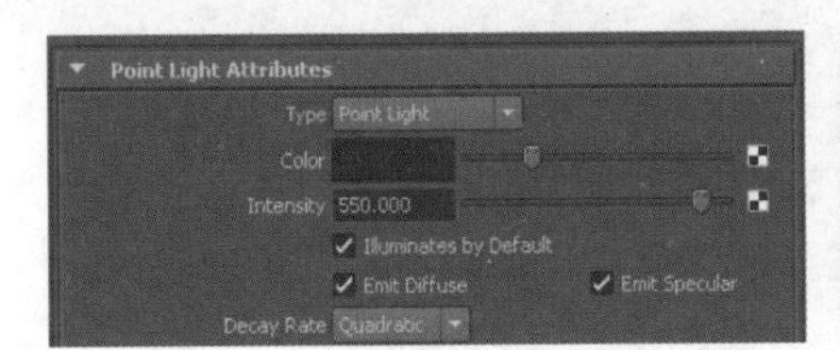

图2—94

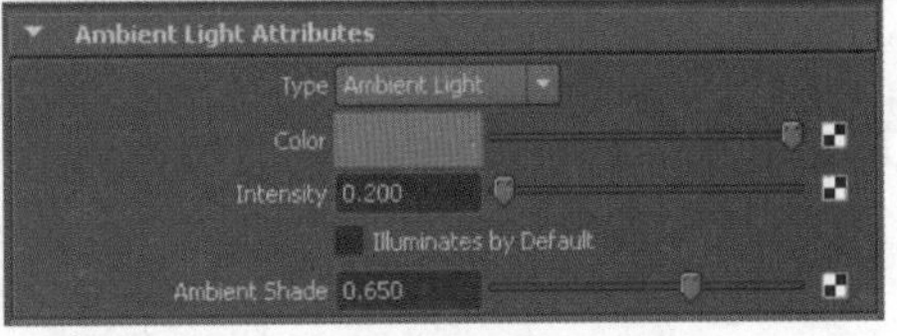

图2—95

图2—96

图2—97

的变化和选择，这里表现的只是一种较为普通的效果。在动画片的制作过程中，应根据故事的需要来变换色调。

1.2 室内场景布光

接下来我们设置室内场景的灯光。

1.2.1 白天室内场景布光

白天室内的光源一般都是从门或者窗透进来的日光，若是人工光源，则视场景而定。

下面我们通过实例来认识一下白天室内场景灯光的设置方法。

步骤 1 打开场景文件，设定好摄像机位置，如图 2—98 所示。

步骤 2 场景画面中有一扇窗和一扇门，显然光源是从这里透进来的，可以用区域光来模拟。打开 Creat>Lights>Area Lights，创建两盏区域光并将其放置在门口和窗口，具体位置如图 2—99 所示 。

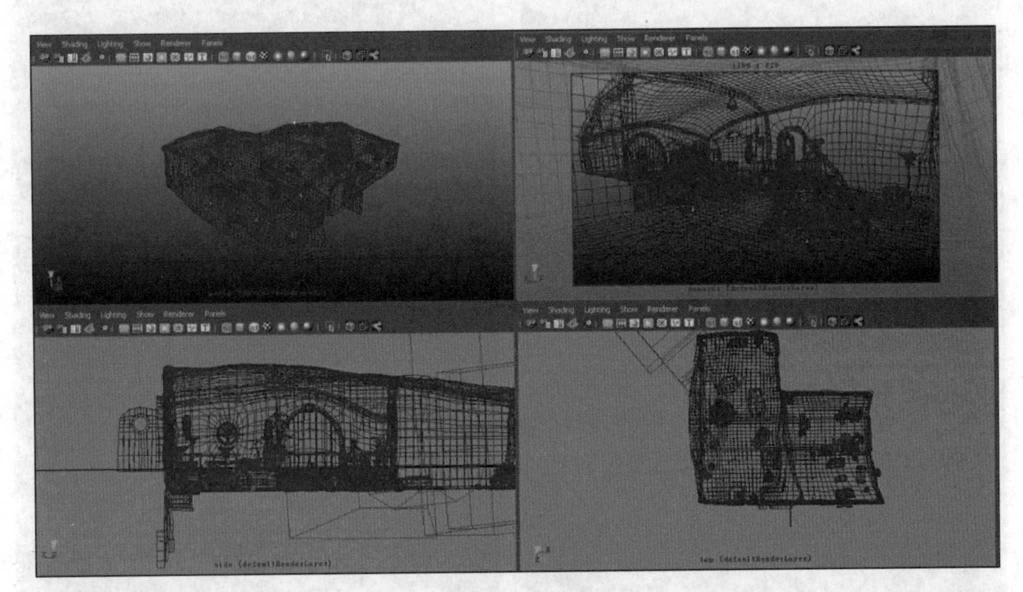

图2—98

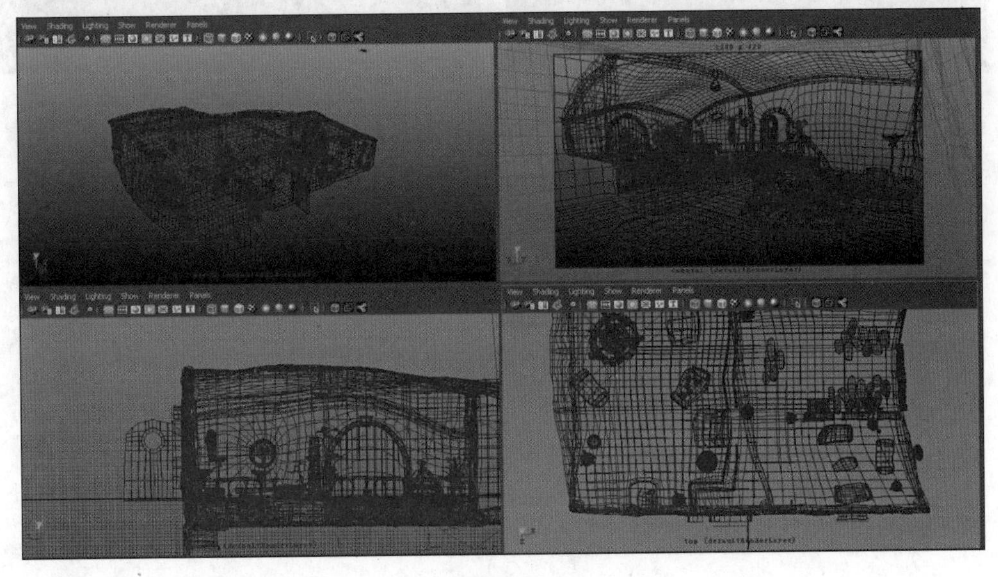

图2—99

调节灯光参数，这里场景贴图已经指认可以测试渲染，其灯光参数和渲染效果如图 2—100 至图 2—102 所示。

步骤 3 观察渲染后的场景画面，发现除了明暗关系外基本没有什么效果。因此，接下来我们要为其设置一些灯光效果。先在窗口和门口处创建三盏点光源，位置参数如图 2—103 和图 2—104 所示。设置完毕后测试渲染，效果如图 2—105 所示。

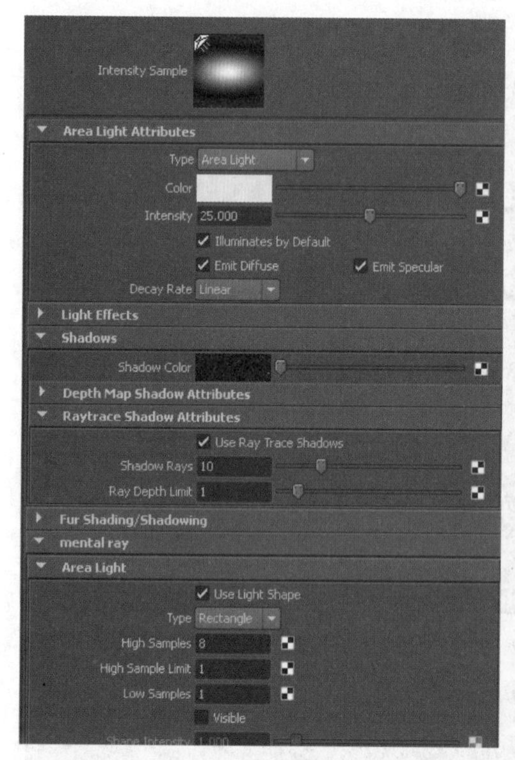

（a）窗口灯光的参数

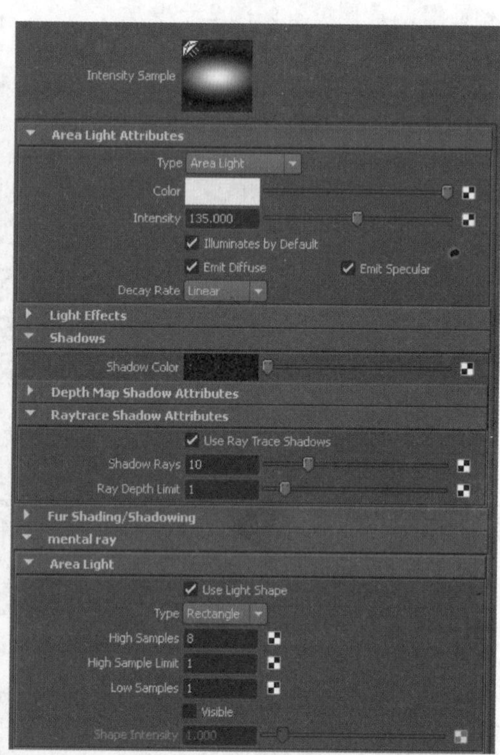

（b）门口灯光的参数

图2—100

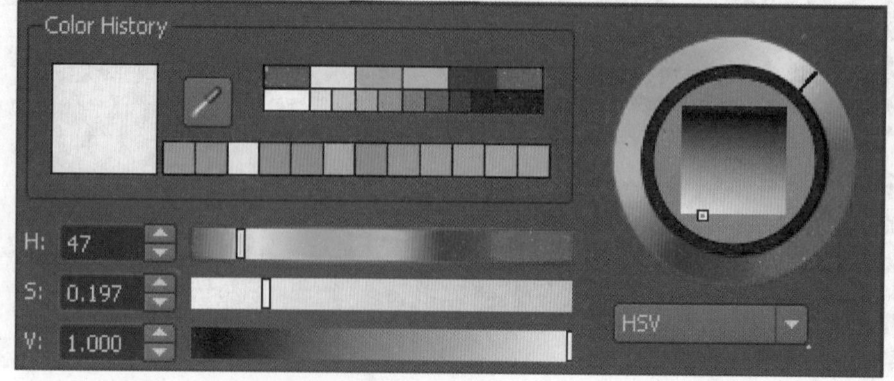

图2—101

图2—102

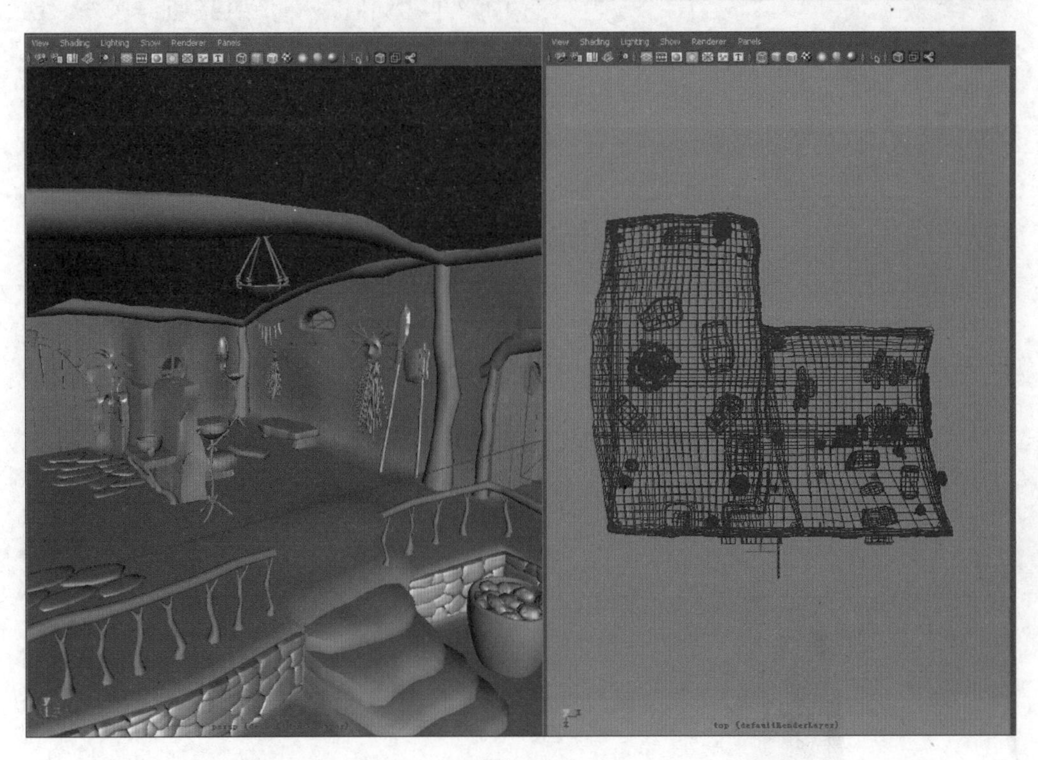

图2—103

步骤 4 从图 2—105 中可以发现，门窗附近已经被明显提亮，但是房屋深处还是很暗。因此，接下来我们再创建如图 2—106 所示的四盏点光源，参数设置如

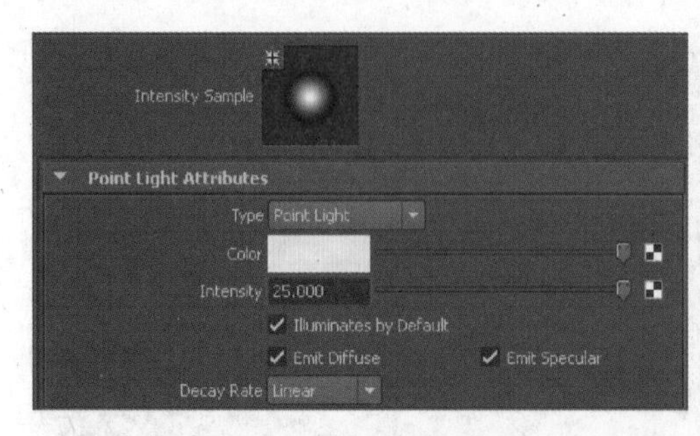

（a）门口附近的点光源

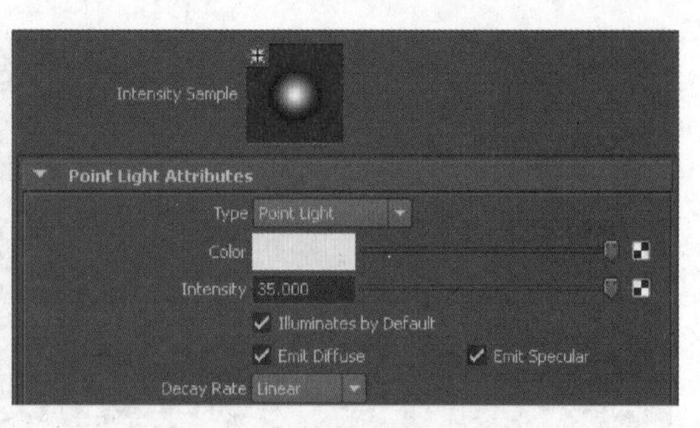

（b）窗口附近的点光源

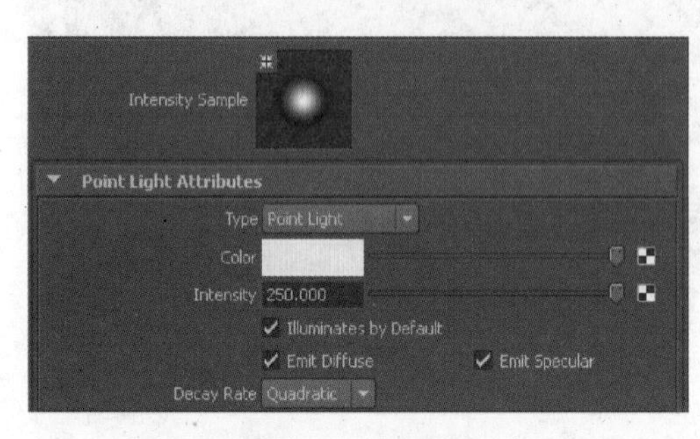

（C）墙壁中间的点光源

图2—104

图 2—107 所示，渲染后的效果如图 2—108 所示。

步骤 5 现在，场景深处已经被照亮，但是场景中火堆附近物体的影子受到了影响，因此还需要创建一盏灯来模拟它们的影子，同时进一步照亮场景深处。创建一盏点光源，放置在如图 2—109 所示的位置。参数设置如图 2—110 所示，设置完毕后测试渲染，效果如图 2—111 所示。

图2—105

步骤 6 从场景画面来看，场景深处的阴影清晰了许多。接下来要做的是提亮场

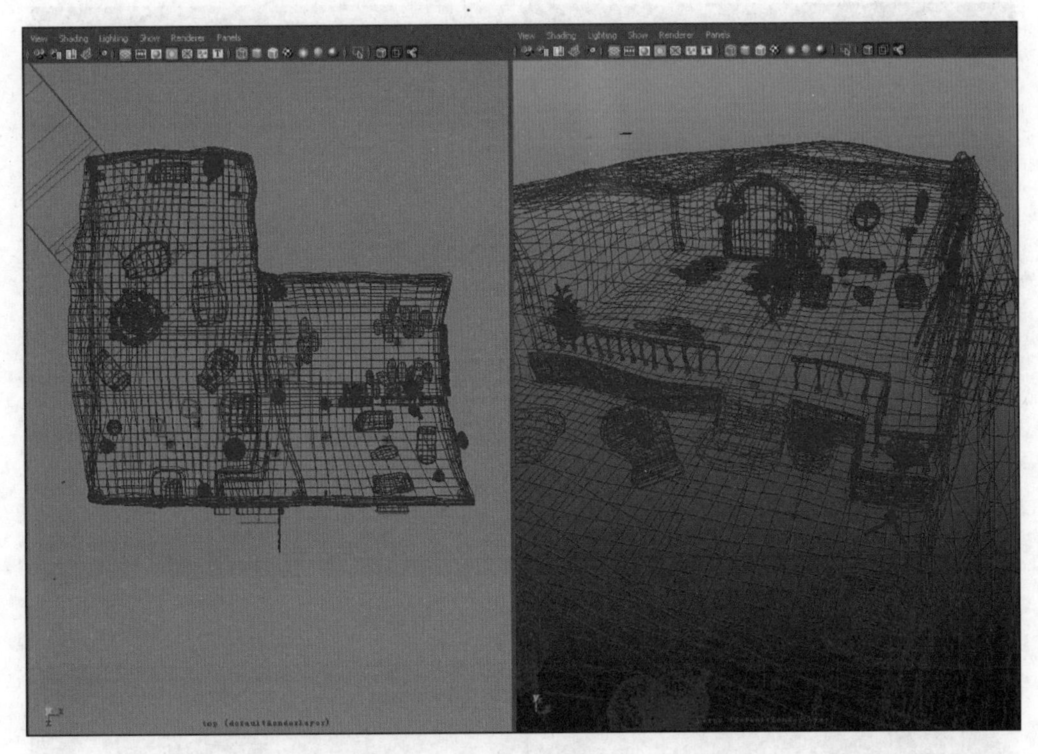

图2—106

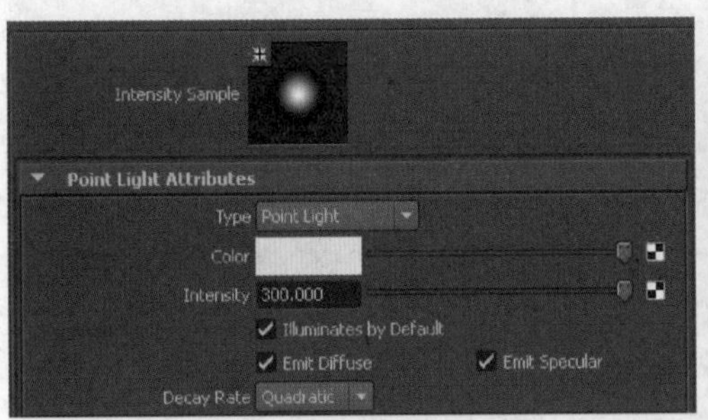

（a）点光源1

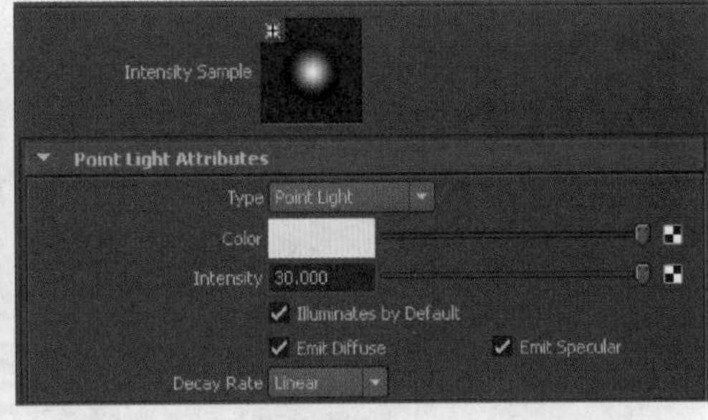

（b）点光源2

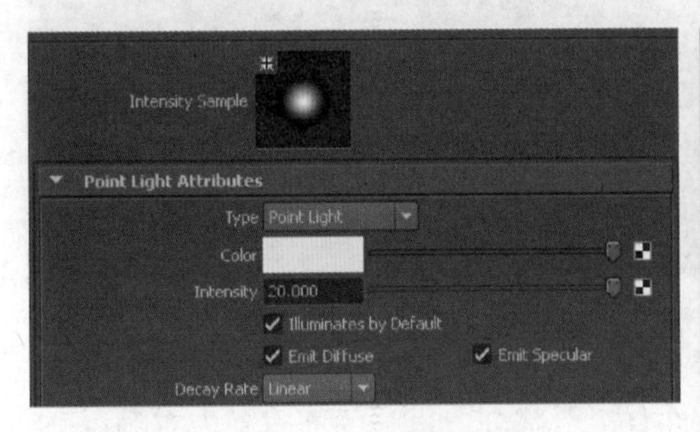

（c）点光源3

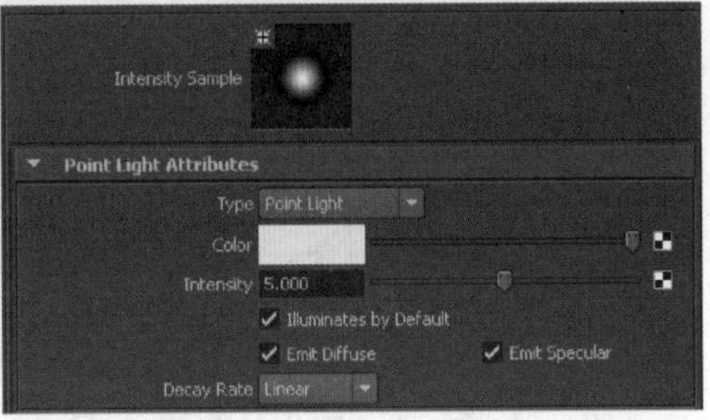

（d）点光源4

图2—107

图2—108

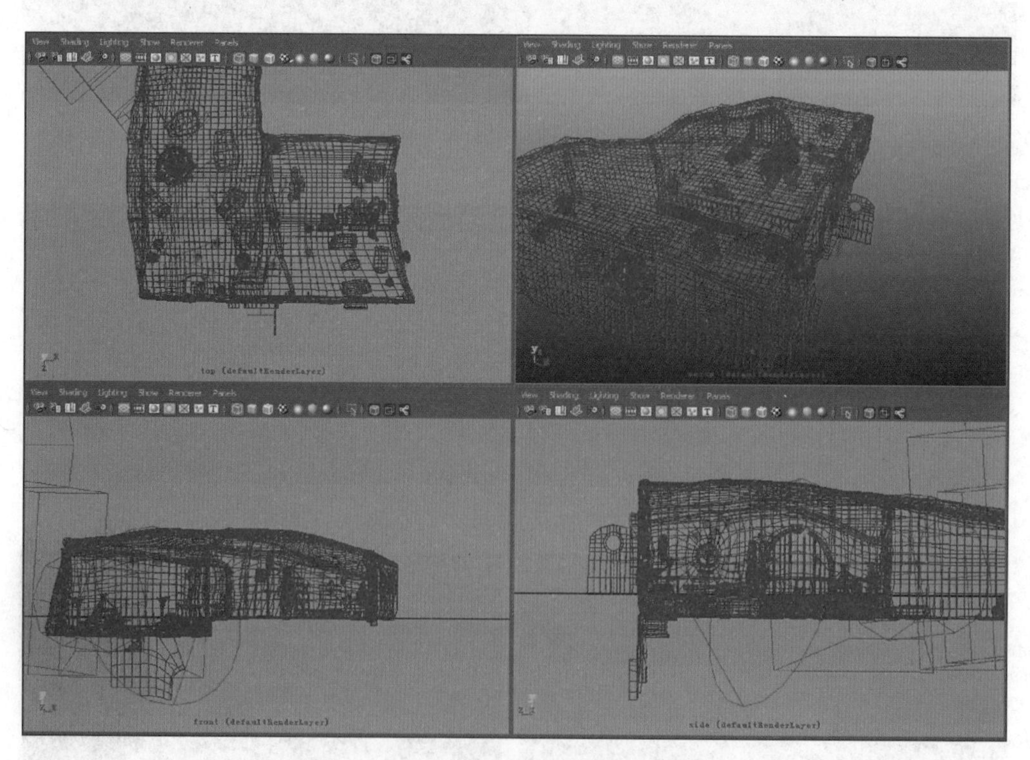

图2—109

景中的一些背光面，因为渲染画面中不允许有黑色部分，再暗的地方都应有颜色。

首先，创建一盏环境光并关闭，然后与火堆等模型建立灯光链接，灯光位置和

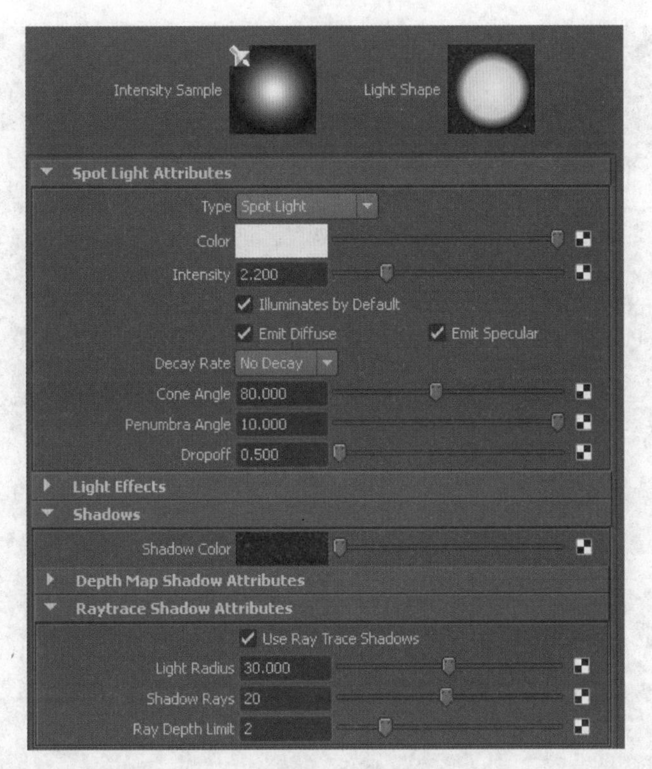

图2—110

图2—111

灯光链接对象如图 2—112 所示，参数设置如图 2—113 所示。

其次，再创建一盏环境光并关闭，与场景中的部分模型建立灯光链接，具体设

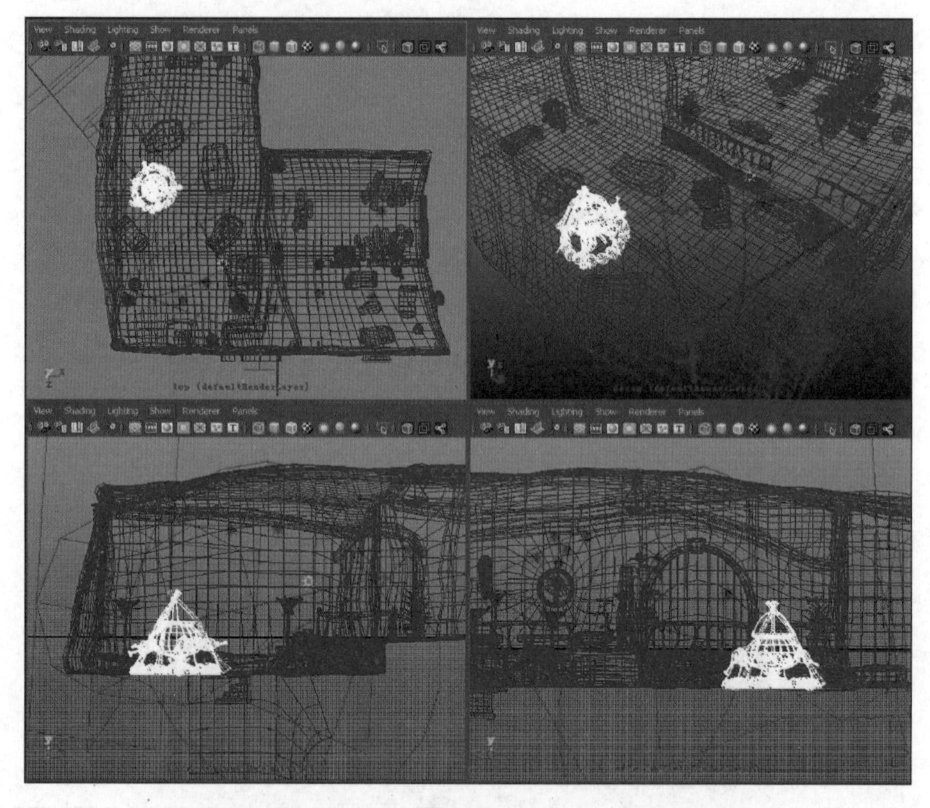

图2—112

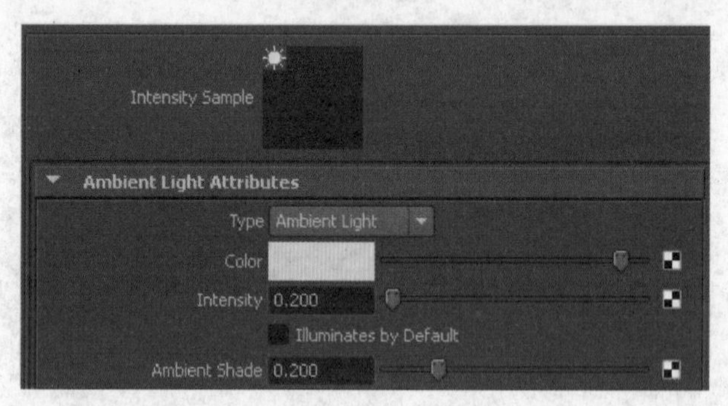

图2—113

置如图 2—114 至图 2—116 所示。

最后，再创建一盏环境光，操作同上，具体设置如图 2—117 至图 2—119 所示。这三盏环境光设置完成后，进行测试渲染，效果如图 2—120 所示 。

步骤 7 现在画面好了很多，至少没有那么多黑暗面了。接下来要做的是美化画面，并在一定程度上提亮画面。画面中的颜色过于单一，可以考虑创建一些蓝色的点光源进行修饰。接下来的操作灵活性较高，点光源的数量、位置、颜色和

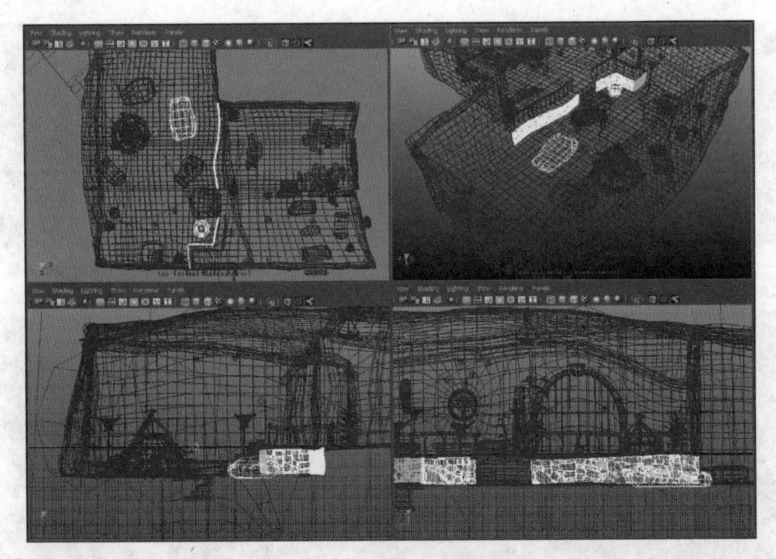

图2—114

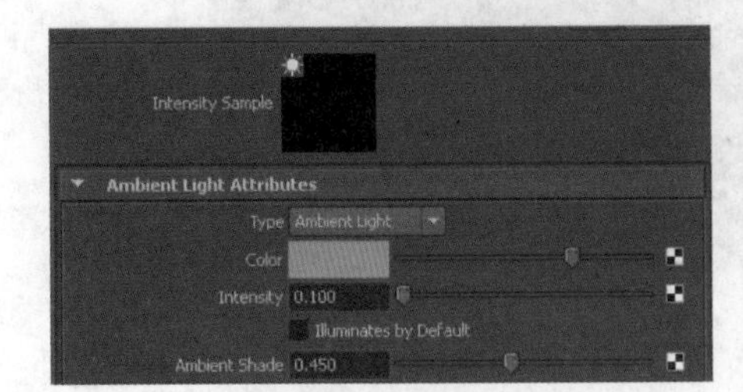

图2—115

图2—116

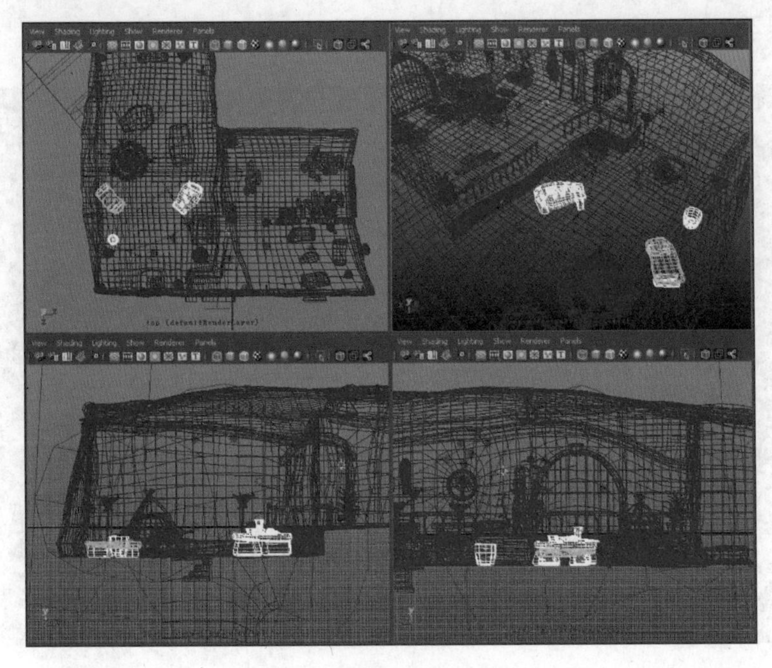

图2—117

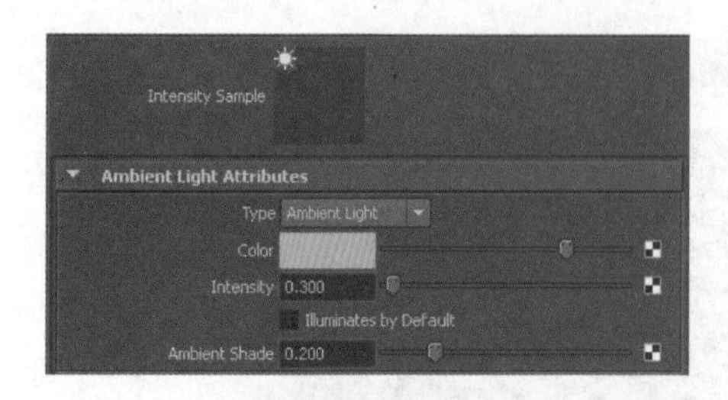

图2—118

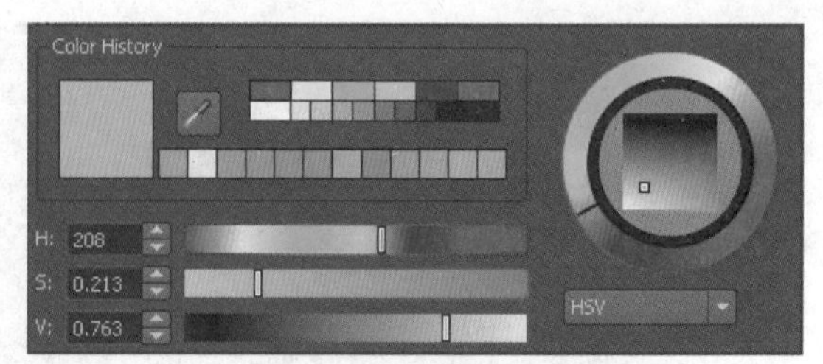

图2—119

图2—120

强度可以自行把握，尽量将点光源分布在场景中的背光面和暗部，参见图 2—121 和图 2—122。

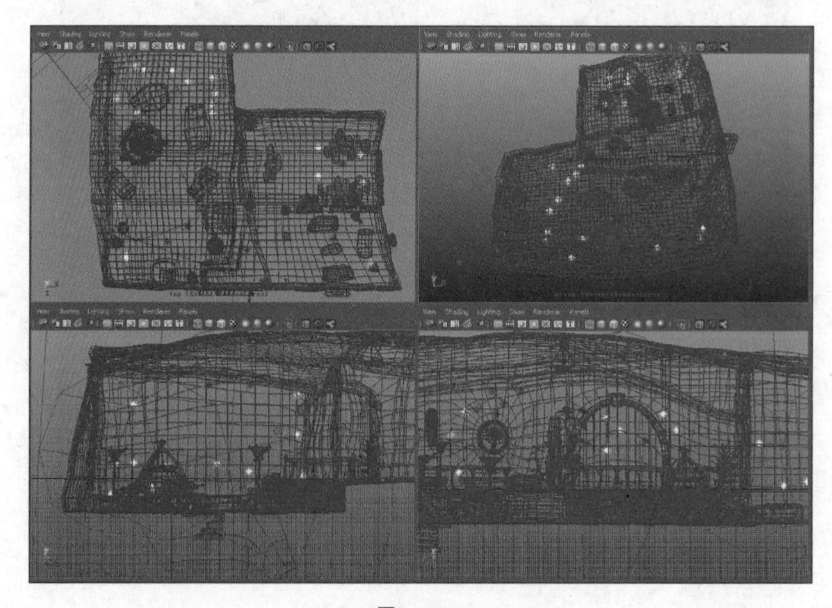

图2—121

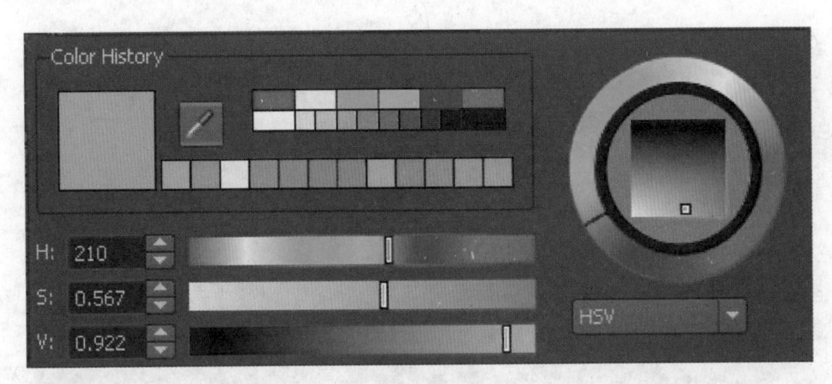

图2—122

设置完毕后再次测试渲染，效果如图 2—123 所示 。

步骤 8 现在画面丰富了不少，但是场景的亮度还不够，我们再创建一盏环境光，具体位置、参数和渲染效果如图 2—124 至图 2—126 所示。

图2—123

步骤 9 此时画面已经很不错了，最后对细节部分加以修改。画面中的石头颜色太黑，可以调节一下石头材质的环境色（关于环境色，请参考本任务的“知识拓展”部分）。画面中的门还有些暗，可以创建一盏环境光与门建立灯光链接，位置和参数如图 2—127 和图 2—128 所示。

设置完毕后，进行高质量的渲染，最终效果如图 2—129 所示。

1.2.2 夜晚室内场景布光

步骤 1 打开场景文件，确定摄像机位置，如图 2—130 所示。

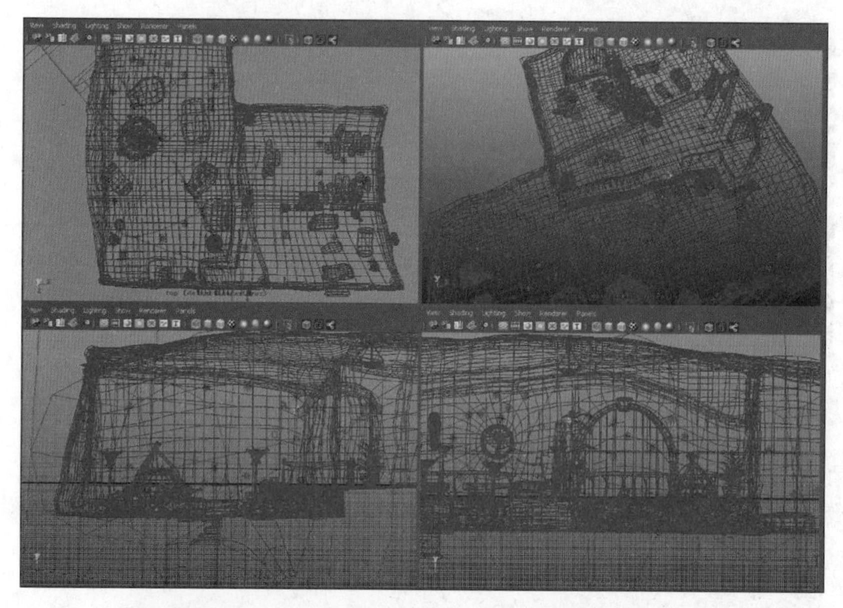

图2—124

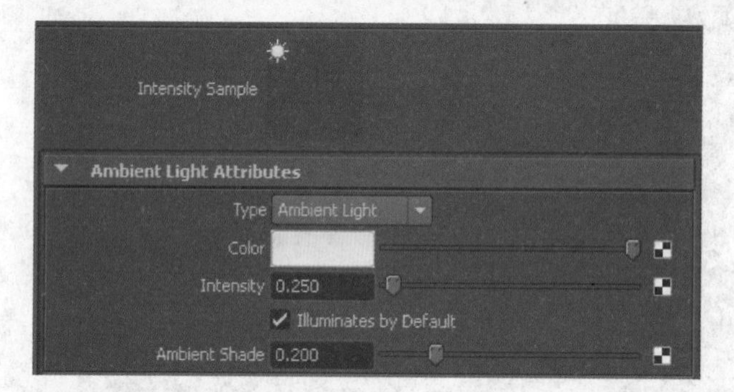

图2—125

图2—126

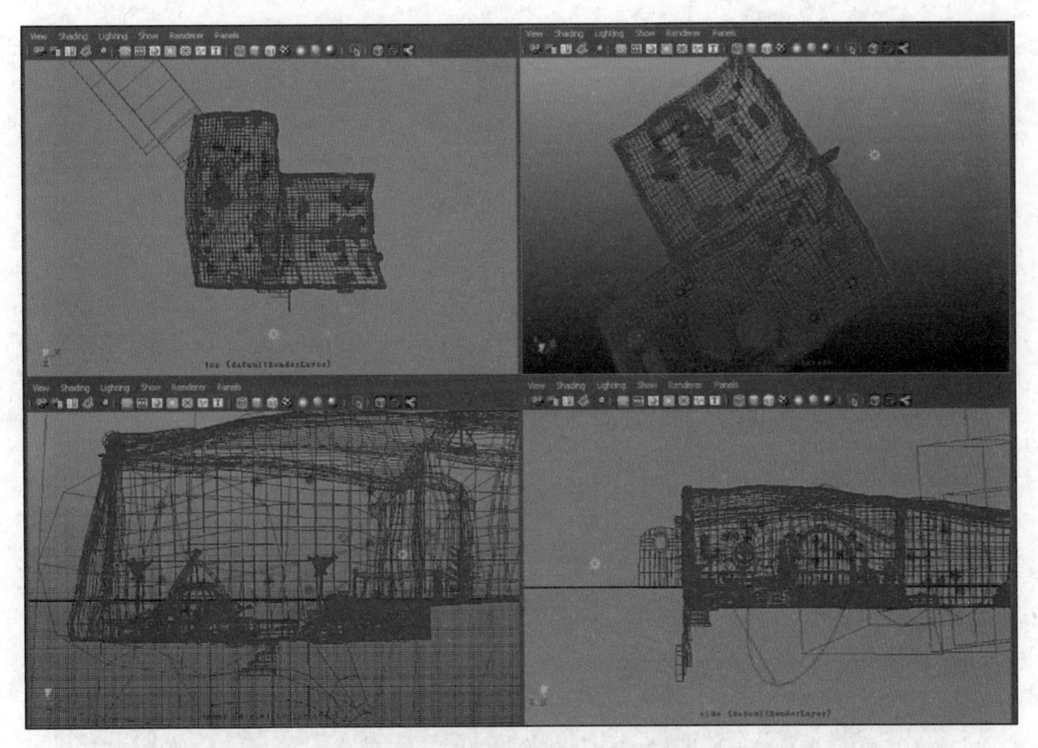

图2—127

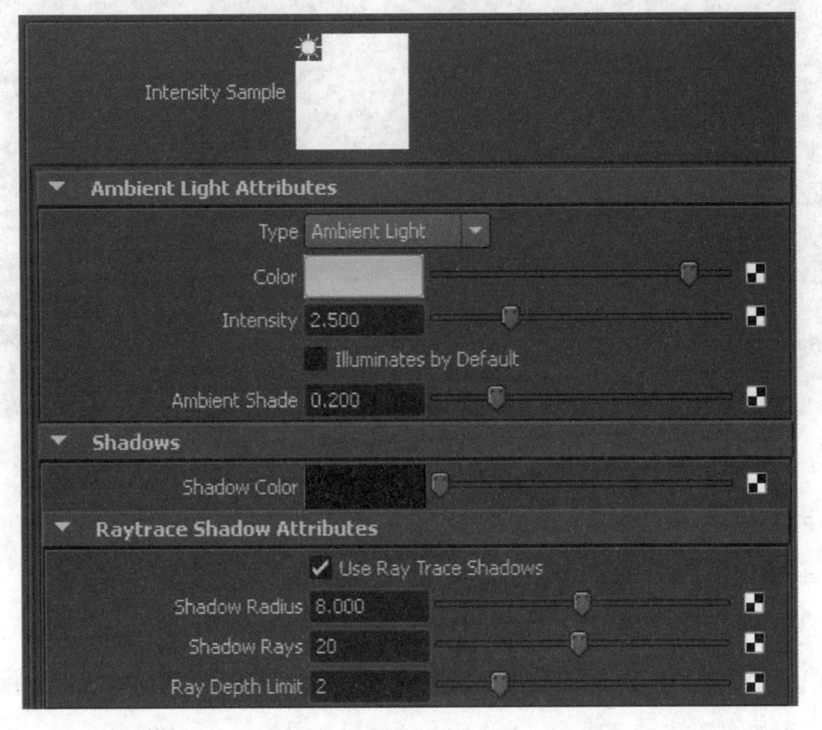
Intensity Sample
Ambient Light Attributes
Type
Ambient Light
Color
Intensity
2.500
Illuminates by Default
Ambient Shade
0.200
Shadows
Shadow Color
Raytrace Shadow Attributes
Use Ray Trace Shadows
Shadow Radius
8.000
Shadow Rays
20
Ray Depth Limit
2

图2—128

图2—129

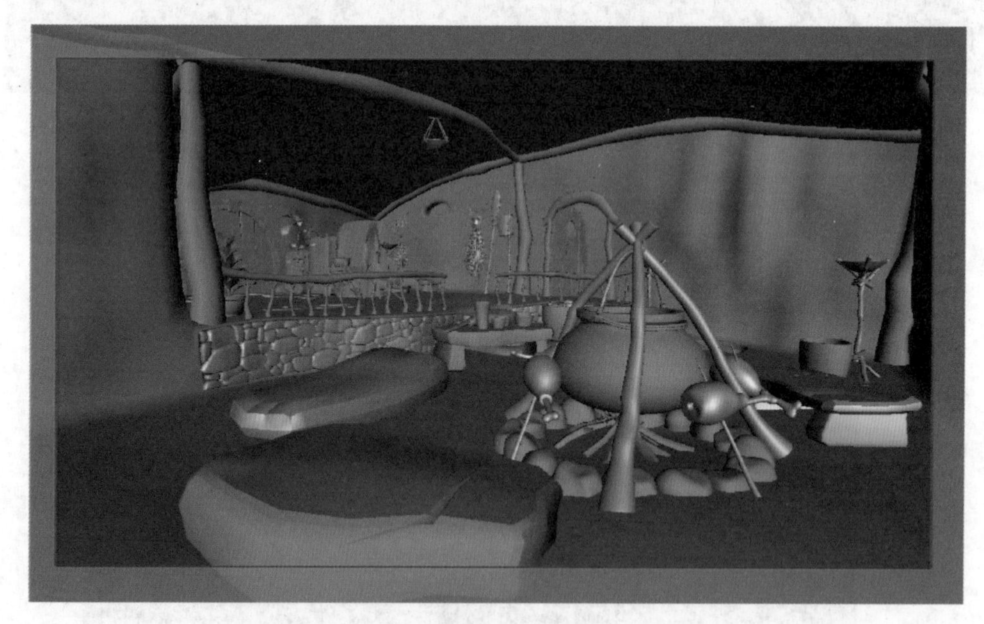

图2—130

步骤2 设置主光源。画面中的主要光源是月光和火堆。

首先，设置月光。打开 Create>Lights>Area Light，创建一盏区域光，将其置于场景的门口位置，如图 2—131 所示。

由于是月光，所以光线颜色偏蓝，为了使其显得柔和有层次，可使用衰减功能，参数设置如图 2—132 和图 2—133 所示，渲染效果如图 2—134 所示。

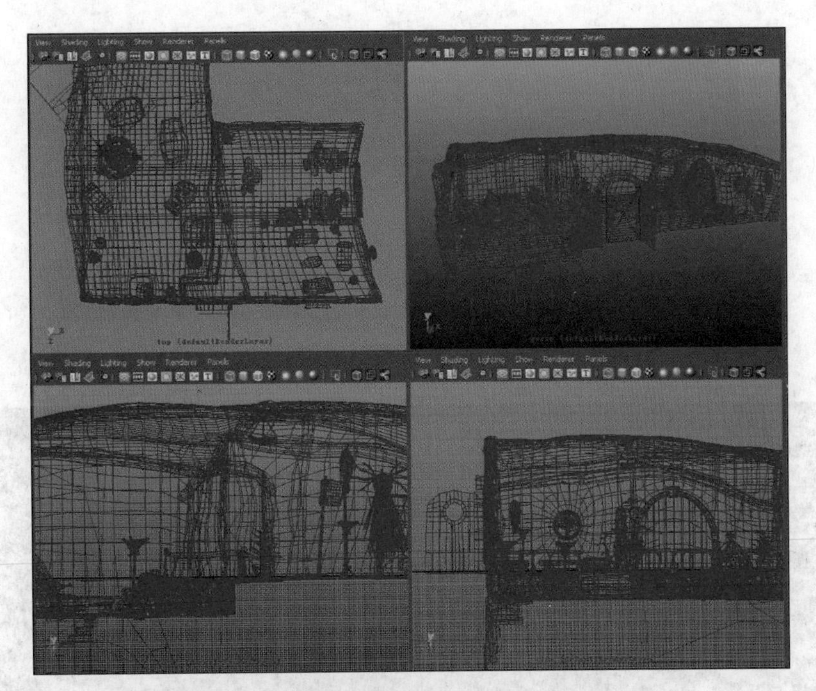

图2—131

Area Light Attributes

Type Area Light

Color

Intensity 200.000

Illuminates by Default

Emit Diffuse Emit Specular

Decay Rate Linear

Light Effects

Shadows

Shadow Color

Depth Map Shadow Attributes

Use Depth Map Shadows

Resolution 512

Use Mid Dist

Filter Size 1

Bias 0.001

Fog Shadow Intensity 1

Fog Shadow Samples 20

Disk Based Dmaps Off

Shadow Map File Name depthmap

Add Scene Name

Add Light Name

Add Frame Ext

Use Macro

Raytrace Shadow Attributes

Use Ray Trace Shadows

Shadow Rays 30

Ray Depth Limit 1

图2—132

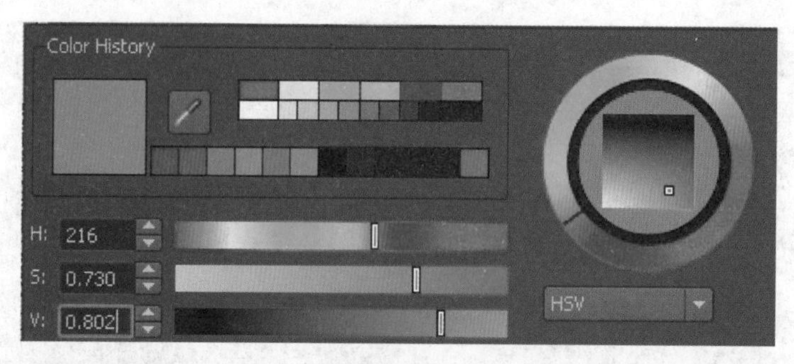

图2—133

图2—134

其次，设置火堆发出的光。打开 Create>Lights>Volume Light，在火堆的位置创建一盏体积光，参数设置如图 2—135 和图 2—136 所示，渲染效果如图 2—137 所示。

另外，场景中还有一些火盆，需要加一些点光源，参数设置如图 2—138 和图 2—139 所示。

渲染效果如图 2—140 所示。

步骤 3 设置辅光源。现在，场景中已经有了明显的主光源和阴影，但有些物体还在黑暗中，所以还需要为这些物体添加辅光源，使其轮廓清晰。这里我们使用点光源作为辅光源，颜色用偏冷的蓝色，灯光位置及参数如图 2—141 至图 2—143 所示，渲染效果如图 2—144 所示。

步骤 4 调整细节。对暗部做一些调整，整体提亮一些，添加些点光源，渲染效

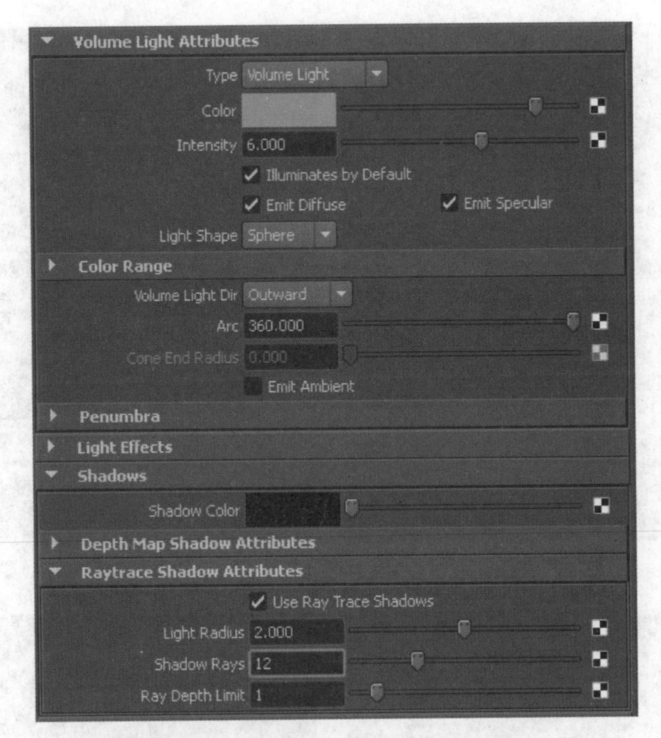

图2—135

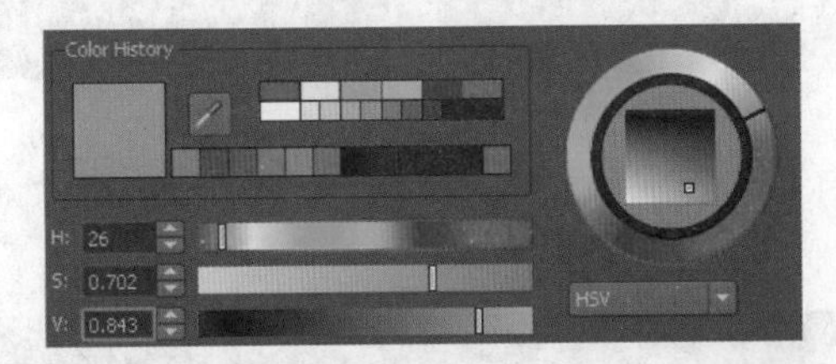

图2—136

图2—137

(a) (b)

图2—138

(a) (b)

图2—139

图2—140

图2—141

果如图 2—145 所示。

做到这里，效果已经差不多了，现在只需要再进行一些微调便可。比如，给画面前方的石头链接一盏点光源。方法如下：创建点光源，关闭 Illuminates by Default（默

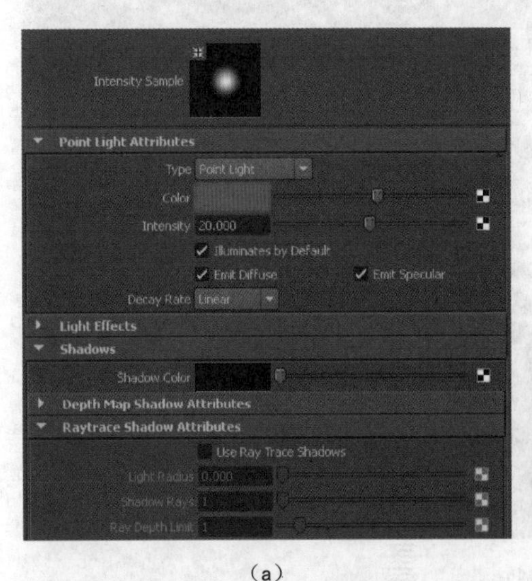

（a）

Color History
H: 227
S: 0.787
V: 0.545
HSV

（b）

图2—142

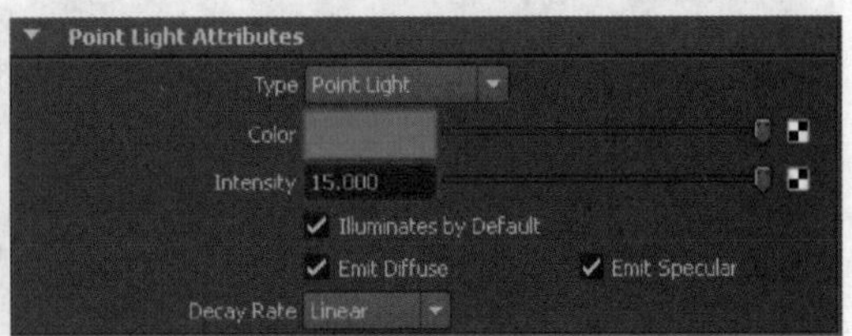

（a）

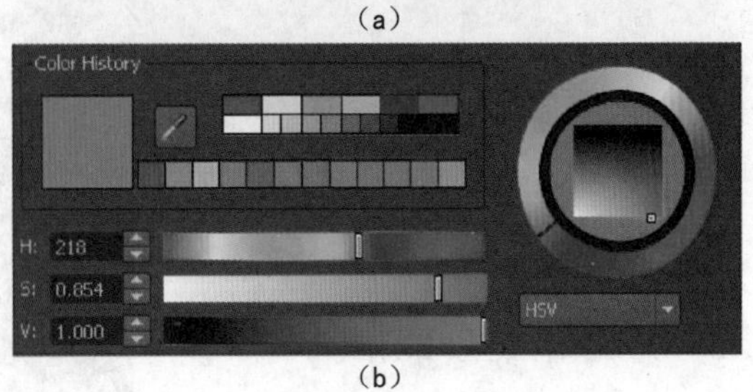

（b）

图2—143

图2—144

图2—145

认照明），然后选择画面前方的石头，打开 Light/Shading>Make Light Links，如图 2—146 所示。

最终渲染效果如图 2—147 所示。

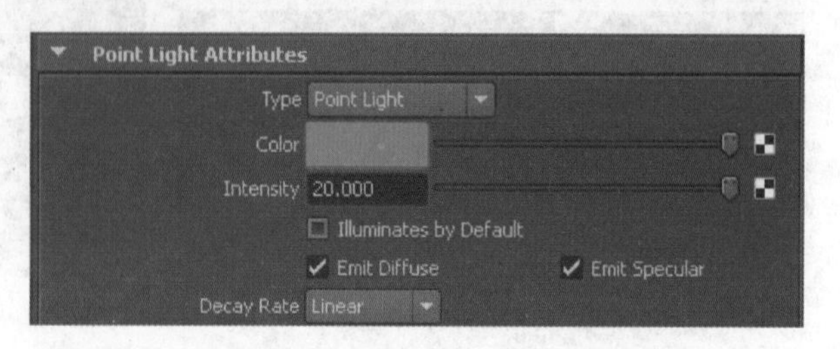

图2—146

图2—147

步骤 5 添加背景。可以在 Photoshop 里为场景添加室外天空的背景图，使画面更生动，如图 2—148 所示。

通过以上这些实例，我们对布光的技巧，如灯光种类的选择、灯光位置的摆放、灯光颜色和参数的设置等，有了进一步的认识。请大家记住：好的画面是需要不断地测试、渲染和调整才能得到的。

图2—148

知识拓展

前面我们多次提到了灯光和色彩的关系，并一直将之贯穿于讲解中。很早以前笔者接触灯光渲染的时候，纯白色的灯光是被完全禁止的，就像高中美术课上画色彩，白色的陶瓷罐不能完全用白色颜料涂一样。那时笔者对这一禁令并不太理解，同时也很难描绘出现实中天光的颜色。后来笔者找到了一个办法，即摄影，拍下照片，然后导入Photoshop，用吸管工具查看照片中阴影的颜色。笔者发现，除了没有正常曝光的照片，其他所有的天光直射的阴影都是有颜色的，也就是说，没有一个阴影是完全的黑色（RGB 000）。从某种意义上说，我们的眼睛欺骗了我们。我们可以把天光下的阴影中的每一个颜色想象成一个有约束范围的点光源，成千上万的点光源色彩组成了我们肉眼所看到的"黑色"的阴影。大自然把这些颜色融合得天衣无缝，而动画工作者的任务就是去发现它们，利用一切途径向大自然学习这些完美的色彩，然后在动画制作过程中放大这些色彩，让它们变得更加明显、强烈，并且看上去让人觉得舒服。

我们所在的世界是一个充满色彩的世界，我们所看到的物体不仅有它的固有色，还有它的环境色，这些复杂的颜色构成了我们这个真实的世界。在Maya中，要表现出一个真实的环境，我们就不得不多考虑一点环境色。环境色是由很多色彩组成的混合色，在不同材质的物体上的表现效果也不一样。颜色深、表面粗糙的物体受环境色的影响小，比如一条黑色的毛巾；颜色浅、表面光滑的物体受环境色的影响大，比如一辆银色的汽车。前者我们基本看不到环境对它的影响，它只有亮度的变化；后者除了有环境的亮度变化外，我们还可以看到车漆表面反射出的世界，不同的环境会给汽车外壳带来不同的色彩效果。谈到环境色，就不得不提到印象派。随着19世纪物理光学的发展，人们对色彩有了更科学的研究，印象派也随之诞生。印象派在画法表现上打破了传统的"固有色"观念，开始使用补色的对比画法，把环境的颜色和物体的本色进行对比，表现出立体的效果，这种绘画概念一直沿用至今。

不过，大气的表现是非常写实的，所以我们基本看不出其环境色和对比色，那我们该使用什么样的颜色去做对比呢？其实，物理世界已经给了我们一个标准，这也是创作写实作品时不得不考虑的，即色温。色温数值越低，颜色越红；数值越高，颜色越蓝。从一些摄影照片中我们可以发现，海拔几千米的高山的照片颜色略微偏蓝，而盆地的照片颜色则偏红。事实上，这就是自然世界给我们的物理环境，它是一个对比的颜色。所以，沿用这个概念，在人工照明的时候，我们使用的光线能量不同，也会造成色彩的变化。在三维模拟的画面中，我们往往会把这种对比做得很强烈，以此来形成一种视觉上的冲击，令人觉得画面很舒服、很漂亮，但不会觉得很假，因为画面遵循了环境的对比色，遵循了物理的色温变化。

灯光颜色没有正确和错误之分，就像人们评价绘画一样，没有人说哪幅是对的，哪幅是错的，只会说哪幅更漂亮，哪幅更写意。不一样的灯光颜色的设置会给人不一样的感觉，而感觉归根结底取决于设置者的色彩感和美术修养。现在，请抛开软件，投入美术的世界吧，去提高自己的色彩感和美术修养，你的灯光运用技巧必定会有非常明显的进步。

任务2 Mental Ray渲染

要点提示

1. 间接照明。

2. 分层渲染。

3. 后期合成。

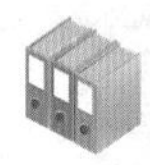

背景知识

Mental Ray（MR）是德国 Mental Image 公司开发的一款渲染器，在计算机领域的知名度相当高，与皮克斯（Pixer）公司独立开发的渲染器 Render Man 不相上下，二者被公认为世界上最好的、使用率最高的电影级渲染器。

Mental Ray 从 2.0 版本开始就内置于 Softimage 中，并且从 Maya 5.0 开始成为 Maya 的内置渲染器。Mental Ray 以其间接照明算法最为出名，其中 GI（Global Illumination，全局照明）和 FG（Final Gathering，最终聚集）的计算概念被后来很多新兴渲染器模仿。但是，即便不使用 Mental Ray 的间接照明，也可以用它代替默认的渲染器（Software），因为当场景渲染中含有大量反射和折射的时候，Mental Ray 会比默认的渲染器快 30% 左右。另外，在计算置换贴图和运动模糊时，Mental Ray 的速度也遥遥领先。Mental Ray 初期只在国外一些电影中使用，比如大家熟悉的《黑客帝国》、《黄金罗盘》、《X 战警》等，现在国内的一些商业动画片和电影也开始重视这款老牌的渲染器。Mental Ray 的功能非常强大，内容涉及材质、灯光、物理、美术、摄影等，由于篇幅有限，这里主要就其灯光渲染方面的功能进行介绍。

在 Maya 2011 中，使用 Mental Ray 时必须确保插件管理器中的 Mayatomr.mll 处于读取状态，如图 2—149 所示。在 Mayatomr.mll 后面的 Auto load 前打勾，然后在渲染面板中选择 Mental Ray（见图 2—150）即可。

激活 Mental Ray 后，渲染面板多出了很多内容，这里先简单介绍一下。第一项是 Common 标签，里面的参数和 Software 一样。第二项是 Passes 标签，用来实现 MR 独特的分层渲染功能，后面会详细介绍。第三项是 Features 标签，是 MR 的样式，也是

图2—149

一个统领开关，用来打开和关闭一些渲染功能和修改一些渲染属性。第四项是 Quality 标签，它是 MR 的质量选项，顾名思义，用来控制最终出图的质量，反射、折射等参数都在这里调整。第五项是 Indirect Lighting 标签，它是 MR 最重要的一项，用来设置间接照明。这一部分也会详细介绍。第六项，也是最后一项，是 Options 标签，用来诊断 MR 的渲染计算。

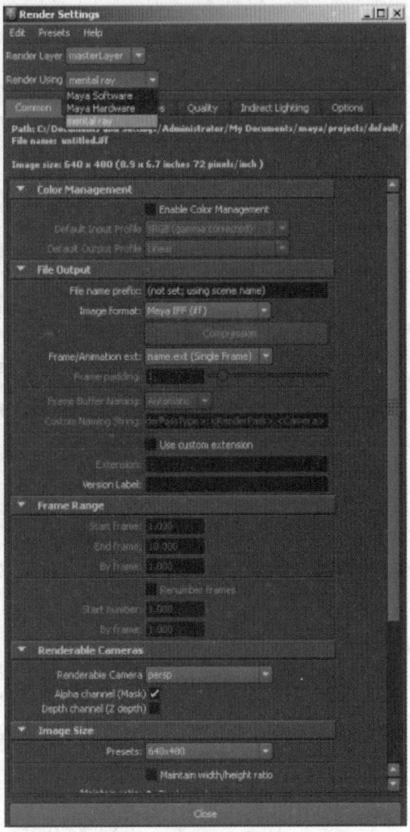

图2—150

2.1 间接照明

本项目任务 1 中介绍的所有内容都是光源的直接照明，即每一个表面点的照明效果都来自场景中各个光源的直接照明。光源的直接照明只能沿直线传播，如果渲染表现前有其他阻挡光线的物体，直接照明光线就会被阻挡。也就是说，直接照明光线只要与物体表面发生碰撞，它的照明就结束了。就像任务 1 中的实例制作，为了得到较好的效果，一般都要用上很多灯光。

现在我们要介绍的是间接照明。间接照明即照明光线与物体表面发生第一次碰撞的时候，光线不会被完全阻挡，还能反射或折射出去，并继续为其他物体提供照明，比如光线射到金属或镜面后会反射到别的物体上。在 Mental Ray 中，常用的间接照明有 3 种，即全局照明（Global Illumination，GI），最终聚集（Final Gathering，FG）和焦散（Caustics）。那么 Mental Ray 是如何模拟间接照明的呢？答案是利用光子(Photon)。在物理学中，光子是一种具有特定波长的不可分的能量单位。而在这里，它是一组可分的能量包，且具有几种不同的波长。我们可以将它视为多个物理光子，是以小包裹形式发射到场景中的光线。注意：光子第一次与物体表面发生碰撞时，不产生任何照明效果，因为首次碰撞的照明效果属于直接照明的计算范围。也就是说，即便有了间接照明的帮助，我们可以省掉一大部分模拟环境的灯光，但是最后画面的主体层次和明暗效果还要依靠主要灯光。

2.1.1 全局照明

全局照明简称 GI，是一种必须依赖光子发散来获得照明效果的算法。光子从光源发射出来后，必须经过一次或多次漫反射，当其再次与漫反射的表面碰撞时就会产生全局照明的效果。需要说明的是，由于 GI 依靠各物体表面的漫反射，所以当场景中的物体颜色非常丰富的时候就容易产生“色溢”(Color Bleeding）问题。比如，一面白色的墙与一面红色的墙相邻，当光子投射到红色墙面后，反弹出的光子就会带有红色信息，光子再投射到白色墙面，就会把红色信息传递给白色墙面，从而产生粉红色的效果。“色溢”一直以来都是困扰 GI 的一个问题，它的产生源于场景的漫反射颜色和光子的反弹次数。理解了 GI 的产生原理，自己动脑筋解决“色溢”问题就不难了。

在 Maya 中要使灯光产生光子，首先，需要激活 Mental Ray 下的 Emit Photons（发射光子）选项，如图 2—151 所示。

Photon Color：光子颜色。

Photon Intensity：光子强度。该参数值越大，光线越亮，强度越高。

Exponent：光子能量的衰减程度。该参数值越大，光线越暗；该参数值越小，光线越亮。

Caustic Photons：焦散的光子数量，该属性只有在激活渲染面板中的焦散功能时才有效。

Global Illum Photon：GI 的光子数量，该参数值越大，计算速度越慢。

其次，还要激活渲染面板中的 Global Illumination 选项，如图 2—152 所示。

我们可以通过 Features 面板，直接打开或关闭间接照明的某种模式。如图

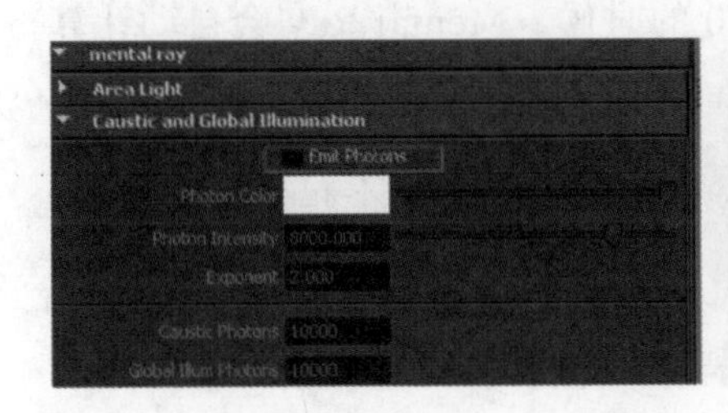

图2—151

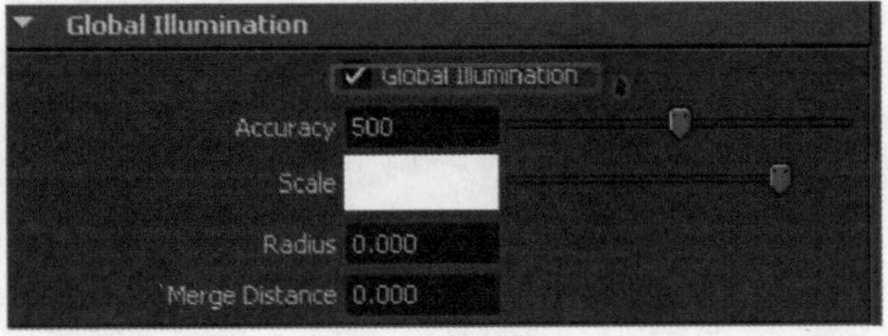

图2—152

2—153 所示，在渲染面板中打开 Global Illumination 时，Features 面板里的 Global Illumination 将同步被勾上。Global Illumination 的相关属性参数如图 2—154 所示。

（1）Global Illumination 栏。用来控制光子的分布。

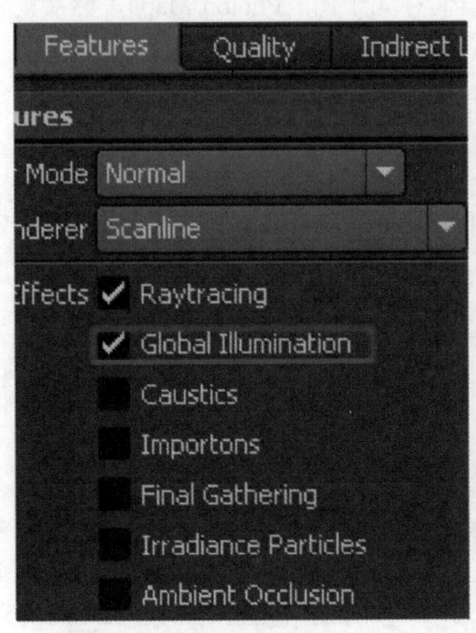

图2—153

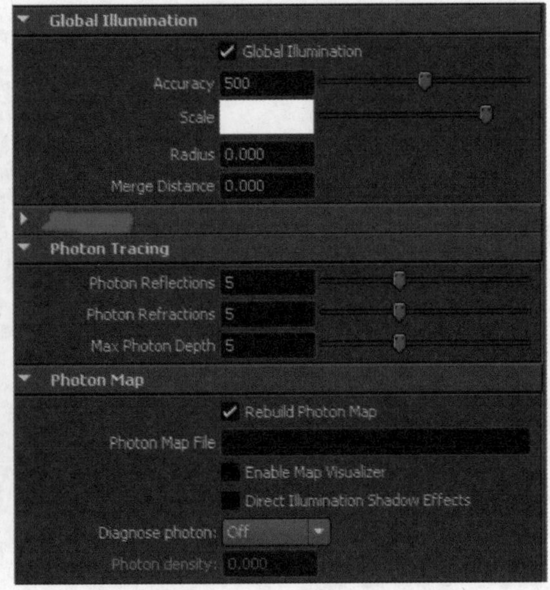

图2—154

Accuracy：当前采样点参与间接照明计算的光子数量，可以有效地平滑光子计算带来的光斑，降低光斑的颗粒化程度。该参数默认值是 500，数值越大，渲染时间越长。

Scale：用来控制光子颜色和亮度的统一缩放。

Radius：控制查找光子点的最大有效半径。比如，当 Radius 为 1 的时候，将以采样点为圆心，以 1 为半径查找 Accuracy 指定的光子数。即使未能找到 Accuracy 指定的光子数，也不会继续查找下去，而将利用目前找到的所有光子，计算当前采样点的间接照明效果。当 Radius 为 0 的时候，Mental Ray 会自动计算出一个比较合适的半径值。这里的解释可能有些生硬，其实 Radius 通常用来配合 Accuracy 平滑颗粒化光斑。当 Accuracy 的参数值对某些"地方"不起作用的时候，Radius 就需要配合调节。

Merge Distance：合并一定距离内的光子采样点，该数值为 0 代表自动计算。

（2）Photon Tracing 栏。

Photon Reflections：光子的反射次数。

Photon Refractions：光子的折射次数。

Max Photon Depth：光子的最大深度，用来控制光子反弹的次数。

（3）Photon Map 栏。可以通过事先在这里储存光子图（Photon Map），然后读取的方法来提高工作效率。

Rebuild Photon Map：Rebuild Photon Map 为勾选状态时，为写入、记录该光子图；Rebuild Photon Map 为非勾选状态时，为读取该光子图。

Photon Map File：在 Photon Map File 里可以键入光子图的文件名。一旦记录，该文件将保存在工程文件目录下的 default\render data\mental ray\photon map 文件夹中。

Enable Map Visualizer：Enable Map Visualize 为勾选状态时，可以在操作视窗中看到光子图的分布情况。

Direct Illumination Shadow Effects：勾选后可以打开直接照明的阴影效果，默认为不勾选状态。

Diagnose photon：光子分布的一种诊断模式，可以分别对光子的密度（Density）和亮度（Irradiance）进行诊断，与前文提到的调整选项菜单的作用一样。

全局照明的计算一般分两步进行。

第一步：光子从灯光中发射出去，当第一次碰到场景直接照明的物体时，光子不产生照明，而是反弹回直接照明以外的物体上，形成光子图，然后被吸收，不再继续传播。这里，光子的传播次数取决于渲染器的 GI 面板设置。光子图记录的是光子第一次碰到物体表面发生反弹后的能量值和碰撞范围，是一种三维空间方位的分布结构图，同时也是一种立体的能量分布图。光子会持续不断地从灯光中发射出来，直到发射总量达到指定发射量。另外，光子图与场景的复杂程度，即物体的数量无关。也就是说，GI 发散光子时，渲染时间不会因场景的复杂程度发生变化而改变，即使场景内的模型数量翻倍，光子图的渲染时间也不会有明显变化。影响光子图渲染时间的是光子的设定数量和光子的反弹次数。

第二步：开始真正的渲染计算。和普通的非间接照明渲染一样，间接照明渲染中的各个材质会先计算每个灯光的直接照明数据，然后从光子图中获取间接照明数据，合成总的照明数据，最后用这个数据进行材质的渲染计算。需要说明的是，第二步的渲染，也就是真正的材质渲染，是由场景物体的复杂程度所决定的，同时也会受到场景材质的影响。比如，反射和折射的材质在计算光线追踪的时候会比普通的材质耗费更多的时间。

2.1.2 最终聚集

最终聚集简称 FG，是一种模拟全局照明的全新的计算机技术，可以比较快速地计算出质量相当不错的间接照明效果。最终聚集使用简单，并且容易控制，目前大量应用于电影电视业以及非物理学精度的工业建筑设计等领域。FG 的计算虽然不是以物理学精度为基础的，但其渲染效果还是比较真实的，所以在对精度要求不高的很多领域，FG 可以完全代替 GI 的光子模式来进行全局照明。如果需要渲染出物理学精度较高的效果，最好还是使用 GI 的光子算法。最终聚集指根据直接照明的信息，在场景中投射最终的聚集点，这些聚集点能够发射出射线对周围的环境进行采样，收集亮度、色彩以及距离等信息，并反馈给聚集点，然后聚集点会根据反馈的信息决定自身的明暗度。这一过程在场景中聚集的所有点同时发生，之后会得到每一点的明暗初步效果。在把信息返回给我们之前，每一点都会把它的强度、色彩融合在一起，然后用特别柔和的方式呈现给我们。

FG 与 GI、焦散不同，它不依赖于光子的发散，而主要依靠场景中各个物体的亮度来进行相互照明。也就是说，可以把场景中的物体想象成一盏灯，它们可以互相照亮，但是每个物体的原始亮度和物体对周围产生的照明强度，取决于该物体的材质。FG 对材质的 Ambient Color 和 Incandescence 两项属性起作用。在 FG 的渲染中虽然没有没有光子的概念，但是FG自己有一个Point的概念，意思等同于前者。因为FG可以计算物体表面颜色的影响程度从而达到间接照明的效果，所以在没有灯光的情况下也一样可以计算出漂亮的间接照明效果。

（1）FG的使用方法。FG的使用方法主要有三种。

第一，单独使用。场景不需要任何灯光的照明，通过物体表面的颜色来进行计算。

第二，与场景中的直接照明光源结合使用。这时FG的主要作用是在场景中的背光的黑暗区域创建间接照明效果，同时会对直接照明的区域有一定的提亮作用。

第三，与直接照明和GI光子结合使用。FG可以解决GI和直接照明所不能照亮的暗部，消除GI光子计算中经常出现的光斑。另外，由于GI光子是基于物理计算的，FG和GI结合使用不但能提高FG的准确性，还可以减少GI光子发射的数量，提高渲染速度，提升画面质量。

和GI一样，FG也有自己的可以存储和调用的光子图，有助于提高工作效率。但与GI不同的是，FG有三个选项：On（打开）、Off（关闭）和Freeze（冻结）。

On：每次渲染时，忽略前一次渲染出的FG分布图，重新进行计算，然后覆盖前一次的FG分布图。

Off：每次渲染时，直接载入并使用前一次渲染出的FG分布图。需要注意的是，当物体或镜头位置发生改变或FG自身设置与之前不同的时候，还是会重新计算FG分布图，但是不会覆盖之前的计算结果，而是附加在之前的结果之上，堆叠在一起。在动画渲染中，有时候会用这种方法预估动画中物体的位移和形变带来的FG分布变化，然后读取FG分布图，直接进行渲染，提高工作效率。

Freeze：主要用于解决动画渲染中的“闪烁”问题。闪烁通常因动画中某些位置的像素在各帧中区别过大且频繁变化而产生。使用On的时候比较容易出现闪烁，因为在动画中，物体的每一帧都可能产生位移和形变，如果每一帧都重新执行FG的计算，那么前一帧计算的像素就极有可能和后一帧计算的像素不同，计算机无法保证每次FG计算所产生的分布图都与前一次类似，从而导致闪烁。而Freeze的作用就是让后面的位移和形变的帧数与前一帧采用同样的FG分布，从而避免产生闪烁。因此，动画渲染人员应在容易出现闪烁的场景文件中找出移动的物体，用Off记录并堆叠出同样的FG分布图，最后Freeze渲染出没有闪烁的画面。

（2）FG的具体参数。下面我们通过一些简单的模型（见图2—155），来介绍

图2—155

FG具体的参数。在Render Setting面板中勾选Final Gathering将其激活，FG的具体参数如图2—156所示。

Accuracy（精度）：用来控制每个最终聚集点发射射线的数目。该参数值越高，所发射出的射线越多，图片的渲染时间也越长，所以通常情况下采用默认值100就足够了。

Point Density（点密度）：用来控制发射射线最终聚集点的数量，默认值是1。如果想要得到更准确的效果，可将其参数值调高。不过，参数值越高，渲染时间越长，所以一般情况下使用默认值即可。

Point Interpolation：用来平滑和模糊最终聚集效果，该参数值越高，越容易得到平滑的效果。

Primary Diffuse Scale：用来控制最终聚集效果。

Secondary Diffuse Scale：用来控制Secondary Diffuse Bounces选项。

Secondary Diffuse Bounces（二次反弹）：设置Secondary Diffuse Bounces之前，应先确保Primary Diffuse Scale值还原为1。Secondary Diffuse Bounces会发出一种射线反弹回物体的表面，并与物体表面产生联系。也就是说，最终聚集点会产生射线然后反馈

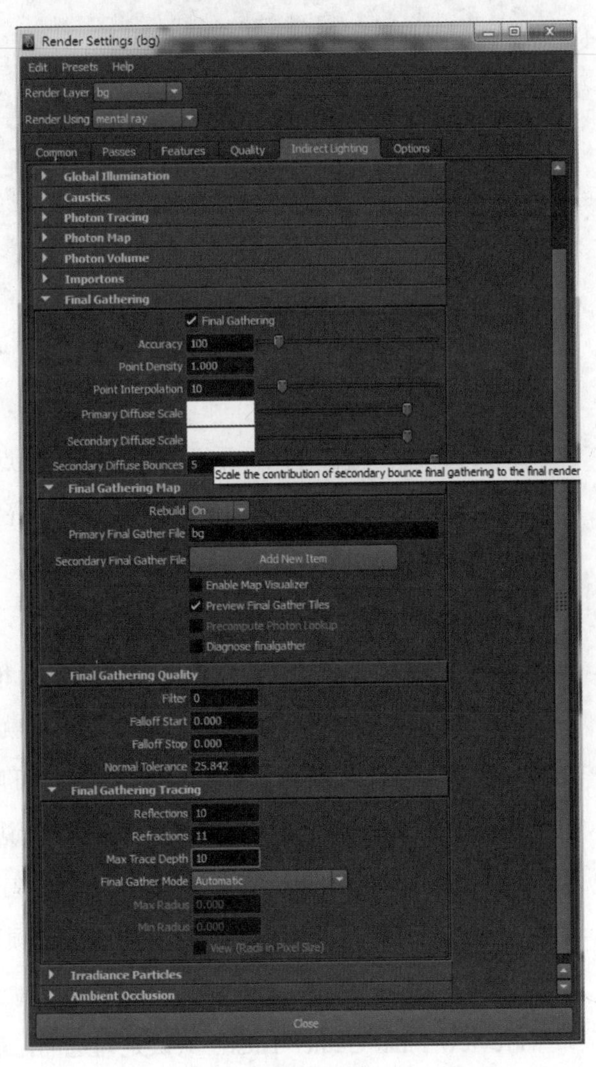

图2—156

给照明信息，而设置该参数后会发出额外的射线，吸取额外的照明信息，然后返回物体表面，产生一种类似全局照明的效果。如图 2—157 所示。

使用 Secondary Diffuse Bounces 前经常会出现过重的阴影，而通过 Secondary Diffuse Bounces 的参数调节，物体表面会产生更多的颜色渗透，多了一级光线反弹，所获得的效果更加自然、真实。但是，图 2—157（b）中的模型，其 Secondary Diffuse Bounces 参数值为 5，因此产生了过多的颜色渗透，使物体表面出现了本不该有的颜色和噪点。

（a）Secondary Diffuse Bounces值为1

（b）Secondary Diffuse Bounces值为5

图2—157

Rebuild：On 代表每次都重新计算最终聚集点，Off 代表不重新计算最终聚集点，Freeze 代表冻结当前计算过的最终聚集点，选择它以后，每次渲染都会按照上次计算好的最终聚集点来渲染。

Primary Final Gather File：记录最终聚集点，存于工程文件目录下的 render data\mental ray\final Map 文件夹，后缀名是以 default.fgmap。

Enable Map Visualizer：勾选后最终聚集点就会被记录下来，在 Outliner 里会多出来一个 MaoVizl 节点（见图 2—158），这时可以在摄像机视图里看到很多密密麻麻的点，如图 2—159 所示，这些点就是我们所说的最终聚集点。

Enable Map Visualizer 选项一般情况下都会勾选，因为在调节材质的时候并不需要每次都重新计算最终聚集点，这时勾选该选项可以大大提升测试的工作效率，如图 2—160 所示。

Preview Final Gather Tiles：默认是勾选的，表示渲染的时候先预览最终聚集点

图2—158

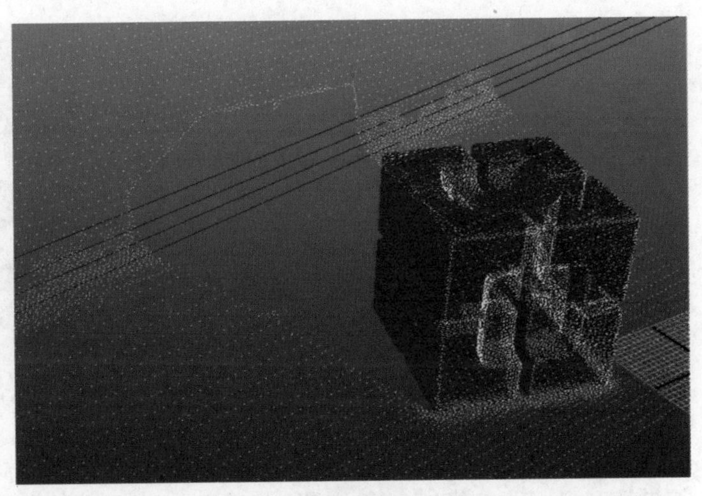

图2—159

图2—160

的大致效果，然后渲染成图。这就是为什么使用最终聚集的时候会渲染两次。如果取消勾选，则表示将最终聚集点和成品图一起渲染。如图 2—161 所示。

Reflections（最大反射次数）：定义 FG 采样射线的最大反射次数，包括 Diffuse、Glossy、Specular 三种反射方式。另外，该属性还受 MAX Trace Depth 的限制。

Refractions（最大折射次数）：定义 FG 采样射线的最大折射次数，包括 Diffuse、Glossy、Specular 三种折射方式。另外，该属性还受 MAX Trace Depth 的限制。

MAX Trace Depth（最大追踪深度）：定义 FG 采样射线反射、折射的总次数。比如，

（a）第一次渲染的效果

（b）第二次渲染的效果

图2—161

如果将 Reflections、Refractions 和 MAX Trace Depth 的参数值都设为 5，则当 FG 采样射线反射 2 次、折射 3 次后就会停止反射或折射，虽然反射没有达到最大限制的 5 次，折射也没有达到最大限制的 5 次，但反射、折射的总次数达到了最大限制的 5 次，所以采样追踪计算停止。

Final Gather Mode：该项是 Maya 2011 的新增功能，默认情况下是 Automatic，渲染时可选择 Optimize for Animations（动画渲染优化 / 多帧模式开关），其作用是把最终聚集的计算切换到 multi-frame（多帧）模式，该模式是为摄像机的飞行动画专门设计的最终聚集计算模式。

Max Radius（最大半径）和 Min Radius（最小半径）：二者决定最终聚集点在场景中的分布，默认值为 0，表示自动检测场景大小，自动分布最终聚集点。

一般情况下，Max Radius 的值是场景大小的 10%，Min Radius 的值是 Max Radius 的 10%。

2.1.3 焦散

焦散的渲染也依赖于光子的发散与接收。不过与 GI 不同，焦散的光子一旦被漫反射表面记录就会被完全吸收，不会继续传播。而如果遇到的是带有高光，能够反射或折射光线的材质，光子则会从物体中折射出来或被物体反射回来。比如海底的光源透过水面在海床上投射出的奇幻的亮斑。

Caustic Accuracy（焦散精度）：控制渲染时参与当前渲染采样点间接照明计算的焦散光子数量，参数默认值为 100，参数值越大越能有效改善焦散的颗粒化程度，同时会使焦散的渲染效果变得更模糊、更平均化。

Caustic Scale（焦散颜色）：顾名思义，决定焦散的颜色。

Caustic Radius（焦散半径）：控制查找光子点的最大有效半径。当 Radius=0 时，Mental Ray 会自动计算出一个较合适的半径值，但有可能使其颗粒化较明显，这时可以修改 Radius 值的大小，一般从 1 开始，最好不要超过 2。增加 Radius 值可以有效改善焦散的颗粒化程度，同时会使焦散的渲染效果变得更模糊、更平均化。

Caustic Filter Type（焦散过滤模式）和 Caustic Filter Kernel（焦散过滤核心）：用来为参与当前渲染采样点间接照明计算的各个光子点指定不同的权重值。其中，Box（盒形）为所有参与计算的光子点指定相等权重值，Cone（锥形）和 Gauss（高斯）为距离当前渲染点较近的光子点指定较高的权重值，为较远的光子点指定较低的权重值。Caustic Filter Kernel 只有在 Cone 和 Gauss 过滤模式下才能发挥作用，其参数值越大，就会有越多的光子点得到高权重值，渲染的平均化效果也越明显。该参数的最小值为 1，默认值为 1.1。

除了以上介绍的属性，焦散还有一些设置，如光子反弹次数、重建光子图、自动分配光子体积等。其中，Photon Reflections、Photon Refractions、Max Photon Depth 这三个属性控制光子的最大反射次数和最大折射次数，以及反射、折射次数之和。

2.2 分层渲染与后期合成

分层渲染是指将场景中的物体按不同的方式分配到图层上，然后将这些图层分类渲染。它是 Maya 一项很有用的功能，可以为我们处理场景画面带来方便，还能减轻渲染给计算机造成的压力，使渲染更加快捷。

2.2.1 分层渲染面板介绍

（1）Common 标签。在分层渲染的 Common 标签中，主要有以下几组参数。

File Output（图像文件的输出）：如图 2—162 所示，用来指明渲染输出文件名、文件格式、文件后缀名等。注意：文件名中应避免使用点，以免与后缀名混淆，需要分段的地方可以使用下划线，例如某文件可以命名为 aaa_bbb.1.iff，而不应为 aaa.bbb.1.iff。

Frame Range（帧数范围）：如图 2—163 所示，用来指明文件渲染时的起止帧数，也可以自行设置帧数。

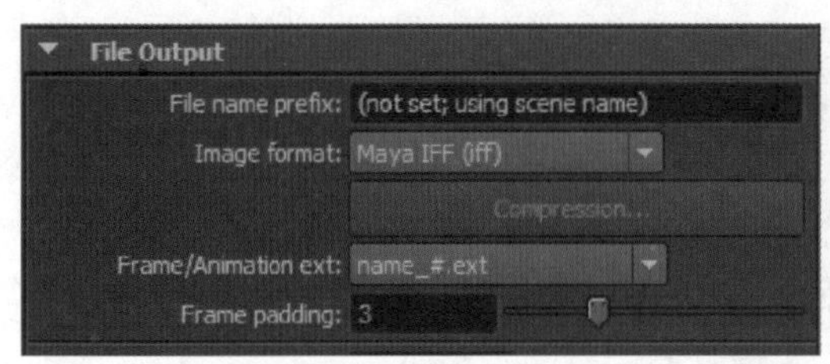

图2—162

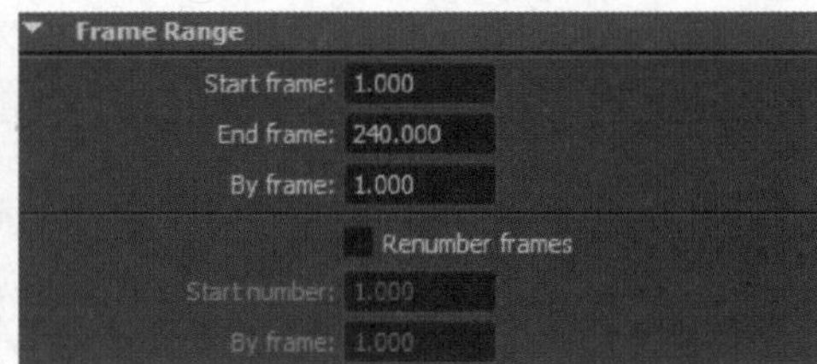

图2—163

Images Size（图像尺寸）：如图 2—164 所示，用来指明输出文件的大小及相关参数。

Render Options（渲染选项）：如图 2—165 所示，包括对默认灯光的控制和渲染图像之前和之后如何通过 MEL 控制。

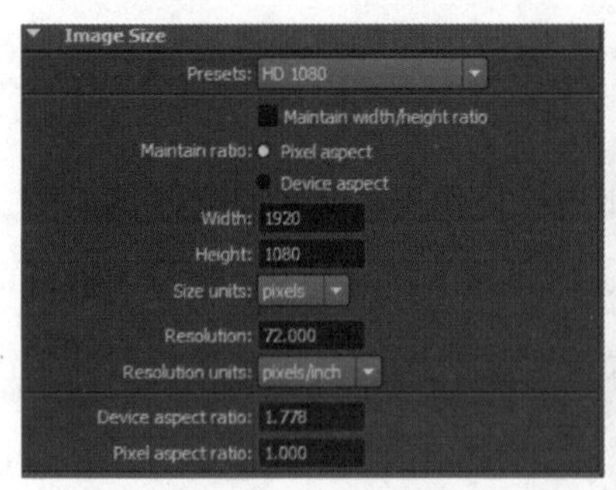

图2—164

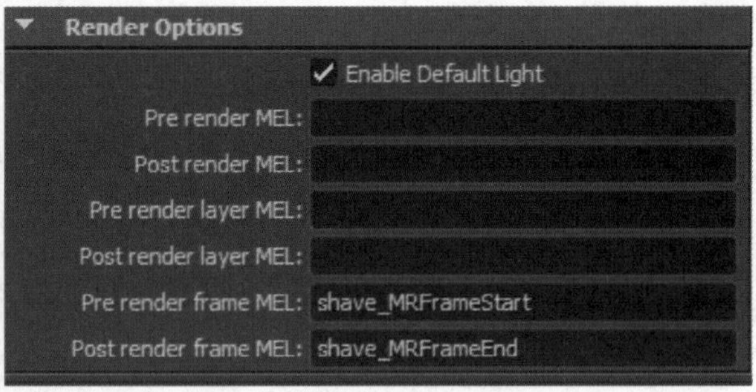

Render Options
Enable Default Light
Pre render MEL:
Post render MEL:
Pre render layer MEL:
Post render layer MEL:
Pre render frame MEL: shave_MRFrameStart
Post render frame MEL: shave_MRFrameEnd

图2—165

（2）Quality 标签。在分层渲染的 Quality 标签中，主要有以下几组参数。

Raytrace/Scanline Quality：如图 2—166 所示，用来设置渲染文件的图片质量。

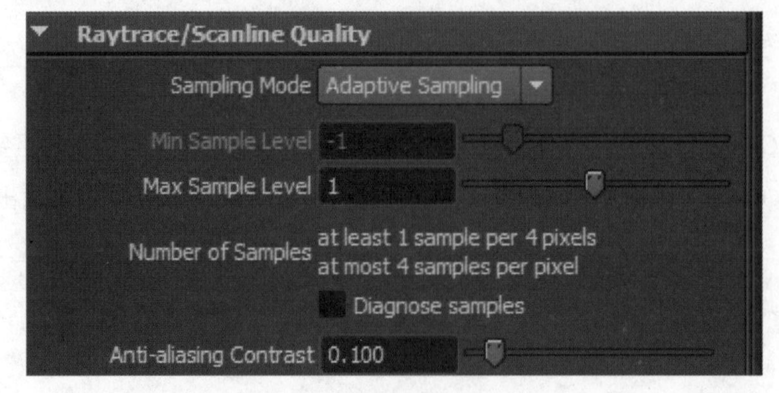

图2—166

Raytracing（光线追踪）：如图 2—167 所示，Maya 在渲染时会计算光线追踪，

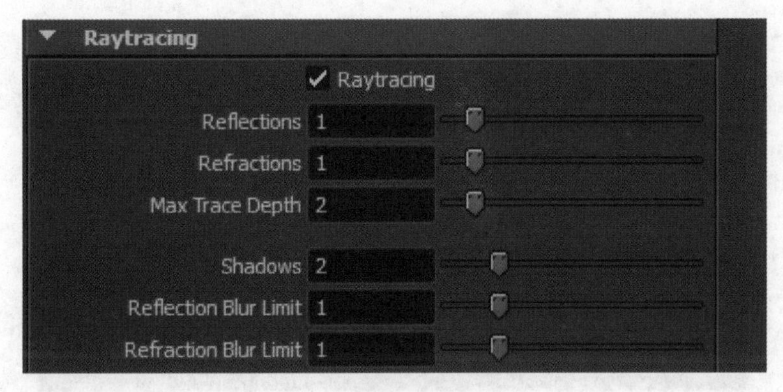

图2—167

Raytracing 会产生精确的反射、折射和阴影效果。

注意：参数值设置越大，渲染所消耗的时间越长，因此设置时要特别仔细。

（3）Passes 标签。Passes 标签建立在渲染方式为 Mental Ray 基础上，因此要使用 Passes 时，必须先激活 Mental Ray。在我们接触的 Layer 层中右键单击所选层，在弹出的对话框中选择最后一项 Attributes>Presets（见图 2—168），其中只有简单的几个文件属性。

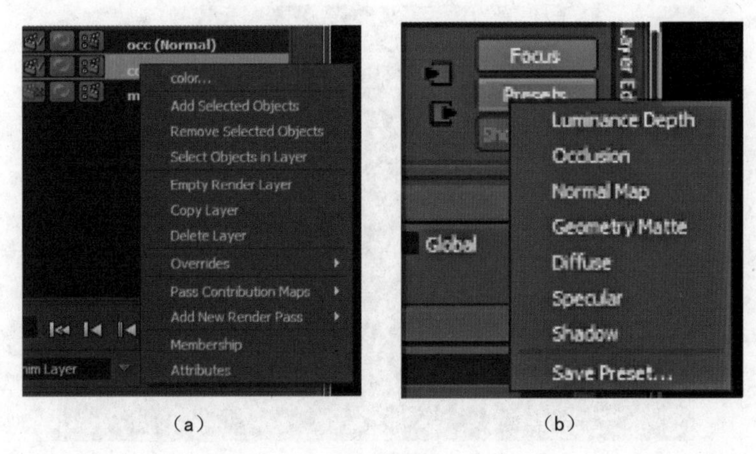

（a） （b）

图2—168

2.2.2 单层渲染

单层渲染即单独渲染当前层，其具体操作如下。

步骤 1 选中所需图层，点击渲染面板图标，在渲染面板中选择 Passes 标签，然后点击右边第一个按钮，选择所要渲染的信息，如 Beauty、Diffuce、Reflection 和 Refraction 等（见图 2—169）。在选择 Diffuse 时，应根据场景的设置及渲染的要

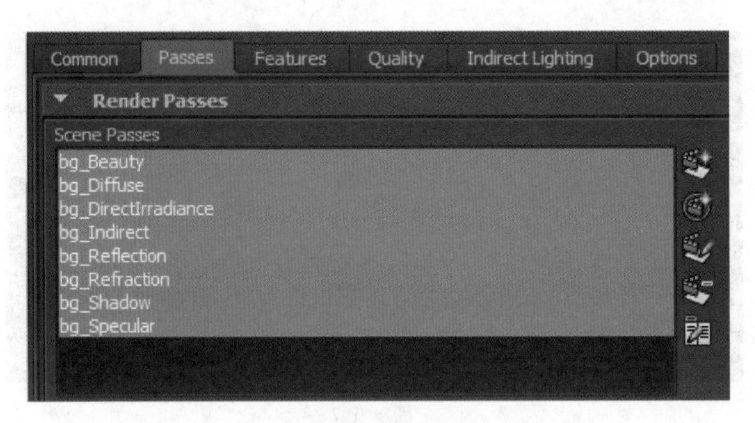

图2—169

求选取所需选项，避免渲染出不符合要求的图片，增加工作量或拖延工作时间。

步骤 2 在选择好所要渲染的信息后，点击 Create 创建分层渲染。这里应注意以下两点：

（1）在 Pass List 菜单中，关于单个物体的属性选项相当丰富，可根据需要进行设置，具体参见图 2—170。

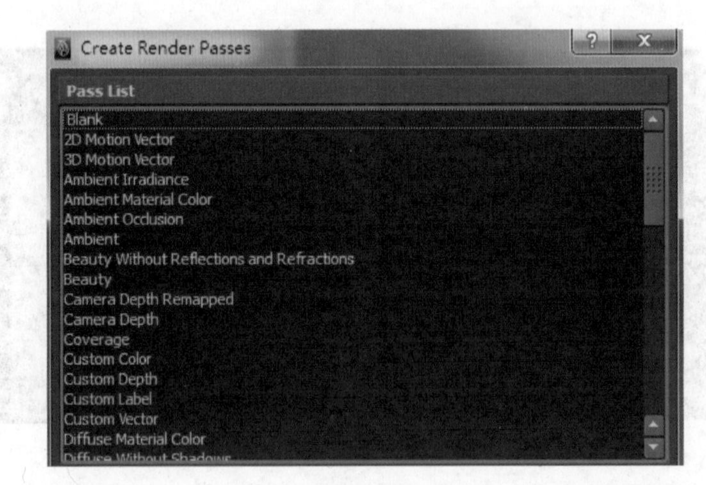

图2—170

（2）所渲染图层的文件名可以在 Pass Prefix 栏中修改。命名时，建议在文件名中加一个下划线“_”，方便后期查找，如图 2—171 所示。

步骤 3 基本操作设置完成后，接下来最重要的一步就是要关联到 Associated 面板中，如图 2—172 所示。

步骤 4 所有步骤完成后，点击 Render 中的 Batch Render 进行批量渲染，如

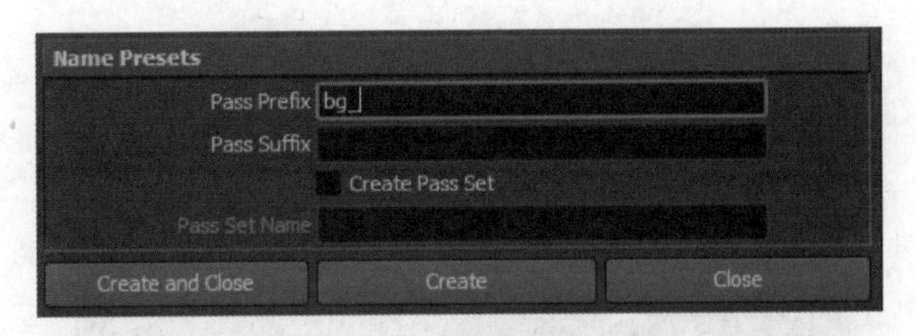

图2—171

图2—172

图 2—173 所示。在批量渲染时，文件的保存路径、质量、存储格式及大小要设置好。

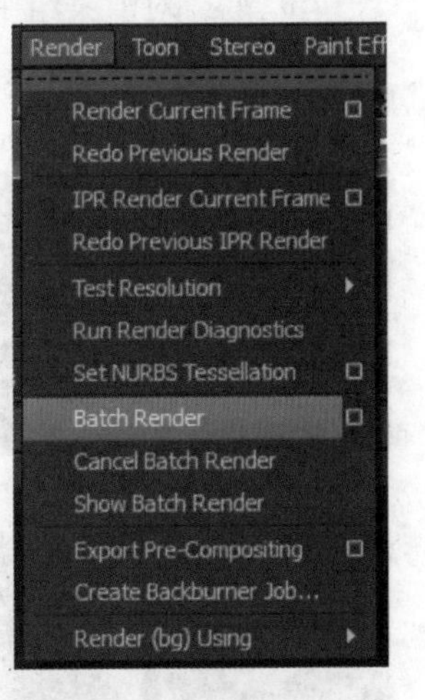

图2—173

在 Maya 软件中，渲染出的图片默认存储格式是 IFF，这种格式的图片，优点是占用空间较小，方便制作帧数较多的序列图片；缺点是一般看图软件都不支持这种格式，包括 Photoshop。所以在渲染图片时，应根据需要选择合适的存储格式。

2.2.3 多层渲染

在实际工作中，单层渲染的操作显得过于烦琐，需要一次次点击所需渲染的图层。于是，多层渲染应运而生，通过多层渲染可以一次渲染多个指定图层，并进行基本混合，从而极大地提高了工作效率。

多层渲染的前提是 Layer 层中要有多层，如 bg_1、bg_2 等。不同 Layer 层设置不同属性不会影响其他渲染层。多层渲染的具体操作步骤如下：

步骤 1 点击 Mental Ray 渲染面板右边第二个小图标，打开管理组的属性面板。其中，在 Render Pass Sets 栏中可对新建的渲染组重命名，点击 Open Relationship Editor 可对该组相关属性进行关联，如图 2—174 所示。

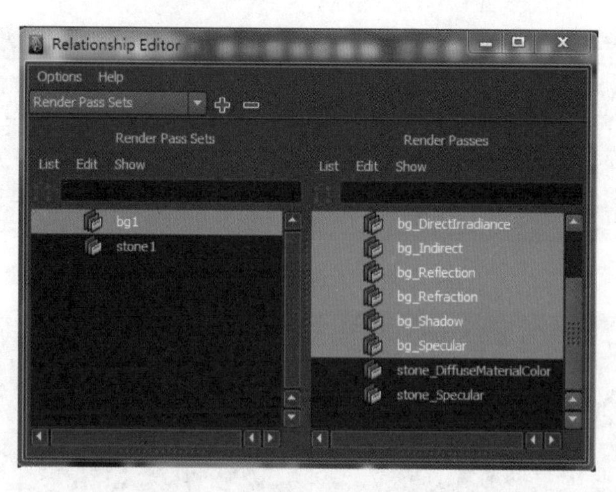

图2—174

注意：在创建好一个渲染组后，原 Scene Passes 中的属性不能删除，因为渲染组中的属性是在 Scene Passes 面板的基础上建立的，若原属性被删除，则渲染组中的属性也将随之消失。

步骤 2 对渲染组中的各个属性进行渲染，所生成的图片效果如图 2—175 所示。渲染好各个属性的单张图片后，可将图片导入 After Effects，拖入编辑面板层中进行

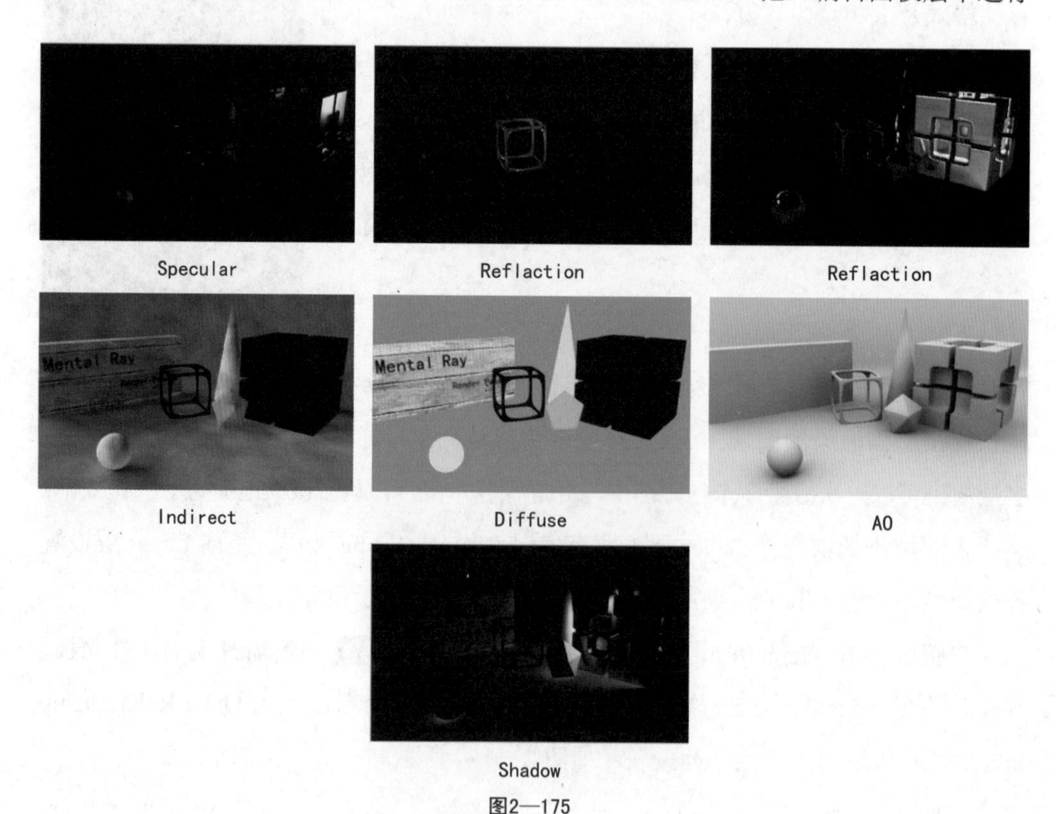

图2—175

修改。各个属性的单张图片的位置和顺序没有硬性规定，可以根据个人习惯调整。

步骤3 将这些图片载入编辑区，然后选择合适的叠加方式合成（见图2—176）。

#	Source Name	Mode
1	bg_Shadow_0001.	Silhou...
2	bg_Specular_0001	Add
3	bg_Refraction_00	Screen
4	bg_Reflection_000	Add
5	bg_AO_0001.tga	Multiply
6	bg_DiffuseMateria	Overlay
7	bg_Indirect_0001.	Normal

图2—176

在合成时，如果发现某一图片亮度过低，可以利用外部条件将其亮度提高，达到预期效果。Render Passes就是一种方便后期图片修改的很好的渲染方式，不管是灯光还是高光，都可以在后期进行修改。这样可以减少前期对渲染的修改，直接在后期软件中模拟出想要的效果，从而极大地提高工作效率。这是目前主流的做法。合成后的最终效果如图2—177所示。

2.2.4 阴影遮罩

阴影遮罩（Ambient Occlusion）又叫环境阻塞或阻光，是分层渲染中经常用到

图2—177

的一种渲染方式，用来使画面进一步细化，使画面显得更为真实。

阴影其实是物体表面某部分区域由于没有接收到照明光线或只接收到少量的照明光线，而使该区域比其他区域显得更暗的一种视觉暗示。所以，当局部区域得到的环境色比其他区域少时，在感觉上，该区域便处于阴影中。阴影遮罩技术诞生之初只是一种模拟 GI 效果的简易技术，其主要目的是计算出物体表面任意一点被其他几何体遮挡的程度，并由此模拟出物体表面的间接照明效果及阴影程度。由于物体的不同区域被遮挡的程度不同，在阴影遮罩作用下就可以得到深浅不同的环境光，从而显示出不同的阴影效果，使物体的细节得到充分展示。

阴影遮罩技术一般应用于以下几方面：

（1）与直接照明相结合，模拟 Diffuse 表面的间接照明效果。

（2）修改物体表面不正确的环境反射贴图，使其更真实、可信。

（3）模拟 FG，单独执行所有照明计算，即场景中不使用任何光源，也不使用 GI 或 FG 技术，只利用阴影遮罩配合 HDRI 计算场景的全部照明效果。

（4）在使用 GI 或 FG 等间接照明技术时，如果 GI 的 Accuracy、Radius 属性值设置过大，或 FG 的聚集点密度过小，或场景中的直接照明过于强烈，就会把物体表面的某些微小缝隙和褶皱“冲掉”或使其变得不明显，从而丢失表面细节。在这种情况下，可利用阴影遮罩技术适当突出物体表面细节，即通过加深物体表面缝隙处的阴影，使场景的渲染效果更加真实。图 2—178 展示了阴影遮罩的效果。

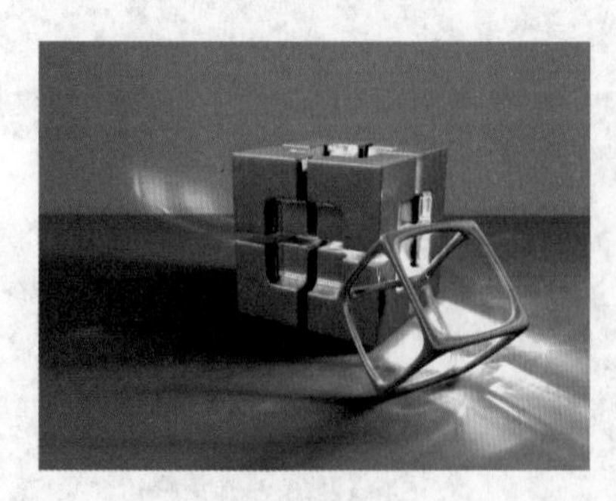

(a)原图

(b)叠加阴影后的图

图2—178

仔细观察图 2—178 可以发现，在叠加阴影后的图片中，物体接近阴影的位置被一条模糊的黑边遮住了。原图画面给人的感觉很平，物体好像浮在地面上，而叠加了阴影后立马令人感觉物体是压在地面上的，这就是阴影遮罩的效果。这里只是让大家对阴影遮罩有个初步的感受，后面我们会学习阴影遮罩的编辑实例，从实例中来体会它的作用。

2.2.5 后期合成

后期合成是指对渲染完成后的素材进行再加工，以使其达到更加完美的效果。没有经过后期合成的动画不仅会失去很多转场、爆破等华丽的特效，而且画面色彩会显得平淡无奇，层次感和立体感明显不足。可以说，一部动画片的好坏很大程度上取决于后期制作人员的实力。一位好的后期合成师，可以彻底改变一部动画片的风格和最终效果。本书只是三维动画的实训教程，重点介绍的是Maya软件的应用实例，而后期合成用到的是另外一些软件和技能，因此这里笔者就不花太多的篇幅去叙述这方面的知识了。我们会在后面的案例中，通过一些简单的实践来展示后期合成的魅力，使读者对后期合成有一个初步了解。如果读者感兴趣，可以自行进行后期合成的深入研究。

实例制作

2.1 运用全局照明为室内场景布光

接下来，我们要运用全局照明为场景制作一个室内的自然光线照明，具体操作如下。

步骤1 打开场景文件，如图2—179所示。

步骤2 在场景中创建一盏区域光。在这种场景中，用区域光能更好地模拟出室

图2—179

外环境对室内光线的影响，从而使场景光线更为真实。将区域光放在有光线可以进入室内的地方，如门口、窗口。打开光线追踪阴影，参数设置如图2—180所示，然后进行渲染。

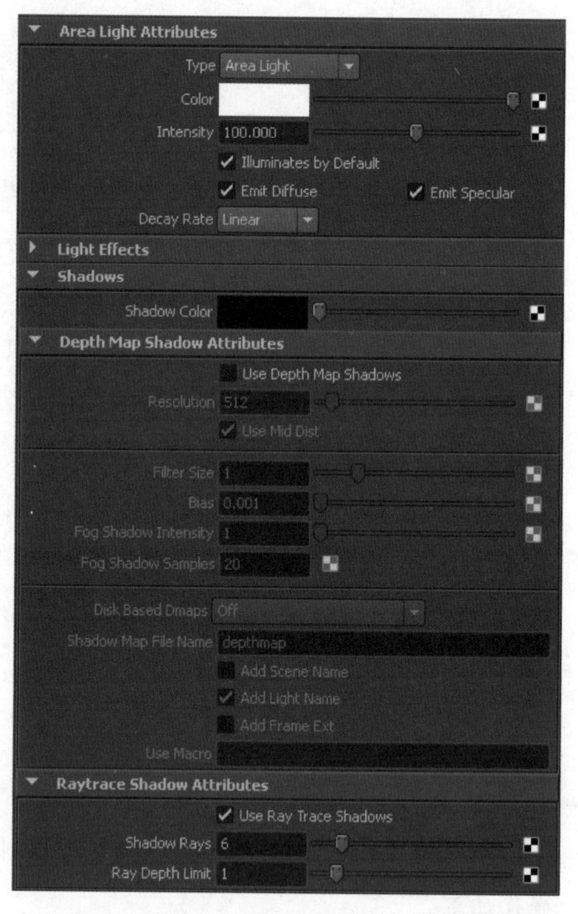

图2—180

这里的灯光一般都推荐使用衰减模式，因为无穷尽能量的光线在现实世界中是不存在的。图2—181即为未使用衰减所渲染出的效果，现在看起来好像还行，但做到最后你会发现，不使用衰减的灯光很容易曝光过度。所以还是建议在制作场景时使用灯光的衰减模式。

使用衰减后的渲染效果如图2—182所示。

步骤3 通过渲染我们发现，场景很暗，除了直接照明的部分，其余部分都是黑色的。现在轮到全局照明上场了。激活Mental Ray下的Emit Photons选项，然后打开渲染面板中的Global Illumination选项并进行渲染，渲染效果如图2—183所示。

图2—181

图2—182

图2—183

步骤4 在图2—183所示画面中有光斑，这是光子数量不够造成的。这时我们可以修改Global Illum Photons参数，增加光子数量。由于增加光子数量会极大地影响渲染速度，所以调节时需要逐渐增加，比如先将其参数调为10 000，观察其渲染效果，如图2—184所示。不推荐一开始就使用过多的光子，因为那样非常浪费时间。我们可以选择一个比默认值略大的数值，这样只要场景不是太复杂，基本都可以满足计算要求。

步骤5 渲染后的画面还是很暗，这时可以修改Photon Intensity和Exponent参数，提高光子强度或降低衰减程度，渲染后的效果如图2—185所示。对这两个参数值的调整不会影响渲染速度。从某种意义上讲，调出合适的光子强度和衰减程度，渲染便

图2—184

图2—185

成功了一半。比如，一盏台灯的光照范围一般可以覆盖一个书桌，但是如果去照亮篮球场，几乎起不到什么作用。利用光子强度和衰减程度的配合，可以模拟出这样的物理光效应。当然，在动画制作中，我们常常会为了画面的需要而忽略这种规律。

步骤6 接下来，将光子颜色改为蓝色，参数设置如图2—186所示。

光子颜色与灯光颜色一样，对场景的效果有至关重要的影响，之前所介绍的灯光和色彩的关系的相关知识在这里同样适用。光子模拟的间接照明其实是环境的照明效果，真正的光线来自现实中的太阳，在Maya中由直接照明来表现。太阳光毫无疑问是暖色的，因此与之相对的环境色选用天蓝色，效果如图2—187所示。

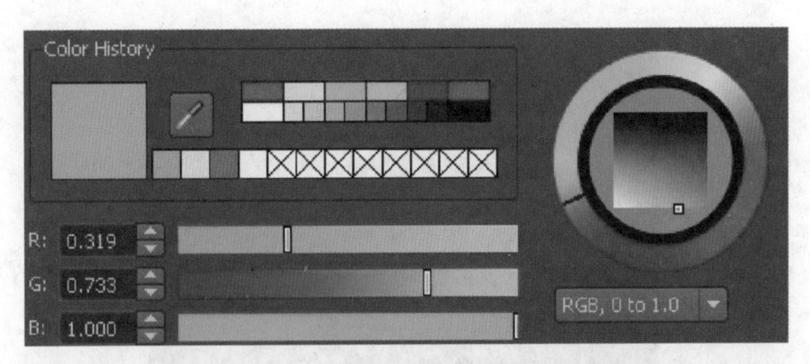

图2—186

图2—187

步骤 7 为了提高工作效率，我们可以使用光子图。如图 2—188 所示，在光子文件名上键入“tudou”，然后把光子文件进行预渲染，通过取消勾选 Rebuild Photon Map 来读取光子图。

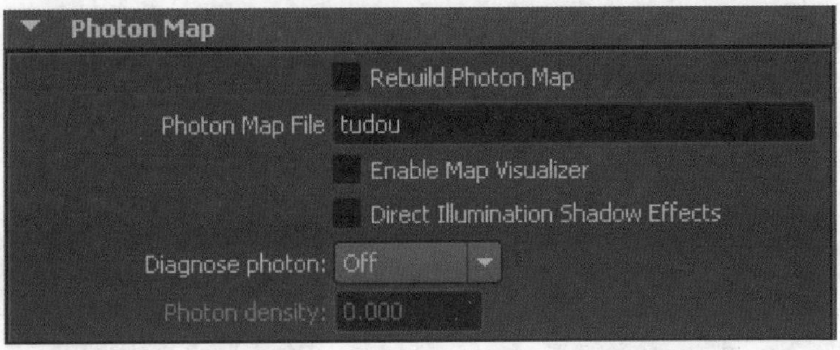

图2—188

注意：在调整光子强度或衰减程度后，渲染光子图时必须勾选 Rebuild Photon Map，否则读取的是调整前的光子图。如图 2—189 和图 2—190 所示，虽然参数有

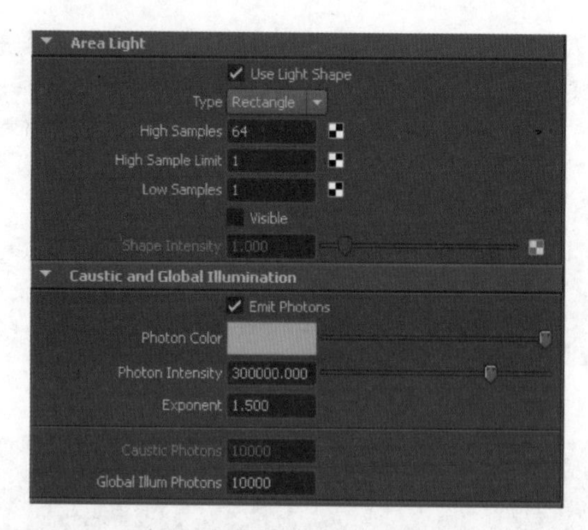

图2—189

图2—190

所调整，但由于未勾选 Rebuild Photon Map，渲染出的图片也没什么变化。

步骤 8 接下来，将灯光颜色改为黄色，模拟直接照明的暖色调。为了使灯光显得更加柔和，可以选择 Mental Ray Area Light Use Light Shape。参数设置及效果渲染如图 2—191 和图 2—192 所示。

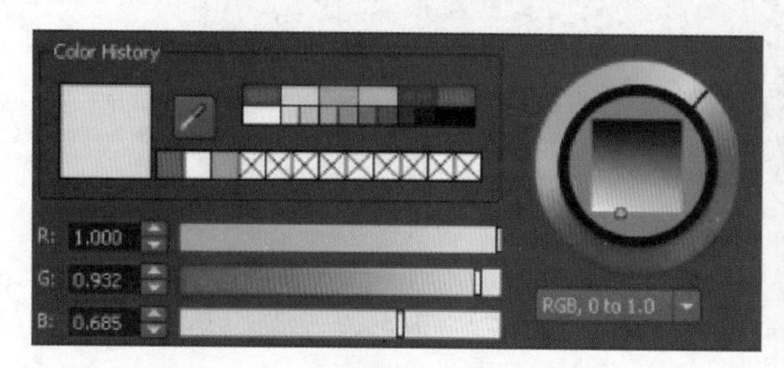

图2—191

图2—192

这里对 Mental Ray 的区域光属性简单介绍一下。如图 2—193 所示，勾选 Use Light Shape，激活 Mental Ray 的区域光属性面板，其具体参数如下：

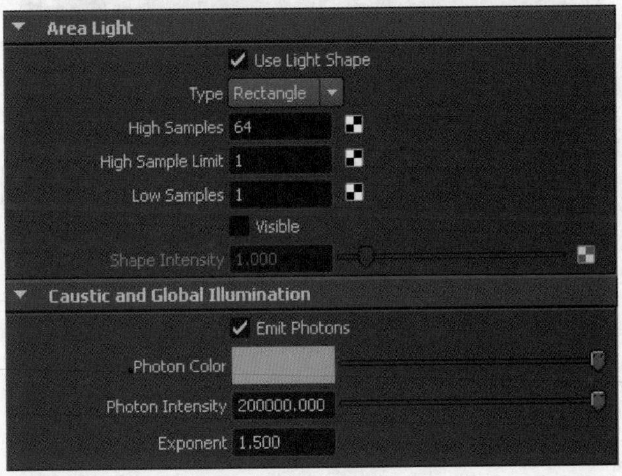

图2—193

Type：区域光的类型，可以变形为几种形态不同、属性相同的光源，包括 Rectangle（长方形）、Disc（圆形）、Sphere（球体）和 Cylinder（圆柱体）。

High Samples：区域光的阴影采样，相当于 Maya 默认光线下光线追踪里的 Shadow Rays。该参数值越大，阴影越平滑。

Hight Sample Limit：阴影采样的限制数值。

Low Samples：主要用于有反射和折射的场景。在有大量的反射和折射的场景中，阴影也被大量地折射和反射，该参数即为被折射或反射所显示出的阴影的采样，参数值越大，阴影越平滑。

Visible：可见性，默认是不勾选的。一旦勾选，下面的 Shape Intensity（形体亮度）也将被激活。勾选 Visible 后，Mental Ray 的区域光就相当于一块反光板，既能照亮场景，又能使场景中的物体反射或折射看到 Mental Ray 的区域光的轮廓。形体亮度则用来调整反射和折射所显示的亮度，而非灯光本身的强度。

当前所建场景中没有折射和反射光线的物体，因此只设置了 High Sample，用来减少入口处的曝光。

步骤 9 为场景添加一些补光，使画面效果更加生动，其参数设置和位置如图 2—194 至图 2—197 所示。

由于场景的光线入口非常小，为了保证画面的亮度和对比度，我们让处在暗面

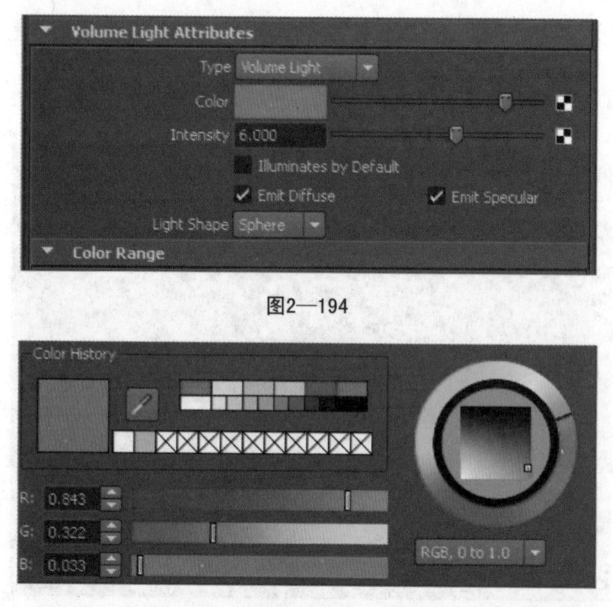

图2—194

图2—195

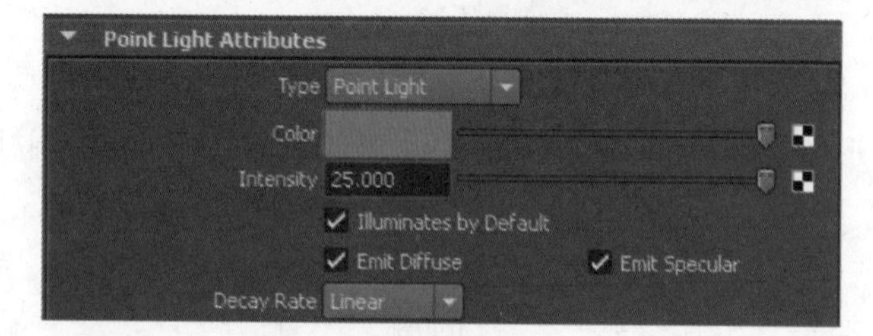

图2—196

图2—197

的火堆“亮”起来，渲染效果如图 2—198 所示。

渲染后的画面有点偏暗，所以需要补一些光，位置与渲染后的效果如图 2—199 和图 2—200 所示。

图2—198

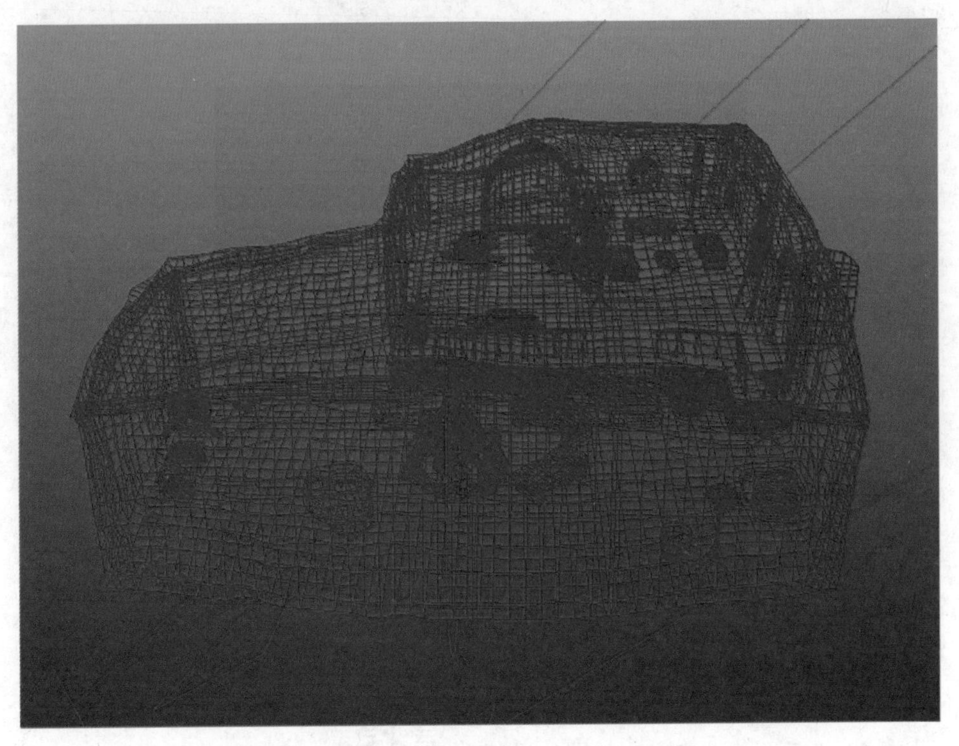

图2—199

图2—200

设置室内效果时，经常会遇到放置区域光的位置出现曝光过度的情况，这时可以使用“黑灯”，即把灯光强度设为负值，起到吸光的作用。

步骤 10 为了获得更好的效果，在 Render Settings 中的 Indirect Lighting 下打开 Final Gathering，设置最终聚集的参数，如图 2—201 所示。此处将最终聚集配合全局照明使用，能减少光斑，增加立体感。

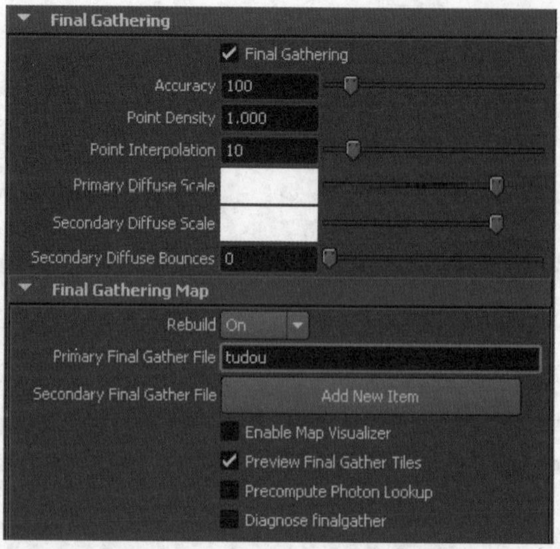

Final Gathering
Final Gathering
Accuracy 100
Point Density 1.000
Point Interpolation 10
Primary Diffuse Scale
Secondary Diffuse Scale
Secondary Diffuse Bounces 0
Final Gathering Map
Rebuild On
Primary Final Gather File tudou
Secondary Final Gather File Add New Item
Enable Map Visualizer
Preview Final Gather Tiles
Precompute Photon Lookup
Diagnose finalgather

图2—201

渲染后的效果如图 2—202 所示。

步骤 11 最后，将渲染出来的图片进行合成。打开 Photoshop，导入渲染成品图，

图2—202

按住 Ctrl+ 鼠标左键，单击 Alpha 1 Ctrl+4 选出通道，然后按住 Ctrl+Shift+I 键反选删除不需要的部分，再导入晴天天空图片，将其拖进并叠加在场景层，最终效果如图 2—203 所示。

图2—203

这里采用的是一种简单的美化图片的方法，只是选取了图片的 Alpha 通道，然后叠上背景图片。在动画序列帧渲染中，后期我们一般会使用 After Effects 进行合成。

2.2 运用最终聚集为室外场景布光

2.2.1 白天室外场景布光

打开室外场景图片，我们用最终聚集来为场景打造白天的效果。

步骤 1 创建一盏平行光，模拟太阳光，具体设置如图 2—204 所示。把太阳光设为黄色，影子设为暗紫色。白天的天空是蓝色的，因此建立一个环境球，将它的颜色调为蓝色，用来模拟太阳光中的环境色，具体设置如图 2—205 所示。渲染后的效果如图 2—206 所示。

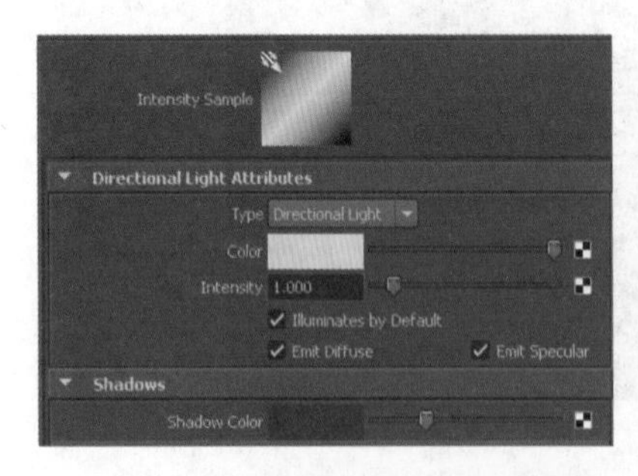

图2—204

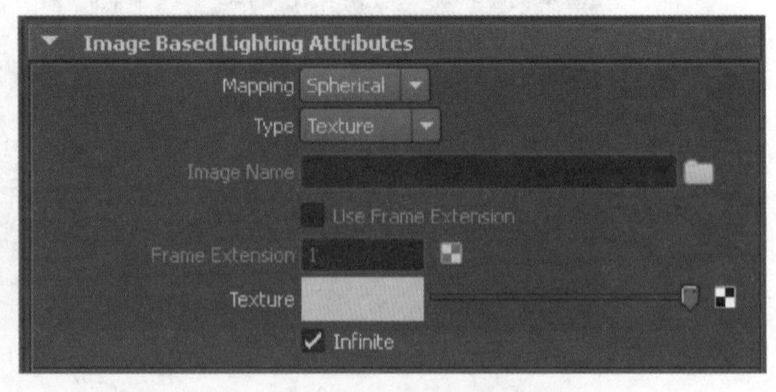

图2—205

图2—206

步骤 2 从图 2—206 中可以看出场景大致的明暗关系，由于暗部太暗，所以部分内容被遮盖，这时可打开 Final Gathering，设置其参数来调整图片暗部的亮度，如图 2—207 所示。

因为是白天，所以我们需要使场景显得更加明亮，可以将 Secondary Diffuse Bounces 的值设为 5，将 Reflections、Refractions 和 Max Trace Depth 的值设为 10，获得满意的光线反弹效果，然后再次渲染，效果如图 2—208 所示。

步骤 3 现在画面看起来比之前好一些了，暗部没有那么黑了，有点白天的样子了，但是光线似乎有点昏暗，墙面也产生了色异，没有该有的白色。这时，我们可以把主光源稍稍调亮，然后找到墙体的材质球，在材质球下面的 Mental Ray 一栏中找到 Irradiance Color，将其调暗，如图 2—209 所示。该值用来调整该材质受最终聚

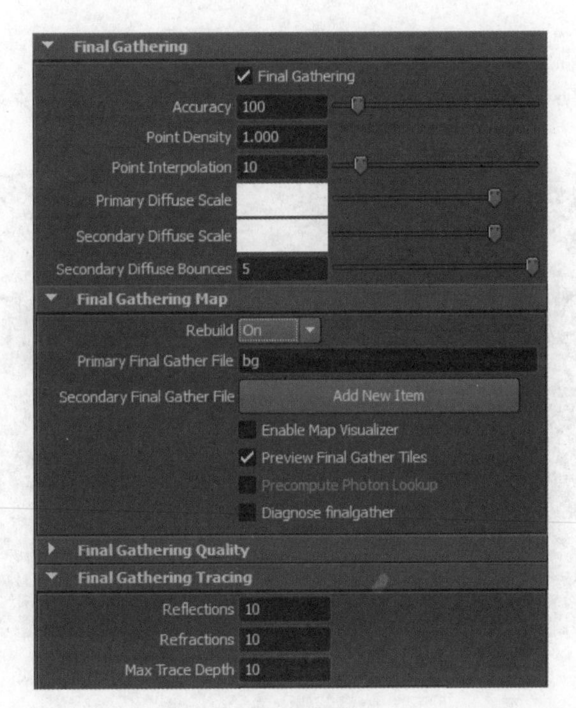

图2—207

图2—208

图2—209

集影响的大小。

如图 2—210 所示，减少墙体的色异后，现在整张图片看起来感觉更好了。

图2—210

与全部用直接照明布光的实例相比，运用最终聚集来布光，操作更为简便，只要确定好主光源的位置和能量，暗部的亮度会通过反弹自动计算出来。这样出来的效果更加真实，但是少了一点艺术效果和颜色变化，所以有时即便在最终聚集打开的情况下，带有色彩的直接照明的灯光也是必不可少的。

2.2.2 夜晚室外场景布光

打开室外场景图片，我们用最终聚集来为场景打造夜晚的效果。

步骤 1 为场景创造一个环境球，具体设置如图 2—211 所示。

步骤 2 创建一盏平行光，模拟月光，具体设置如图 2—212 所示。

渲染后的效果如图 2—213 所示。

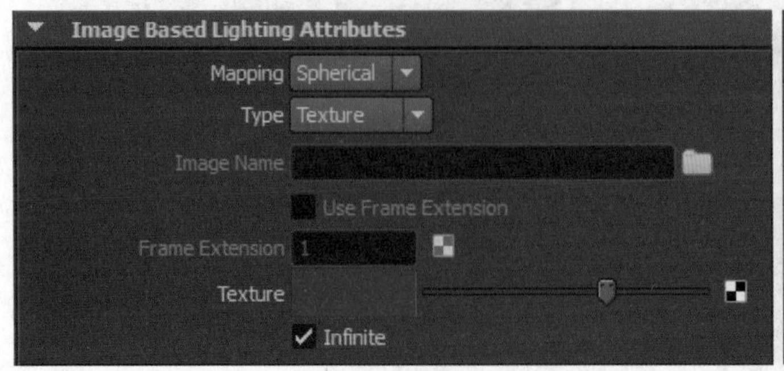

图2—211

图2—212

图2—213

步骤 3 设置 Final Gathering 的参数，使画面的暗部细节显示出来，如图 2—214 所示。渲染后的效果如图 2—215 所示。

其实，夜晚的 FG 制作和白天并没有很大的差异，只是在颜色、亮度和二次反弹方面有所差异。

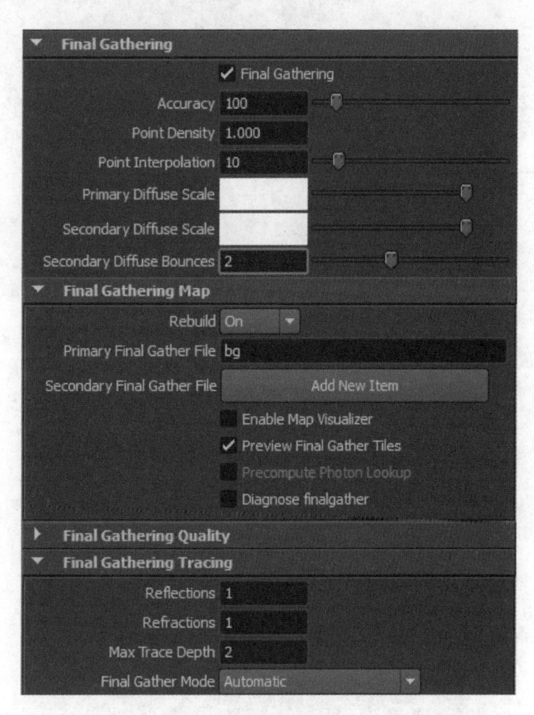

图2—214

2.3 焦散布光实例

步骤 1 打开一个已经制作好的模型场景，参见图 2—216。

步骤 2 给场景中的模型添加相应的材质，以便制作出想要的效果。选择 Window>Rendering>Hypershade，在左侧栏中点击创建 Blinn 材质并调节材质参数，然后选中场景中的两个立方体模型，回到 Hypershade 窗口，点击鼠标右键将材质赋予模型，如图 2—217 至图 2—220 所示。

步骤 3 创建一盏区域光作为主光源，位置如图 2—221 所示。

图2—215

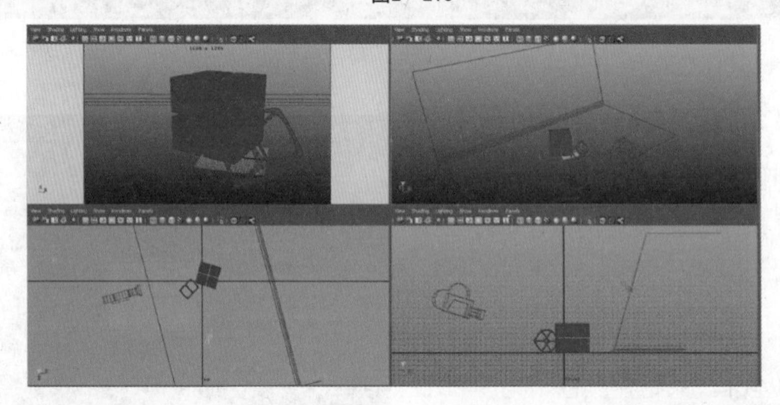

图2—216

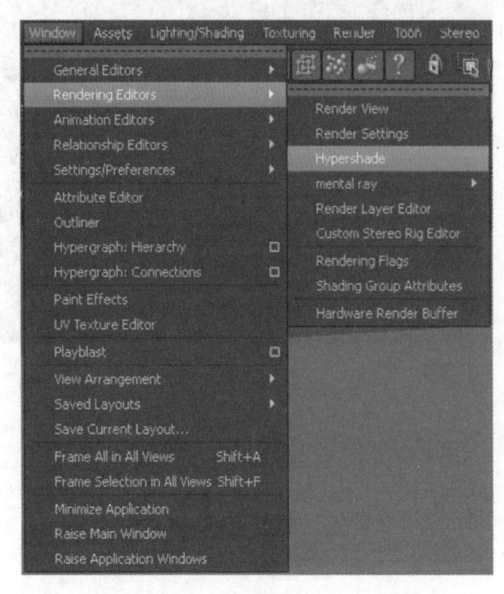

图2—217

Material Sample
Type Blinn
Common Material Attributes
Color
Transparency
Ambient Color
Incandescence
Bump Mapping
Diffuse 0.800
Translucence 0.000
Translucence Depth 0.500
Translucence Focus 0.500
Specular Shading
Eccentricity 0.030
Specular Roll Off 1.000
Specular Color
Reflectivity 1.000
Reflected Color

图2—218

图2—219

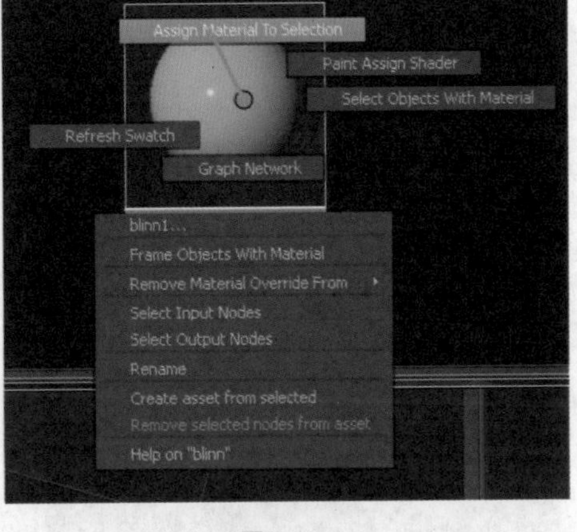

图2—220

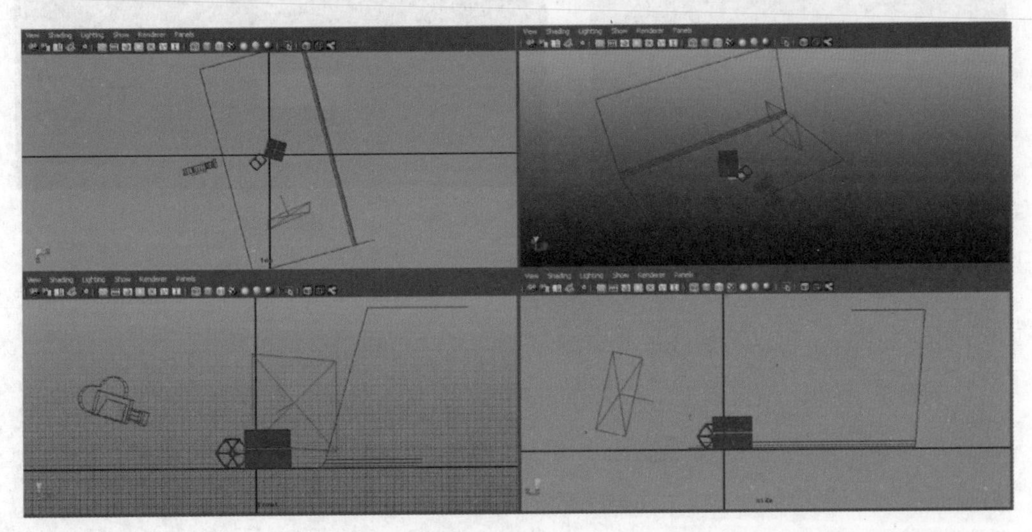

图2—221

这盏区域光只用来发射光子和产生阴影，因此将其颜色改为黑色，强度调为零，同时勾选 Use Ray Trace Shadows 和 Emit Photons，调节光子强度、衰减和焦散光子数，其详细参数设置如图 2—222 所示。

步骤 4 创建一个环境球。创建环境球一般选择 RGBA 图片即可，但是这里我们要表现的是真实的金属质感，因此选择更为写实的 HDRI 图片。关于 HDRI 图片，我们将在“知识扩展”中予以详细介绍。

这里我们选择一张名为 kitch_cross.hdr 的 HDRI 图片。打开渲染设置窗口，点击，再点击，然后创建环境球并指认到我们选择的 HDRI 图片，详细操作见图 2—223 和图 2—224。

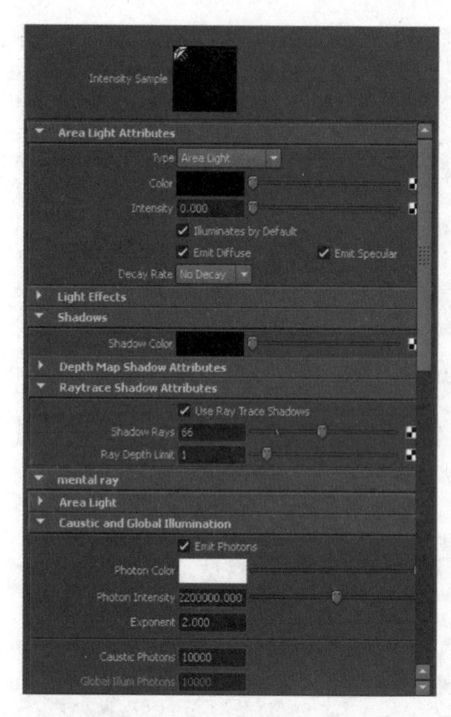

图2—222

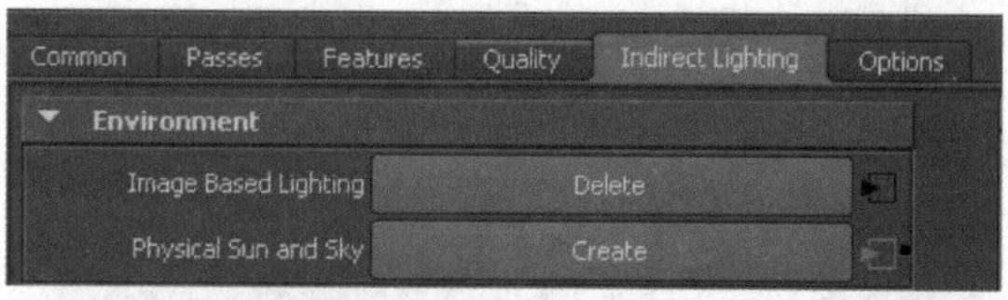

图2—223

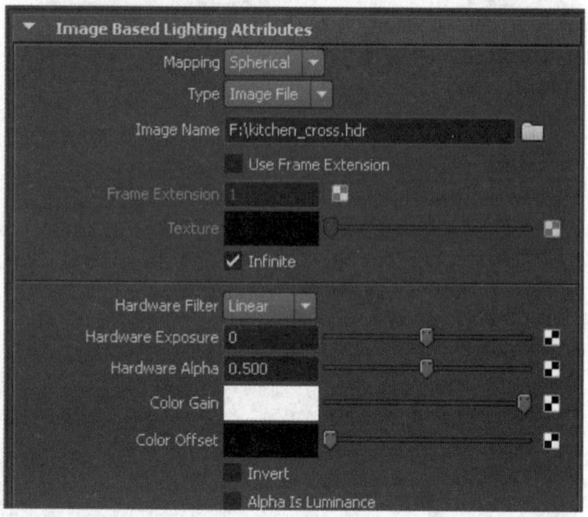

图2—224

环境球创建成功后，在渲染面板中，勾选 Caustics and Global Illumination 卷展栏下的 Caustics，可以对焦散进行控制。

步骤 5 渲染。渲染前要勾选 Rebuild Photon Map 选项，创建光子贴图，以便以后节省渲染时间。然后点击图标，测试渲染。测试渲染的时候，可以把光子数量和画面品质设置得低一点。Caustics 的渲染速度非常慢，大家要有心理准备。渲染后的效果如图 2—225 所示。

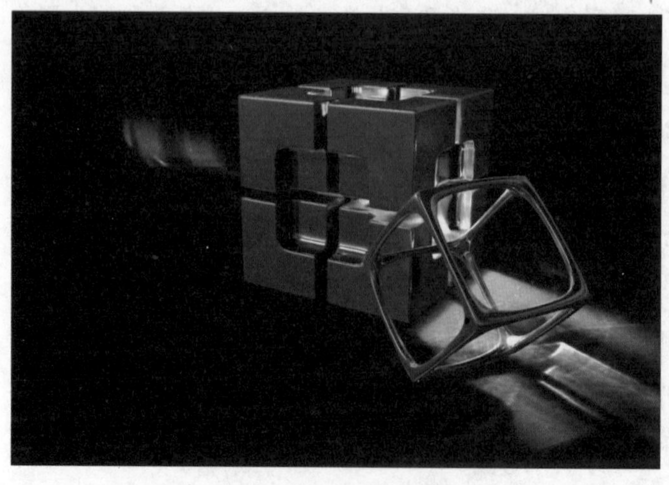

图2—225

步骤 6 从图 2—225 中已经能明显看出焦散的效果了，但是画面还不够美观，金属质感也还不是很好，所以接下来再为场景补些灯来美化一下。创建两盏点光源，位置和参数如图 2—226 至图 2—230 所示。

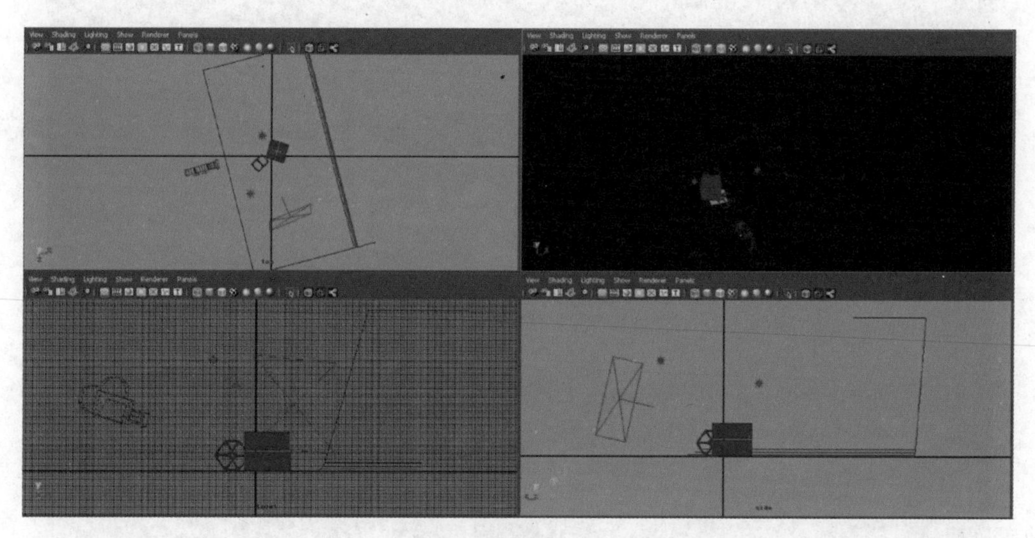

图2—226

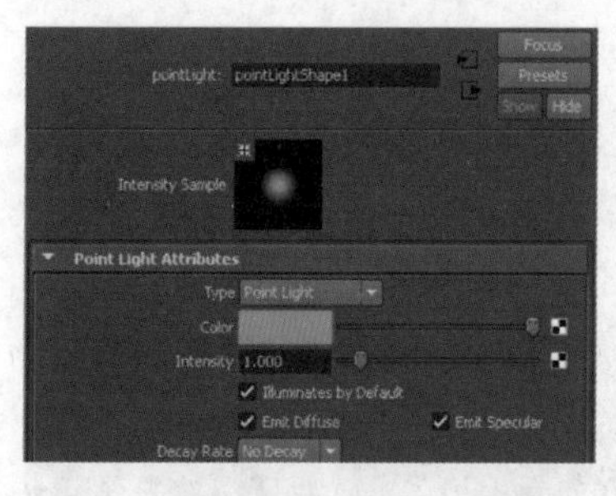

图2—227

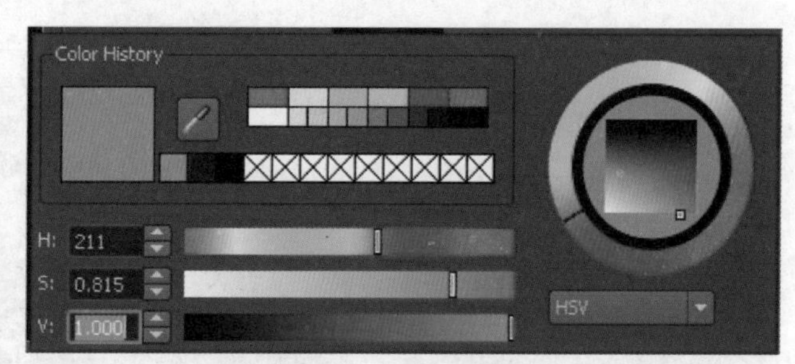

图2—228

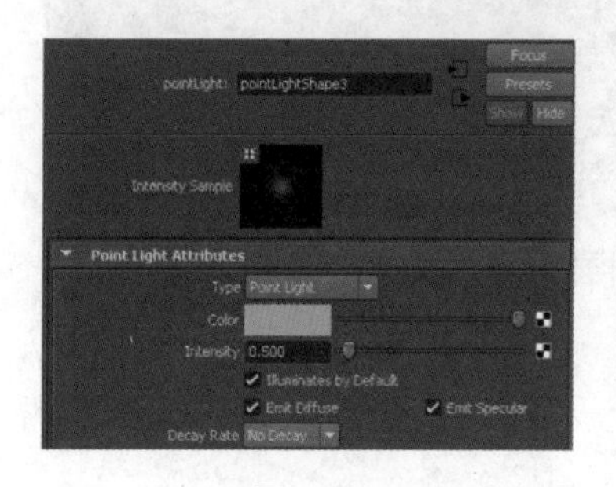

图2—229

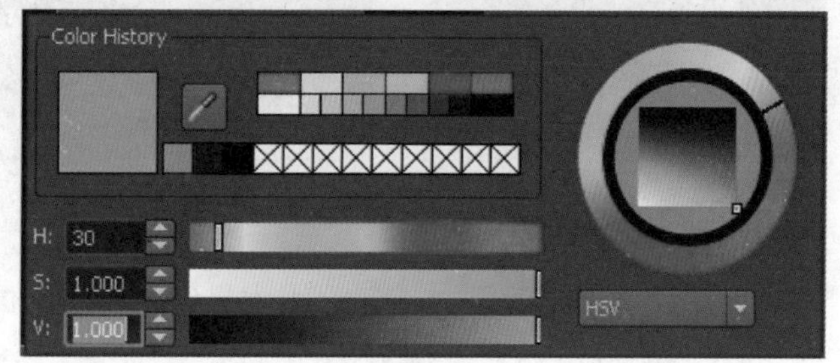

图2—230

这两盏点光是为了给画面营造一种冷暖对比的感觉，同时使画面更丰富，效果如图 2—231 所示。

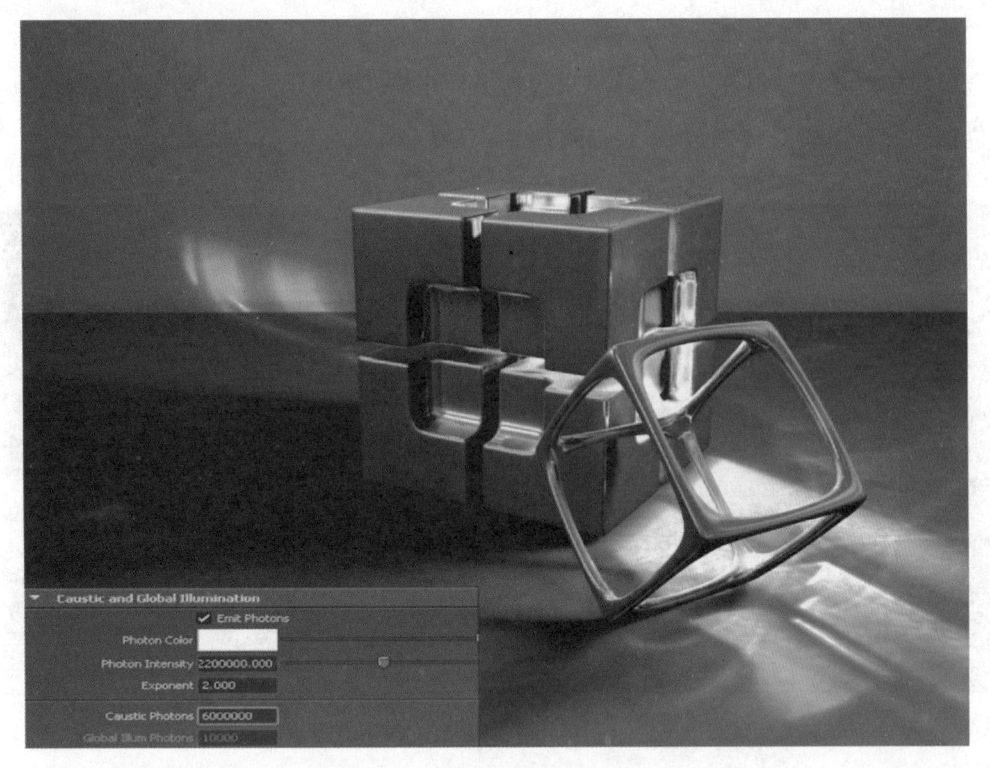

图2—231

步骤 7 现在画面的效果已经很不错了，但是金属还显得有点暗，因此可以对材质再稍加调整，改变 Blinn 材质的环境色，其参数设置如图 2—232 和图 2—233 所示。

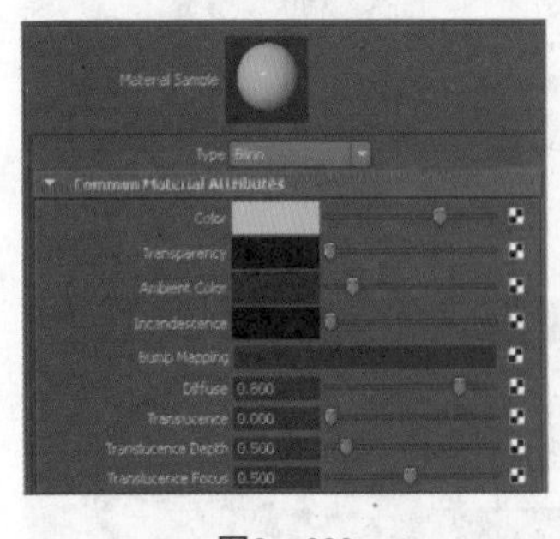

图2—232

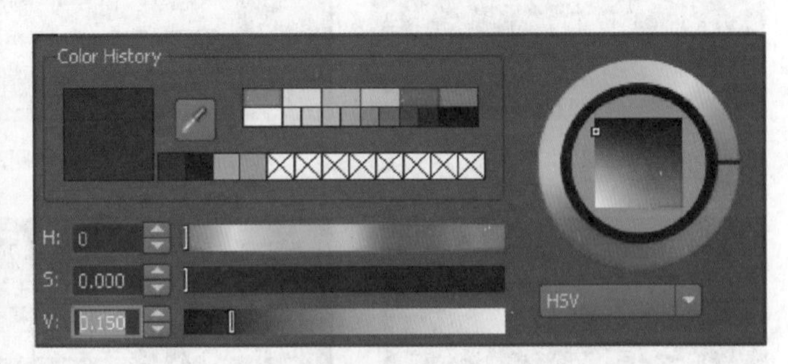

图2—233

步骤 8 最后再做一次渲染。因为只修改材质，可以读取光子贴图，所以关闭贴图计算（见图 2—234），这样可以加快渲染速度。渲染后的效果如图 2—235 所示。

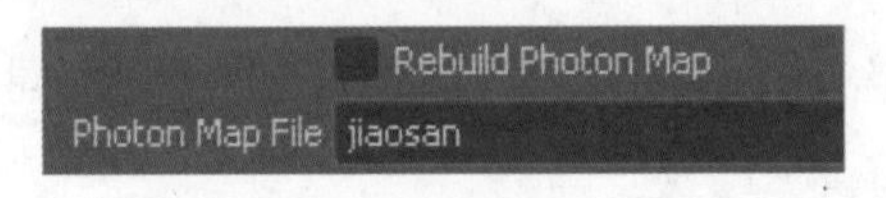

图2—234

图2—235

最终效果还不错，有兴趣的读者可以自己尝试着做进一步的修改，让画面更加丰富、美观。

2.4 阴影遮罩操作实例

打开事先准备好的场景，如图2—236所示。接下来开始制作阴影遮罩。阴影遮罩的制作方法有很多种，不过本质都是相通的。这里简单介绍其中一种，即通过连接材质属性制作阴影遮罩的方法。

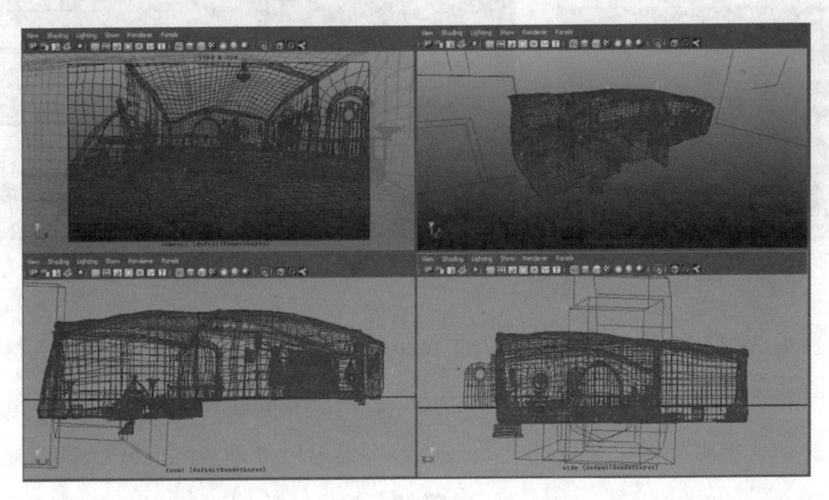

图2—236

步骤 1 选择场景中的所有模型，如图 2—237 所示。

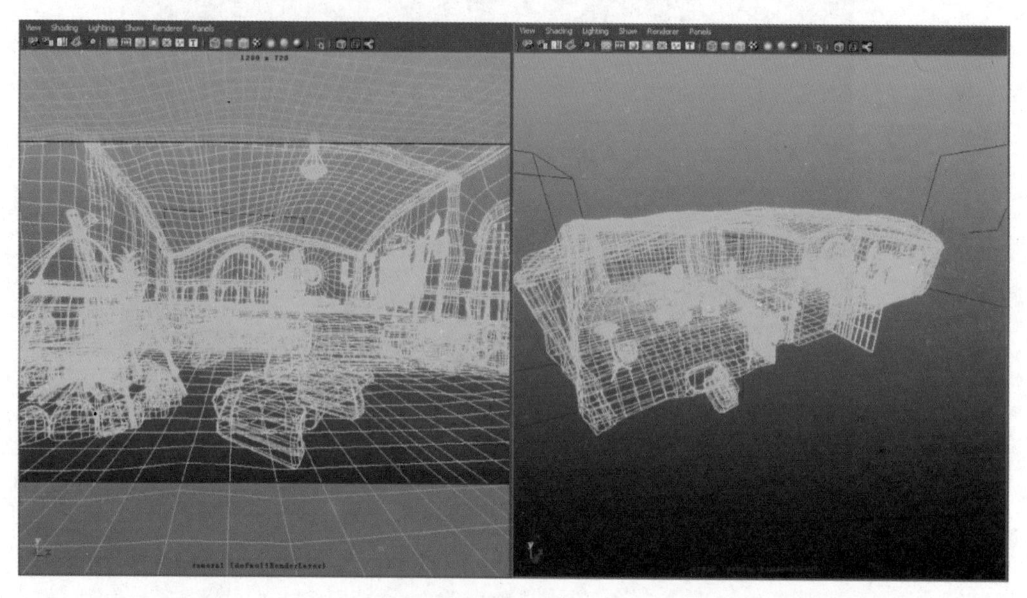

图2—237

步骤 2 单击 Render 下的图标，指定图层按钮，这样所选择的物体就被指定到新建图层里了。双击该图层，在弹出的窗口中将其命名为 Occ。如图 2—238 所示。

步骤 3 选择 Window>Rendering>Hypershade，在左侧 Maya 材质栏中找到 Surface Shader 并创建，如图 2—239 所示。

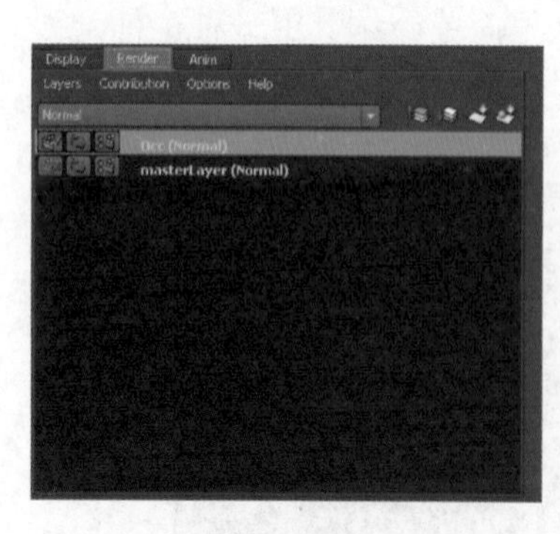

图2—238

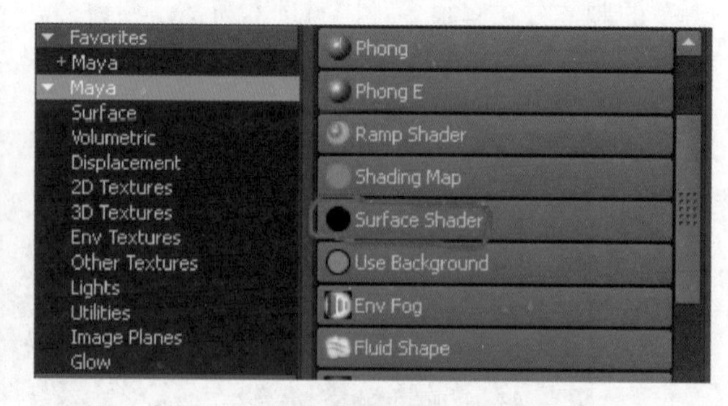

图2—239

步骤 4 在 Mental Ray 材质栏中的 Textures 下找到 mib_amb_occlusion 材质并创建，如图 2—240 所示。mib_amb_occlusion 是三个 Mental Ray 中三个阻光 Shader 中最重要的，承担阻光效果计算的主要任务，不仅可以处理 Ambient Occlusion，还可以负责 Reflective Occlusion（RO，反射阻光）效果的计算。

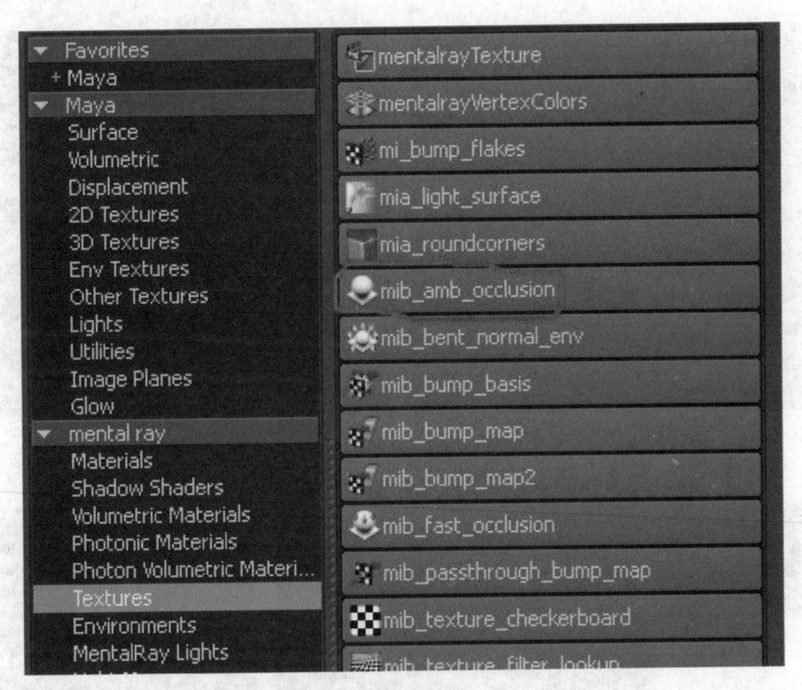

图2—240

步骤5 点选 Work Area 中创建的 Surface Shader 材质，同时按住 Ctrl+A 键，在右侧弹出的材质属性编辑栏里可以看到相应材质的参数设置，如图 2—241 和图 2—242 所示。

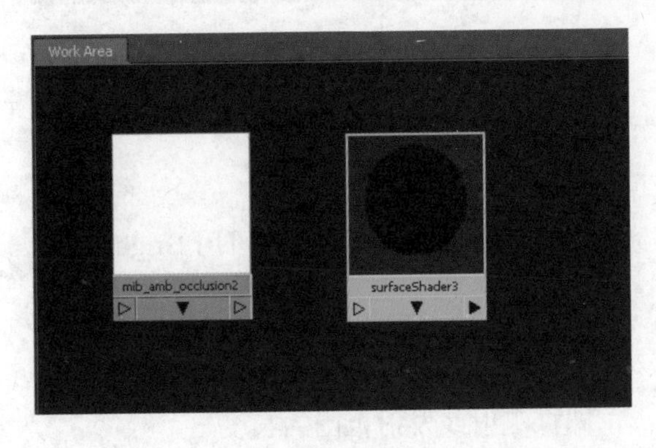

图2—241

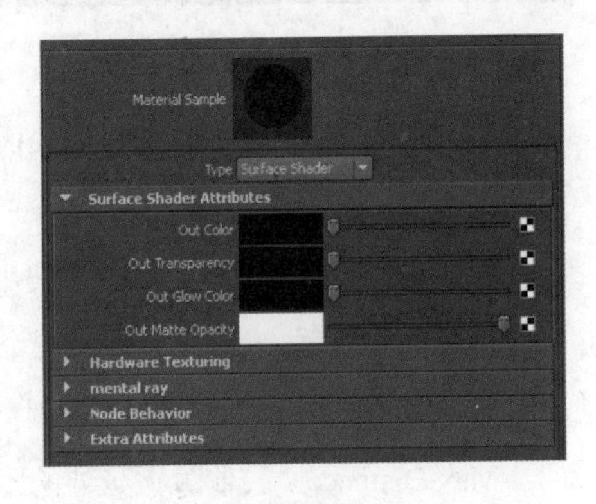

图2—242

步骤6 按住鼠标中键，将 mib_amb_occlusion 材质拖到右侧 Surface Shader 材质的 Out Color 属性上，如图 2—243 至图 2—245 所示。

点选 Work Area 中的 mib_amb_occlusion 材质，可以看到属性编辑栏里有一些相应的参数，如图 2—246 所示。

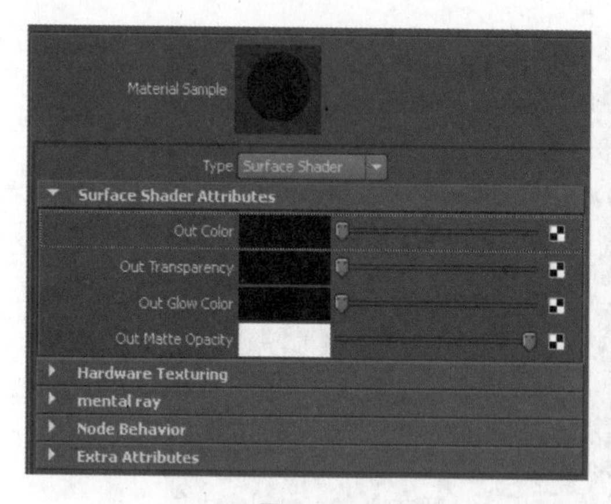

图2—243

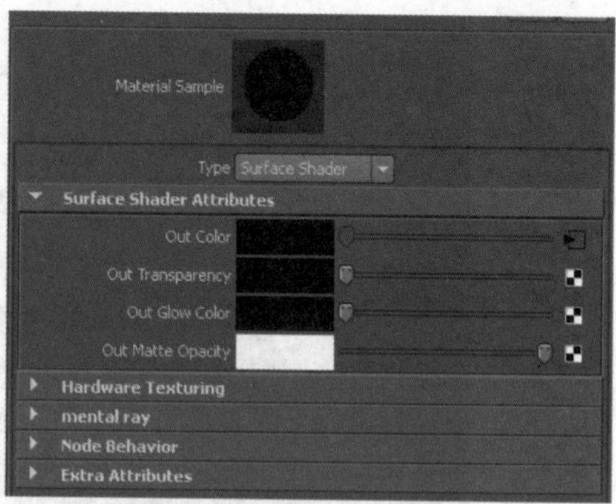

图2—244

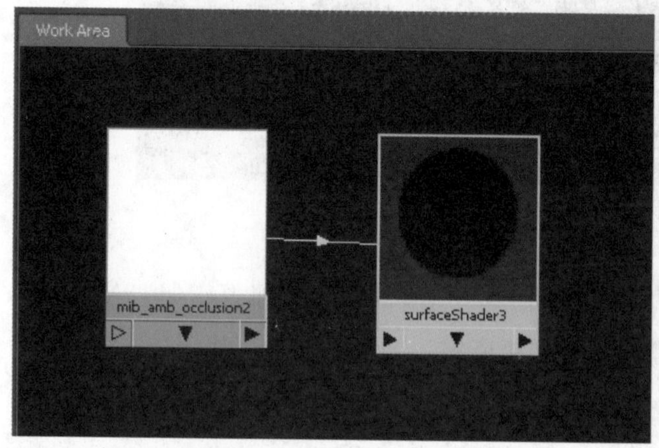

图2—245

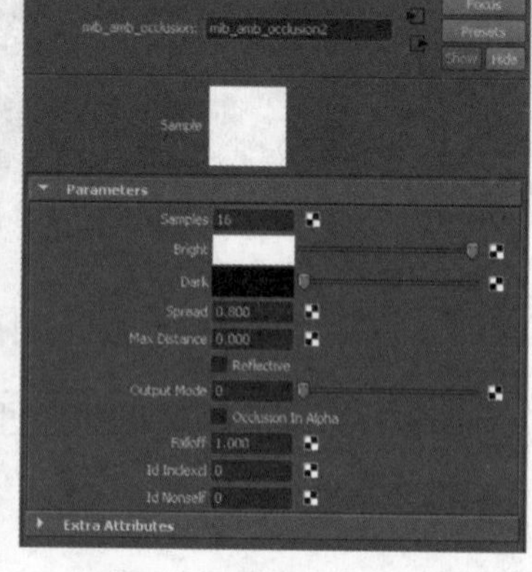

图2—246

Samples：采样值，控制材质表面每个渲染点发出的探测射线数量，数量越多，材质越平滑。

Bright 和 Dark: 亮色和暗色。使用 mib_amb_occlusion 材质时，可用 Bright 定义一个最亮的环境色，用 Dark 定义一个最暗的环境色。

Spread：扩展角度，控制探测射线发射范围的角度。

Max Distance：控制最大延伸的距离，即探测射线发射范围的长度。

Reflective：反射开关，这里指探测射线的发射轴心，同时也是 AO 和 FO 的切换开关。

Output Mode：输出模式，这里指 Shader 的输出模式，该参数决定 mib_amb_occlusion 的运行方式。

Occlusion In Alpha：从 Alpha 通道输出标量阻光数据。无论 Output Mode 参

数值是多少，当 Occlusion In Alpha 属性打开时，标量阻光数据都会从 mib_amb_occlusion 的 Alpha 通道中输出。

Falloff：衰减。此属性只在 Max Distance 的值不为 0 时才有效，用来控制阻光效果的速率。

Id Inclexcl：Id Inclexcl 相当于 ID Including & ID excluding，是指仅对指定物体设置阻光，或者仅排除指定物体的阻光。

Id Nonself：排除 ID 号相同的物体间的阻光效果。

步骤 7 重新选中场景中的模型，右键选中 Surface Shader 材质并按住不放，在弹出的菜单中，将该材质赋予选中的物体，具体操作如图 2—247 和图 2—248 所示。

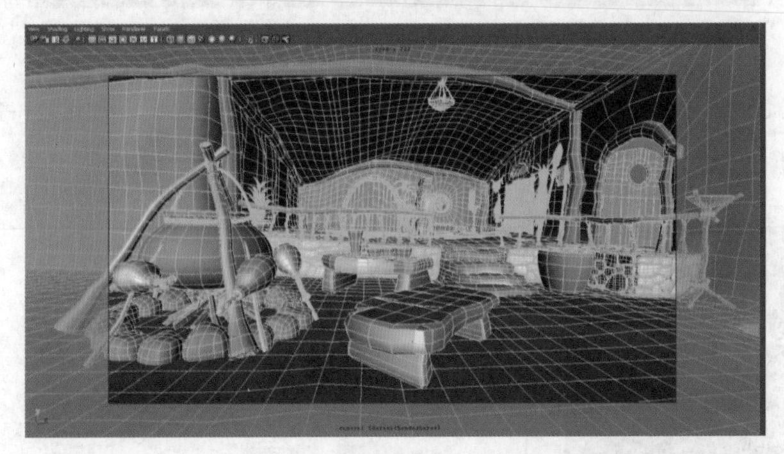

图2—247

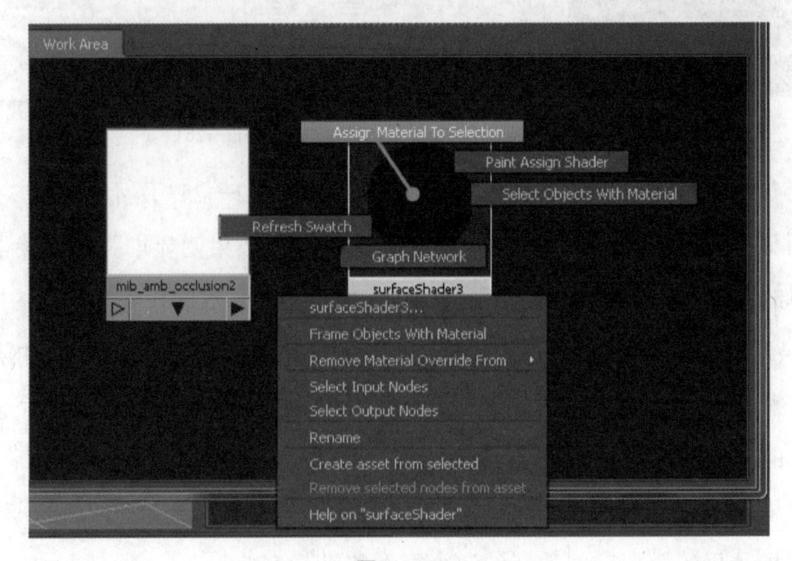

图2—248

场景中的模型显示为黑色，表示材质已经成功赋予，如图 2—249 所示。

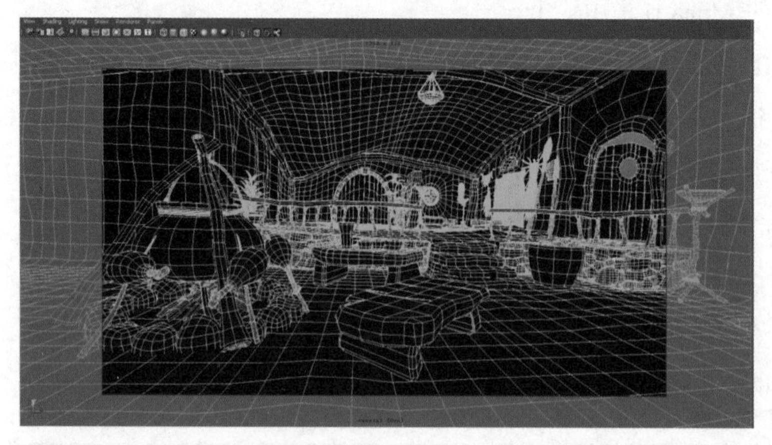

图2—249

步骤 8 调节 mib_amb_occlusion 材质的属性并渲染效果，如图 2—250 和图 2—251 所示。

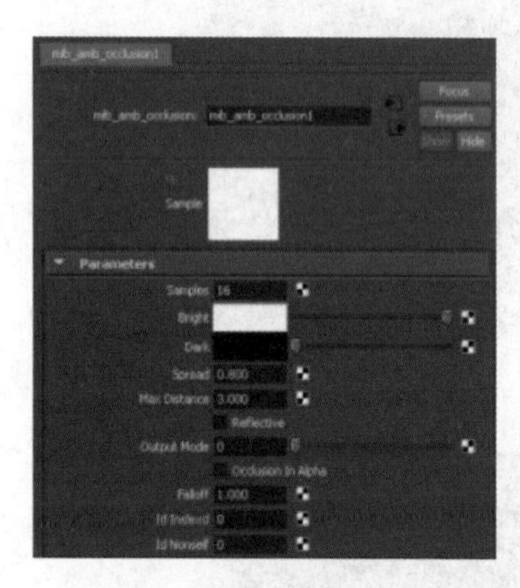

图2—250

图2—251

换个参数，对比一下渲染效果，如图 2—252 和图 2—253 所示。

从图 2—251 和图 2—253 中可以看出，阴影遮罩效果明显增强了。接下来调高阴影遮罩的精度并为其选择一个合适的 Max Distance 值，然后找到该场景的原图（见图 2—254）叠加上去，以对比阴影遮罩的效果。如图 2—255 所示，叠加阴影遮罩层的方法有好几种，这里采用的是在 Photoshop 中将阴影遮罩层设为正片叠放至场景层上方的方法。

以上即为通过连接材质属性制作阴影遮罩的方法，接下来再介绍一种制作方法。选中场景里的模型，创建新的渲染层并将其命名为 Occ1。然后在 Occ1 图层上

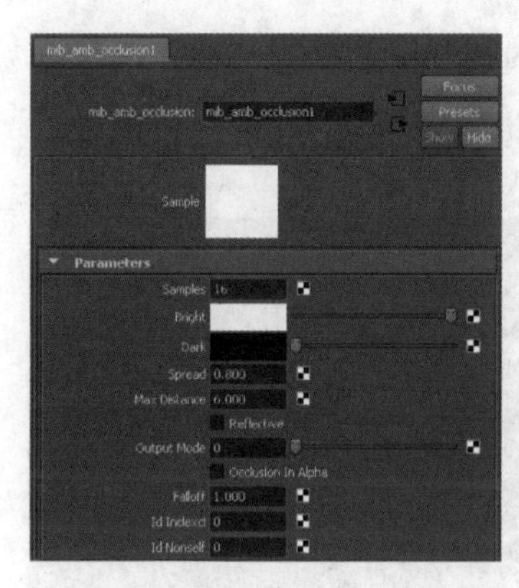

图2—252

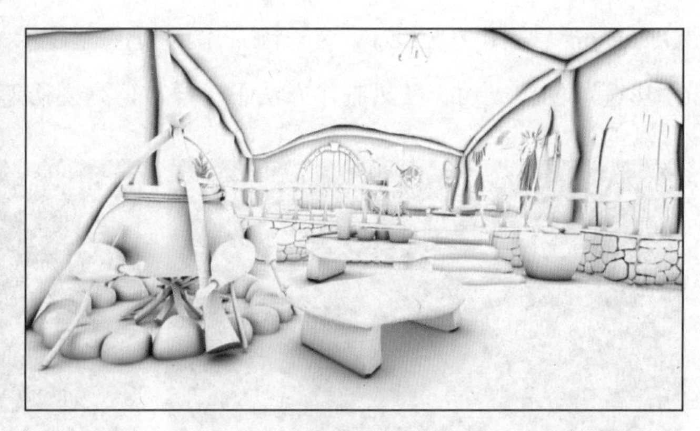

图2—253

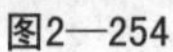

图2—254

图2—255

单击鼠标右键，在弹出的菜单中选择 Presets>Attributes（见图 2—256）。在弹出的栏中找到 Presets 并按住鼠标左键不放（见图 2—257），再在弹出的下拉菜单中选择

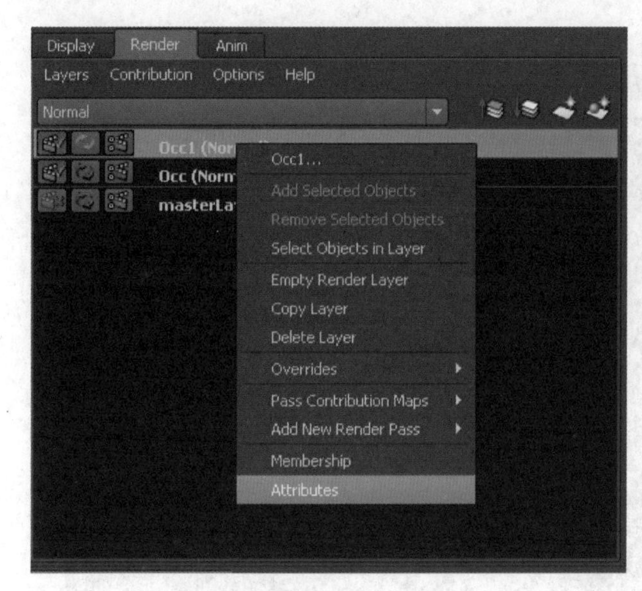

图2—256

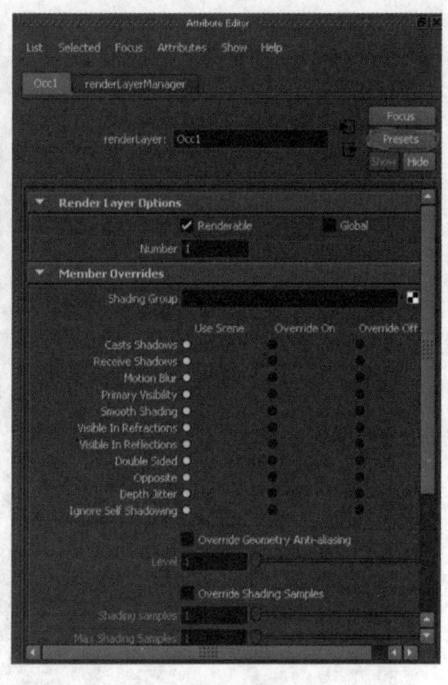

图2—257

Occlusion（见图 2—258），这时场景中的模型也显示为黑色（见图 2—259），表示阴影遮罩创建成功。虽然制作方法不一样，但是阴影遮罩材质的节点是一样的。

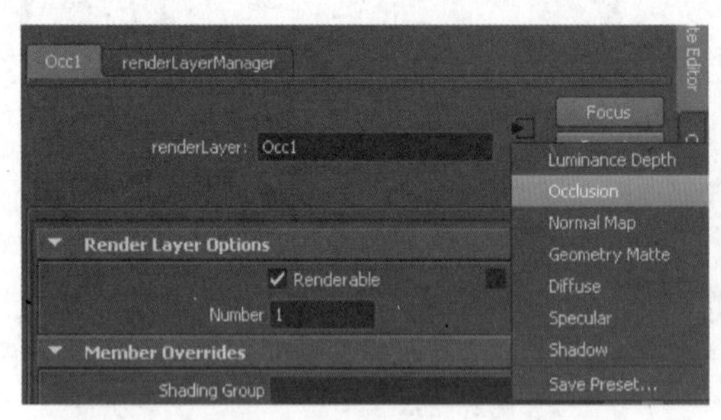

图2—258

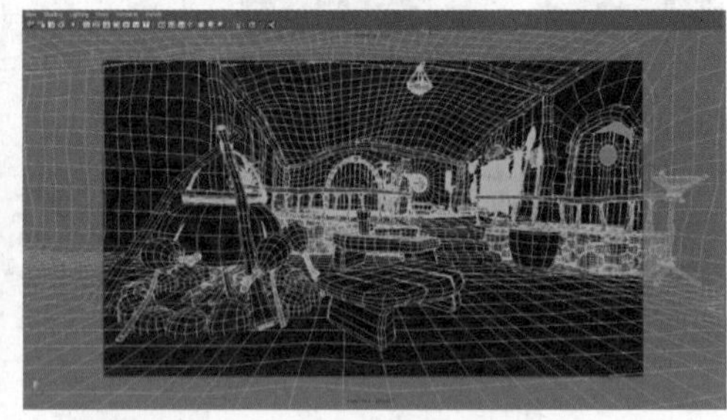

图2—259

阴影遮罩在 Maya 中的制作还是比较简单的，而且是动画制作中不可或缺的部分，有助于提高画面的立体感，使画面显得更加真实。

2.5　分层渲染操作实例：序列帧分元素渲染

为了使渲染更加快捷且便于后期调整，我们需要将动画分元素渲染，通常可分为 BG 层、AO 层、Depth 层、Character 层和 Shadow 层。注意：分元素渲染的概念与 Render Passes 不同，但两者可以结合使用，比如可以用 Render Passes 来丰富分元素渲染的 BG 层。下面我们将以《土豆》中的一个场景为例，详细讲解如何来建立这些层（见图 2—260）。

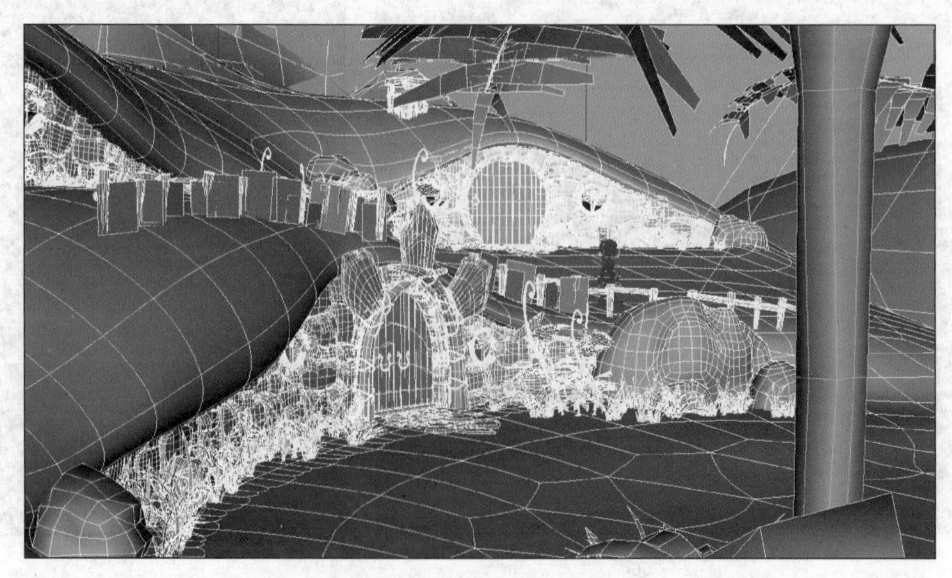

图2—260

步骤1 设置BG层。在分层渲染界面中选中该场景，如图2—261所示，点击▣按钮，建立BG层，所选物体会自动加入新建层中，然后点击▣按钮，打开Render Setting（渲染设置），点击Common栏（见图2—262）。

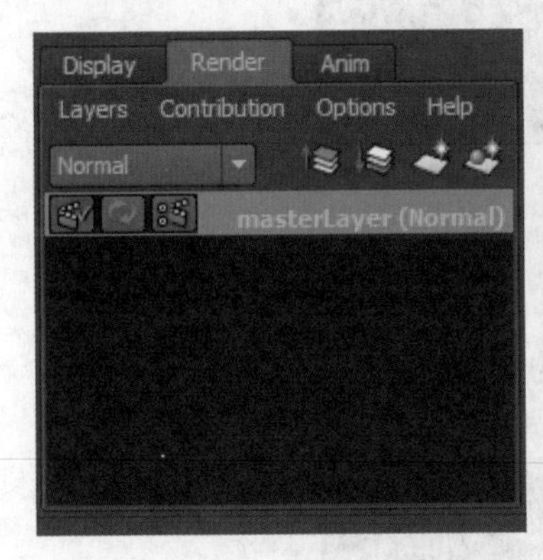

图2—261

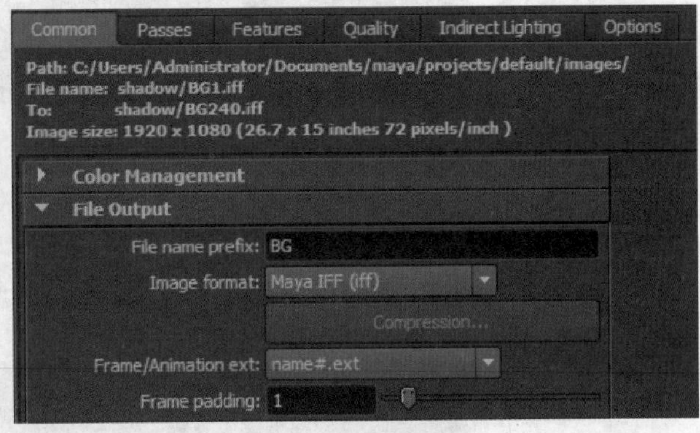

图2—262

Path：批渲染的文件的保存路径。该路径可在开始菜单中修改。

File name prefix：设置文件名，这里我们打上BG二字。

Image format：设置渲染后的图片格式。可供选择的格式有很多，如TGA、JPEG等。在制作动画时，我们通常选用Maya默认的IFF格式。TGA格式的图片虽然包含的图片信息很完整且带有通道信息，但存储文件太大，保存大量动画渲染帧时将占用大量存储空间。而JPEG格式虽然文件小，但色域窄，所储存的图片信息被压缩，会影响动画的画面质量。IFF格式包含的图片信息完整且带有通道信息，而且所占空间较小，对于批渲染时保存大量动画渲染帧有很大优势。

Frame/Animation ext：这里一般默认的是name.ext（Single Frame），用于单帧渲染。进行批渲染时，应选择name#.ext。其中，#代表编号，其位数在下面的Frame padding中设置，这在批渲染中十分重要。

Frame Range：如图2—263所示，用于设置起始帧和结束帧。其中，By frame表示间隔的帧数。

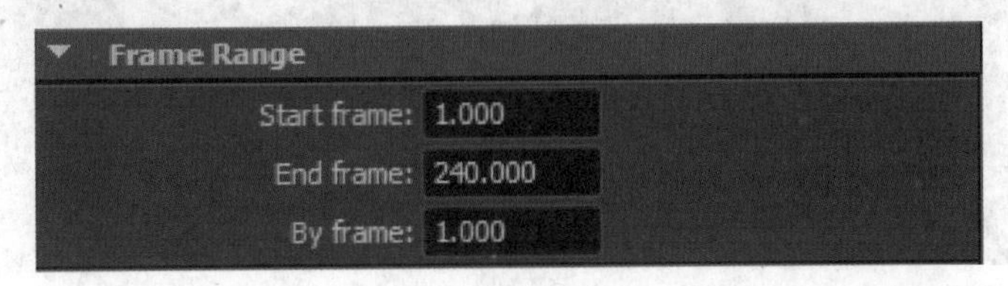

图2—263

Renderable Cameras：如图 2—264 所示，用于选择所要渲染的摄像机。其中，只有将 Alpha channel（Mask）这一选项勾上，图片才会具有通道，这在以后合成的

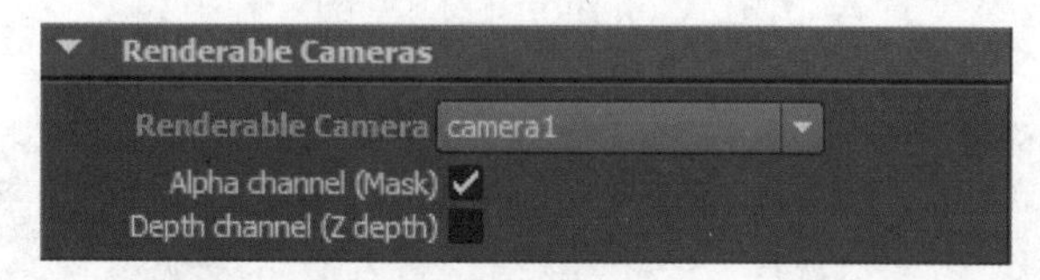

图2—264

时候非常重要。

Image Size：如图 2—265 所示，用于设置图片的尺寸。

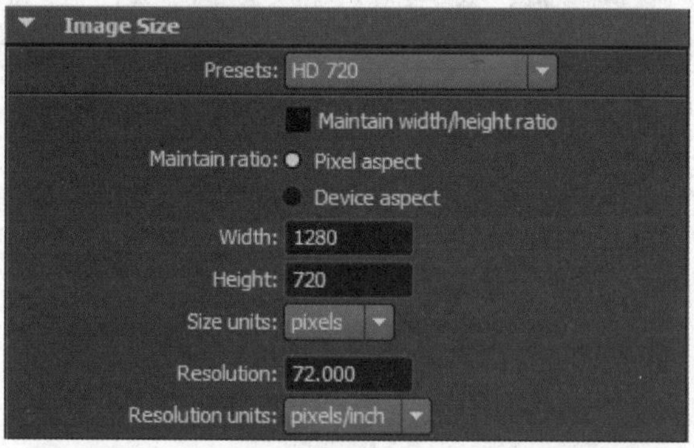

Image Size
Presets: HD 720
Maintain width/height ratio
Maintain ratio: Pixel aspect
Device aspect
Width: 1280
Height: 720
Size units: pixels
Resolution: 72.000
Resolution units: pixels/inch

图2—265

这样，BG 层就设置好了。点击按钮看一下图片的效果，如图 2—266 所示，这是一张没有人物的背景图。

图2—266

步骤 2 设置 AO 层。同样选中场景，点击按钮建立 AO 层，如图 2—267 所示。

选中 AO 层，右键点出下拉菜单，选择最后一行 Attribute，点出属性面板。左键点中右侧的 Presets 不放，拉出下拉菜单，点击进入 Occlusion 选项，如图 2—268 所示。

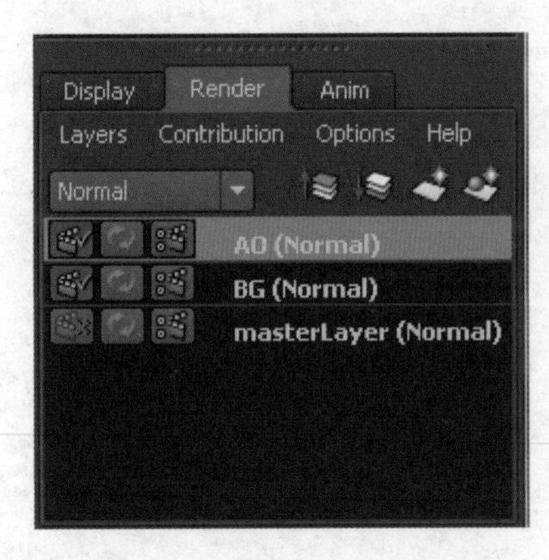

图2—267

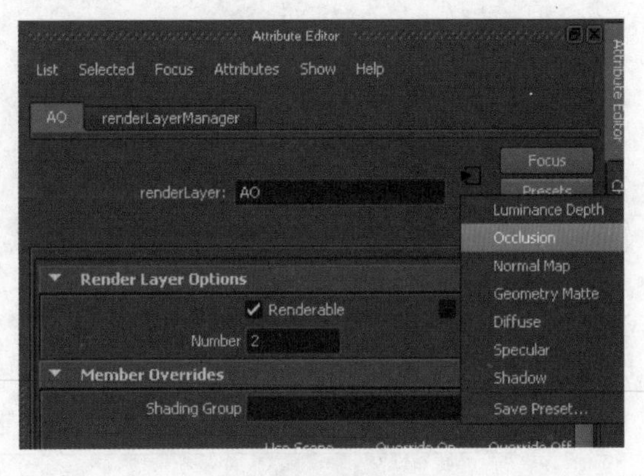

图2—268

这时出现了 Surface Shader 控制面板，之前的操作使层里的所有物体都加上了一个新的材质球 Surface Shader。

点击进入 Out Color 属性，打开 AO 的设置面板，如图 2—269 所示。

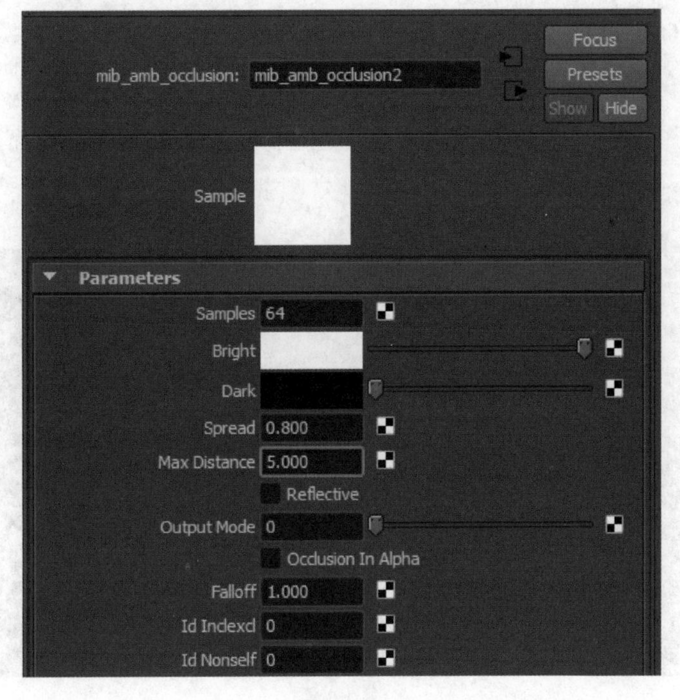

图2—269

在这里，我们只需要调节 Samples 和 Max Distance 的参数值即可，如图 2—269 所示，二者分别设为 64 和 5，效果为图 2—270 所示。

图2—270

这样，AO 层就设置好了。

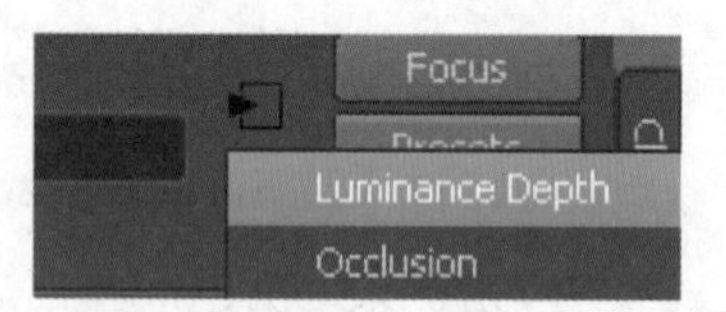

图2—271

步骤 3 设置 Depth 层。Depth 层的设置方法与 AO 层相似，但是在 Presets 的下拉菜单中选择的是 Luminance Depth（见图 2—271）。

注意：AO 层和 Depth 层在渲染时不需要灯光，也不需要开启 FG。

步骤 4 设置 Character 层。Character 层的设置方法与 BG 层相似。如图 2—272 所示，选中图中人物，建立 Character 层。由于该人物要在栅栏的后面走动，部分被栅栏遮住，因此需要做一个遮罩。

图2—272

为栅栏重新指定 Lambert 材质，并将 Matte Opacity Mode 改成 Black Hole（黑洞），如图 2—273 所示。

设置好属性，打好灯光，我们来看一下效果（见图 2—274）。设置出的通道如图 2—275 所示。

图2—273

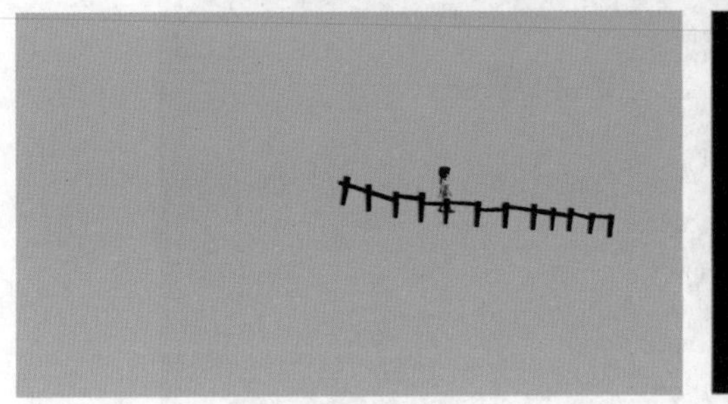

图2—274

图2—275

如果被栅栏遮掉的部分没有产生通道，那么在后面合成的时候，人物就不会显示为在栅栏后面。

步骤 5 设置 Shadow 层。将人物和投射影子的地面及灯光加入 Shadow 层中，为地面指定一个新的材质 useBackground，这样，地面就变成绿色的了，如图 2—276 所示。

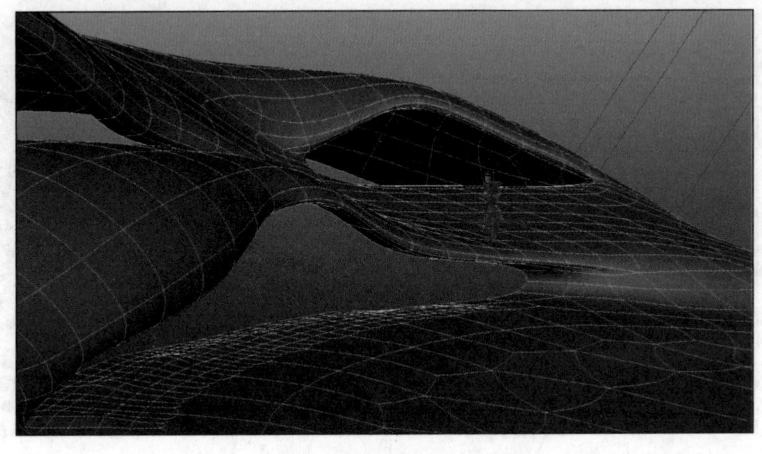

图2—276

如图 2—277 所示，将 Specular Color、Reflectivity 和 Reflection Limit 这三个选项都设为 0，使地面只显示单纯的影子。

为了得到影子的图像，我们还需要将人物隐藏。点击 Ctrl+A 键，打开属性面板，如图 2—278 所示。在 Render Stats 面板中取消对 Primary Visibility 的勾选，意为该人物不可渲染。这样，该人物将不参与渲染，但却仍然影响画面中的其他物体。

Shadow 层渲染的时候不需要开启 FG，但是需要灯光，其渲染效果如图 2—279 所示。这样，Shadow 层就设置好了。

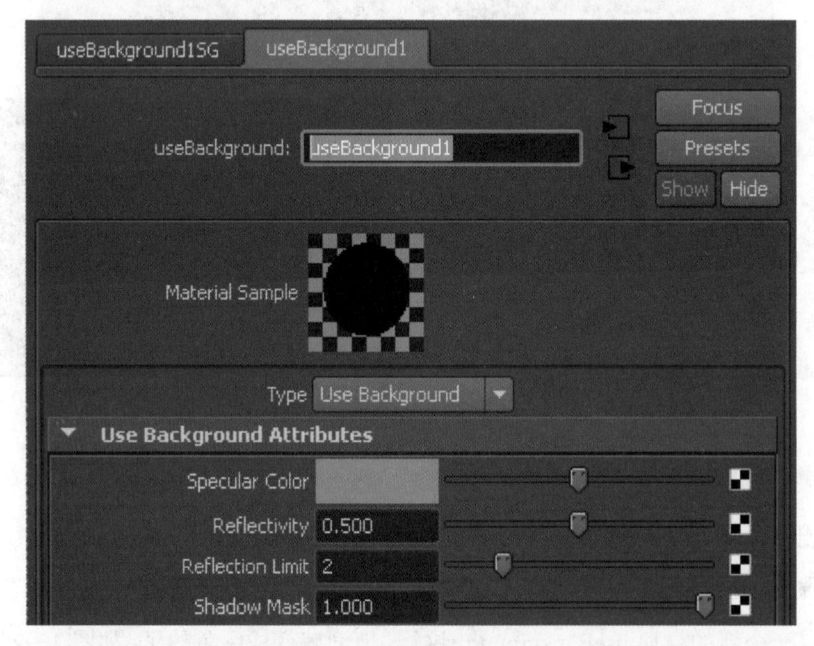

图2—277

图2—278

图2—279

现在一切都设置妥当了，我们可以开始进行批量渲染了。在 Render 菜单栏下找到批量渲染按钮，如图2—280 所示。点击该按钮，将由下往上开始渲染之前设置好的层。渲染好的图片可以在之前设置好的路径下找到，我们将在 After Effects 这个后期软件中将这些层进行合成。

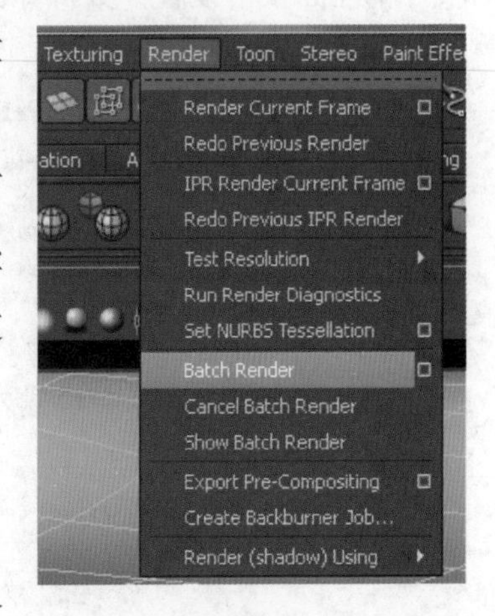

图2—280

2.6　后期合成操作实例

下面我们将以 After Effects 软件为例，对后期合成进行讲解。

步骤 1 运行 After Effects 程序之后，选择 File>Import File（Ctrl+I），打开素材文件，如图 2—281、图 2—282 所示。

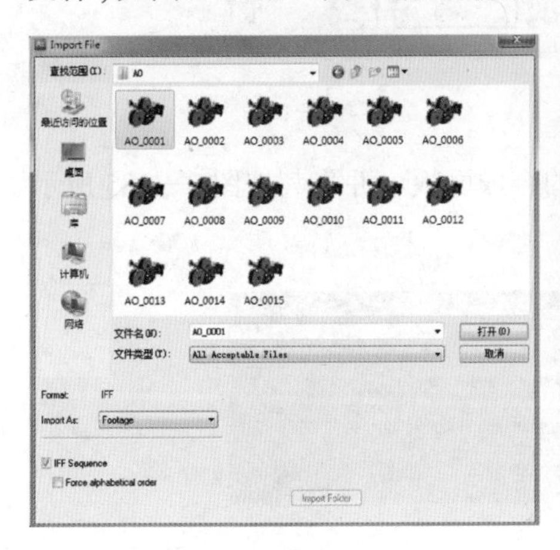

图2—281

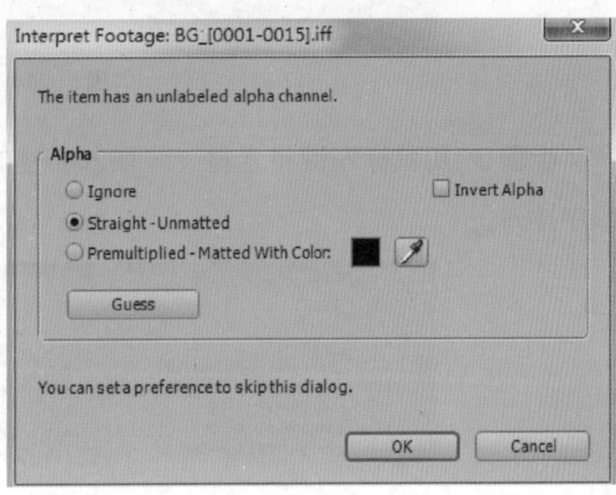

图2—282

注意：当窗口左下角的 IFF Sequence 被勾选时，图片会以序列帧的形式打开；反之，则会以单张图片的形式打开。

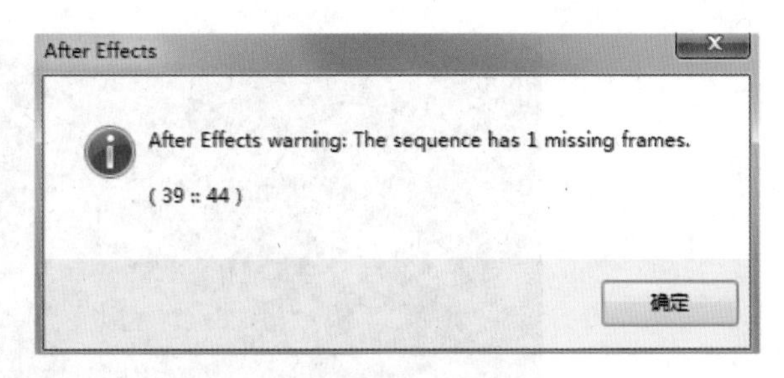

图2—283

在打开过程中，如果图片有缺失，会弹出如图 2—283 所示的对话框。这时，我们需要检查图片是否缺帧或输出不完整。

步骤 2 打开所有素材后，选择 Composition>New composition（Ctrl+N），在新建项目属性面板中设置参数，如图 2—284 所示。

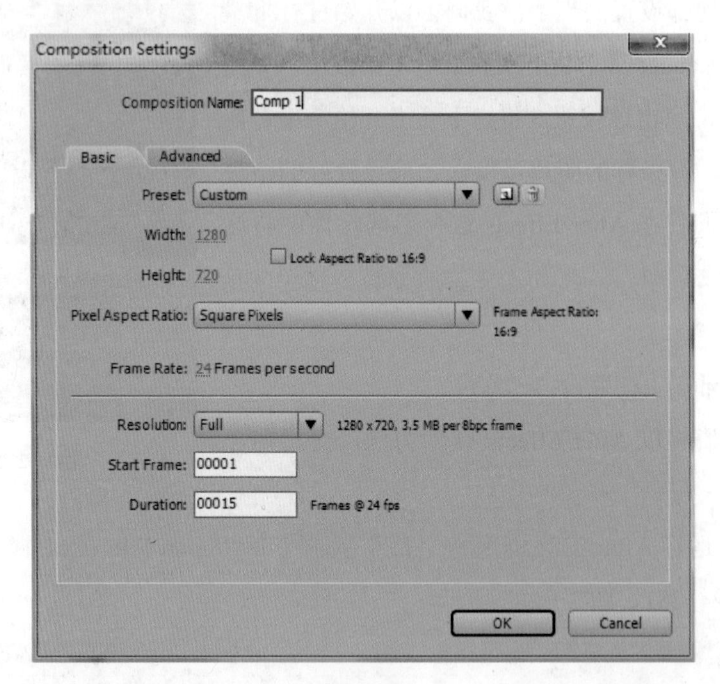

图2—284

步骤 3 用鼠标左键将素材一一拖入新建的合成面板，并将其按图 2—285 所示顺序排列。

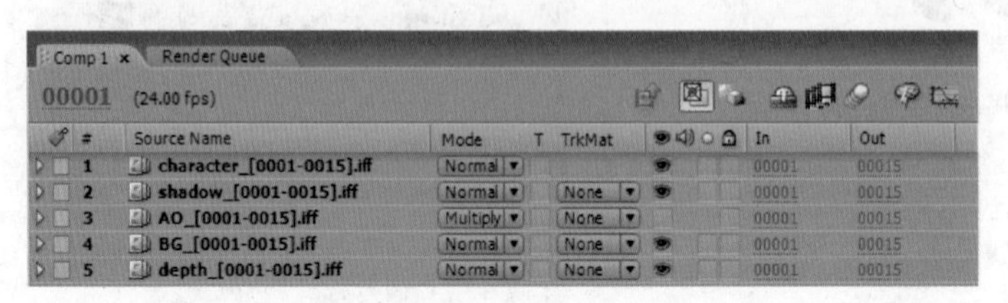

图2—285

步骤 4 在叠加素材时，有时会出现白边或者黑边的现象，如图 2—286 所示。这时，可在 Project 面板中选择有白边的素材，点击 Ctrl+F 键，弹出如图 2—287 所示的窗口。

图2—286

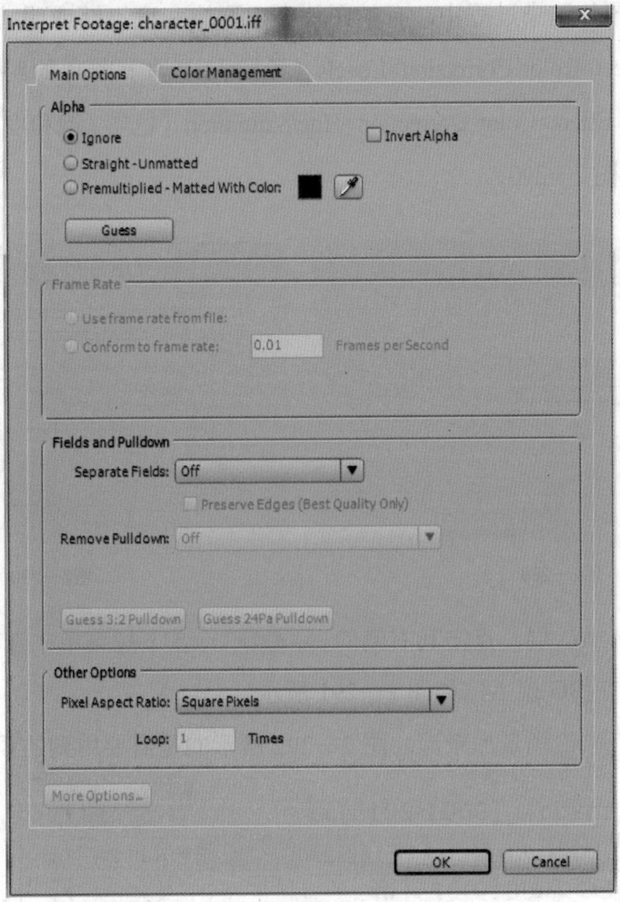

Interpret Footage: character_0001.iff

Main Options | Color Management

Alpha

Ignore

Invert Alpha

Straight - Unmatted

Premultiplied - Matted With Color:

Guess

Frame Rate

Use frame rate from file:

Conform to frame rate: 0.01 Frames per Second

Fields and Pulldown

Separate Fields: Off

Preserve Edges (Best Quality Only)

Remove Pulldown: Off

Guess 3:2 Pulldown | Guess 24Pa Pulldown

Other Options

Pixel Aspect Ratio: Square Pixels

Loop: 1 Times

More Options...

OK | Cancel

图2—287

选择 Ignore，点击 OK，然后再次点击 Ctrl+F 键，选择 Premultiplied-Matted With Color，并用吸管工具吸取白边，效果如图 2—288 所示。

图2—288

步骤 5 在图片渲染过程中，有的图片会出现饱和度不够或明暗不协调的现象。我们可以在 Effect>Color Correction>Levels（色阶）中调节图片的明暗度（见图 2—289），也可以在 Effect>Color Correction>Hue/Saturation（色彩 / 饱和度）中调节图片的色彩饱和度（见图 2—290）。

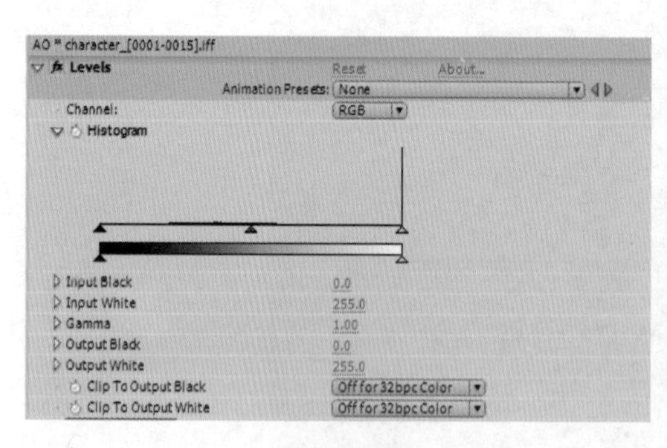

图2—289

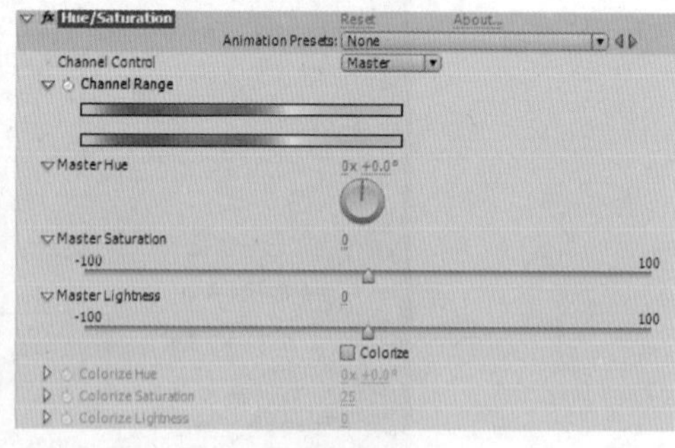

图2—290

步骤 6 选择 AO 层，点击其右侧的 Normal ▼，在下拉菜单中选择 Multiply，然后将 AO 层叠加在 BG 层上，如图 2—291 所示。

步骤 7 接下来给场景加景深，图 2—292 所示的是需要用到的插件。

图2—291

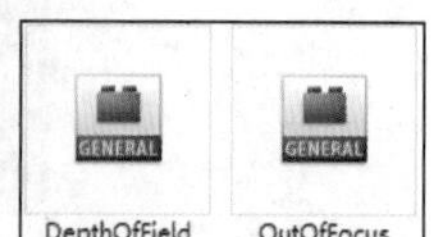

图2—292

复制插件到安装目录（Adobe\Adobe After Effects CS3\Support Files\Plug-ins\Effects）下。然后回到After Effects程序，选择BG层，右击选择Effect>Frischluft>Depth of Field，打开其面板，设置参数如图2—293所示。

添加景深后的效果如图2—294所示。

步骤8 点击Composition>Make Movie（Ctrl+M），合成后以MOV格式输出，如图2—295所示。

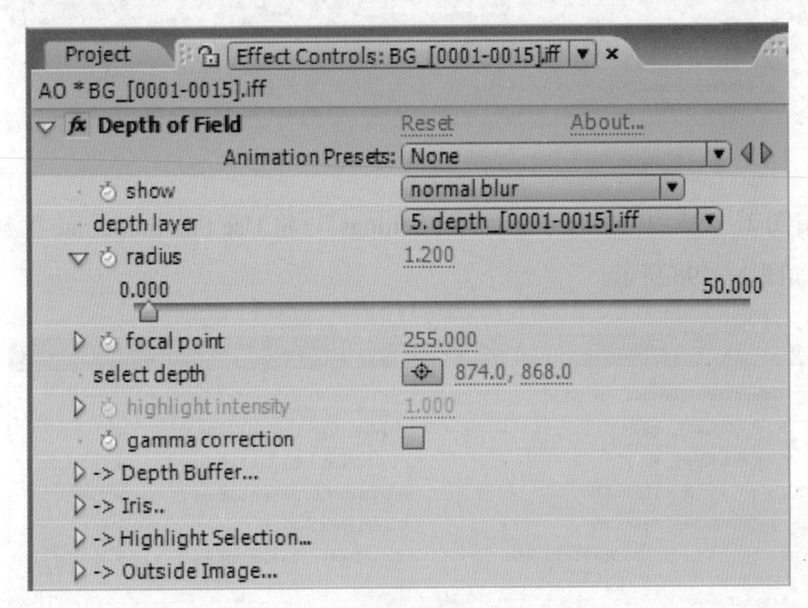

图2—293

图2—294

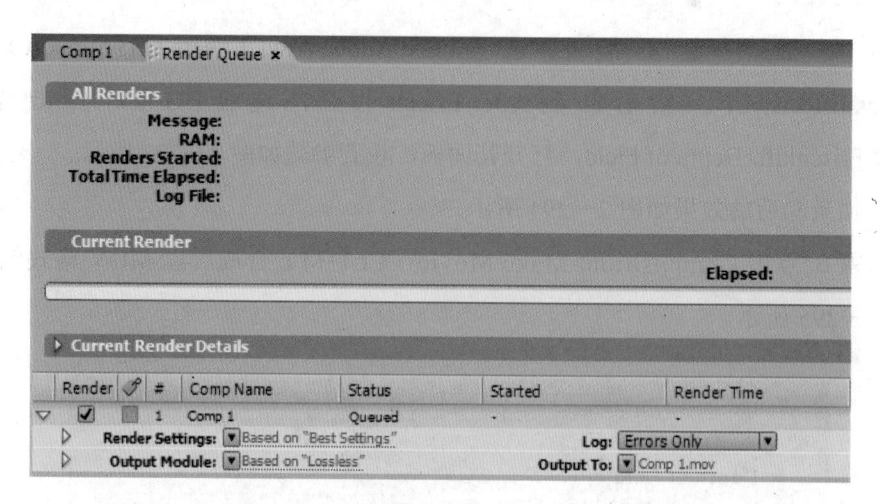

图2—295

点击图 2—295 中的 Based on“Best Settings”，将 Use this frame rate 的数值设置为 24，如图 2—296 所示。

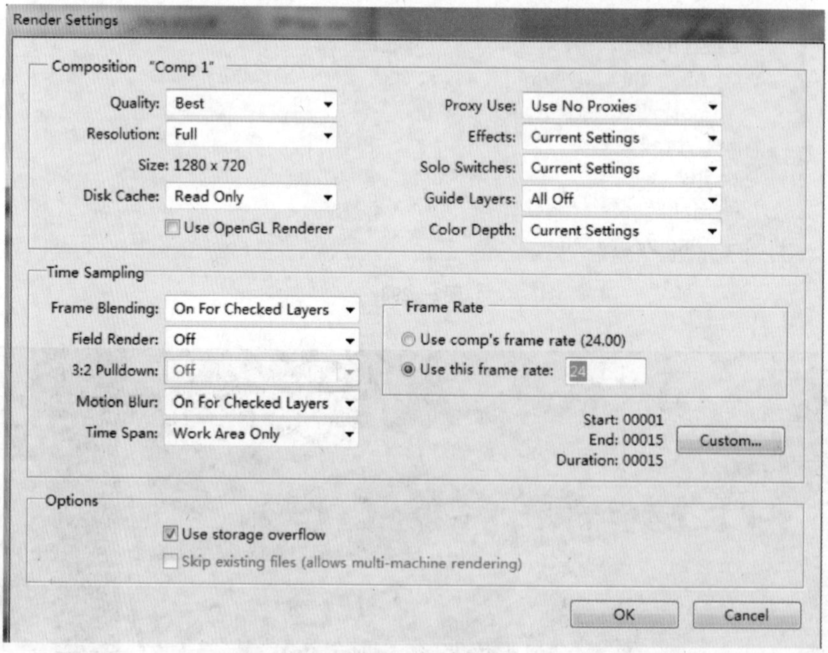

图2—296

点击图 2—295 中的 Based on“Lossless”，将 Format 设置为 QuickTime Movie，如图 2—297 所示。

点击图 2—295 中的 Comp 1.mov，选择保存的路径。

最后，点击右上方的 Render 按钮进行渲染输出。后期合成操作到此结束。

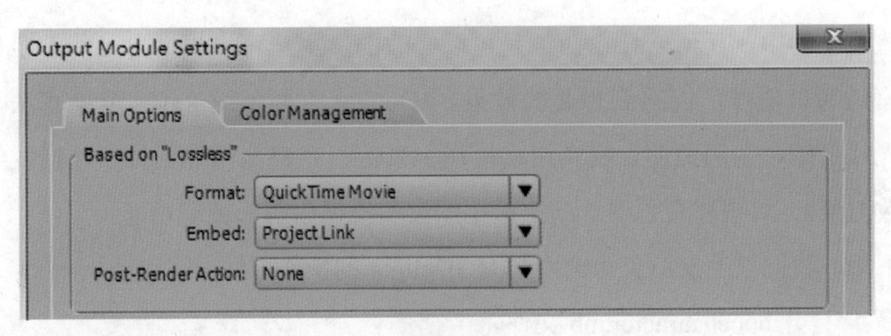

图2—297

2.1 HDRI 图片

HDRI 是 High-Dynamic Range Image（高动态范围图像）的缩写。HDRI 不是什么新技术，它早在 1994 年就出现了，Mental Ray、VRay 等高端渲染器都拥有这一功能。HDRI 图片一般存为 HDR 或 TIF 格式，有足够的能力保存光照信息，但不一定是全景图。与传统的图片不同，HDRI 图片不是用非线性的方式将亮度信息压缩到 8 比特或 16 比特的颜色空间内，而是用直接对应的方式记录亮度信息，可以说是记录了图片环境中的照明信息。因此，可以使用 HDRI 图片来“照明”场景。

有很多 HDRI 图片是以全景图的形式提供的，也可以用作环境背景来形成反射和折射。那么，HDRI 图片和 RGBA 图片有什么区别呢？在一般电脑上使用的 RGBA 图片中，每个颜色成分的存储范围在 0 ～ 255 之间，Alpha 通道也一样。但事实上，一张图片拥有的像素绝对不止 255 位。另外，RGBA 图片只适合在显示器上观看，且无法找到每个像素的能量强度，而后者是非常重要的信息。当图片需要在 3D 场景中做光源照明场景时，就需要这种能量信息。但是，HDRI 图片与全景图有本质区别。全景图指的是包含了 360° 场景的普通图像，可以是 JPG 格式、BMP 格式或 TGA 格式等，属于 Low-Dynamic Range Radiance Image（低动态范围图像），不带有光照信息。HDRI 图片则是将图片上的能量值与像素值分别存储，相当于一张真实的相片，其像素的存储范围绝对超出 0 ～ 255 的限制，能量值远高于一张 RGBA 图片。

2.2　用 3Delight 进行毛发渲染

3Delight 是一款快速、高质且符合 RenderMan 规范的渲染器，用于在高要求生产环境中生成真实的图像。该渲染器作为渲染技术的标杆，其平台是全开放式的，即在这款渲染器中，任何一样东西都是可以修改的，用户可以根据自己的需要使用C++ 语言编写材质球，以达到想要的效果。3Delight 主要使用 Reyes 渲染算法，可以实现光线追踪、全局照明、真实运动模糊、景深、完整几何体支持（包括发丝和毛发高效渲染）、可编程着色器、高质量抗锯齿和抗锯齿阴影图等功能。

接下来，我们以毛发渲染为例，学习 3Delight 的操作方法。

步骤 1 打开 boochaaractor.mb 文件。

步骤 2 在插件管理器中勾选 3Delight，路径为 Windows>Settings/Preferences>Plug-in Manager，如图 2—298 所示。

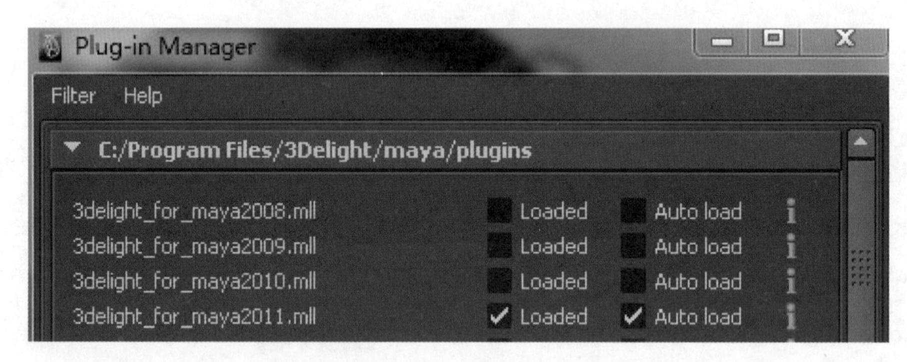

图2—298

图2—299

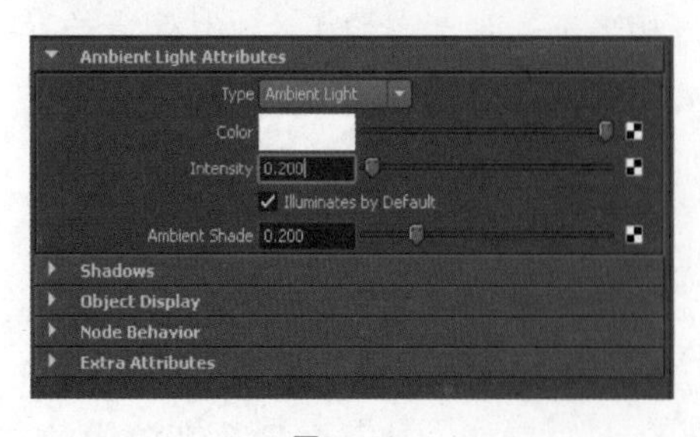

图2—300

步骤 3 创建灯光，路径为 Create>Lights>Spot Light、Ambient Light，调整灯光位置（见图 2—299），设置灯光参数（见图 2—300 和图 2—301）。

步骤 4 选择模型和毛发，创建 Set，路径为 Create>Sets>Set，如图 2—302 所示。

在如图 2—303 所示的 Name 栏输入 set1，点击 Apply and Close，在 Out Liner 下出现 renwu_set，如图 2—304 所示。用同样的方法给灯光创建 set，即 light_set，如图 2—305 所示。

步骤 5 选择 3Delight>Deprecated Editors >Attribs Node Manager，如图 2—306 所示。选择 Attribs type 下的 Geometry，点

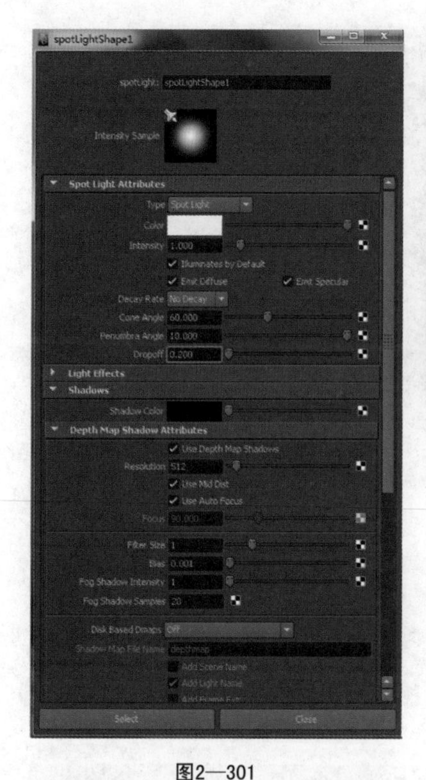

图2—301

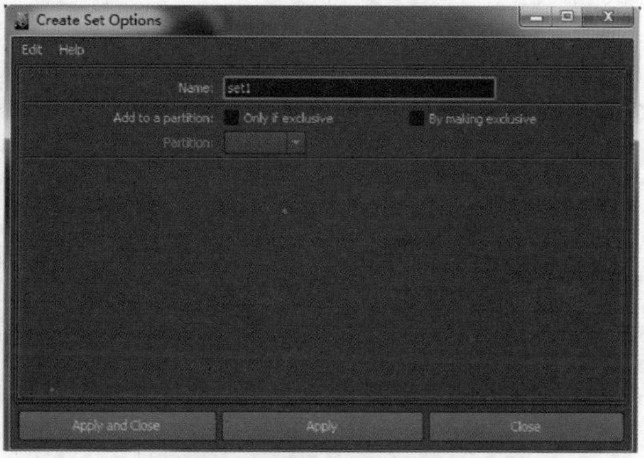

图2—302

图2—303

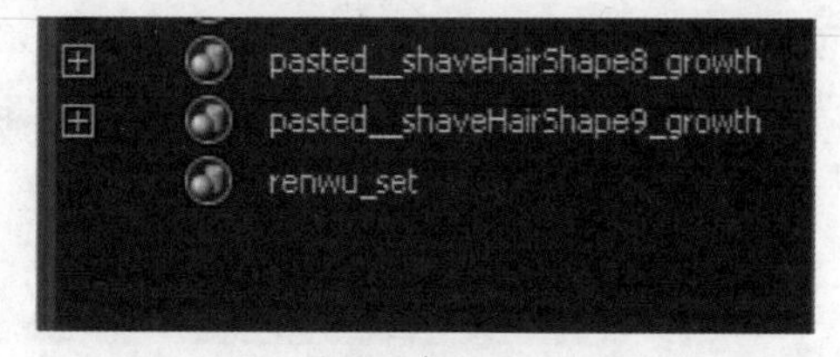

图2—304

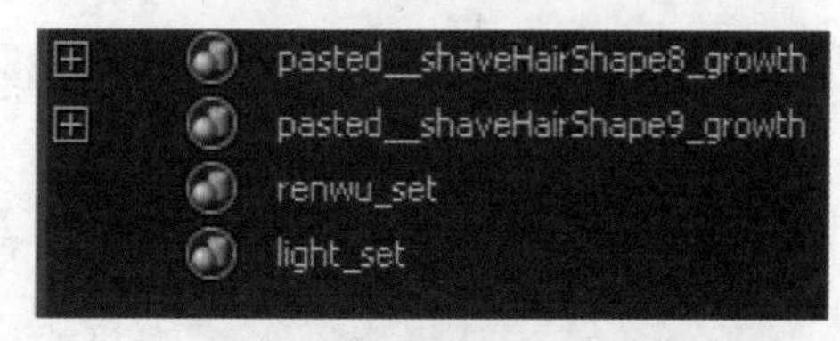

图2—305

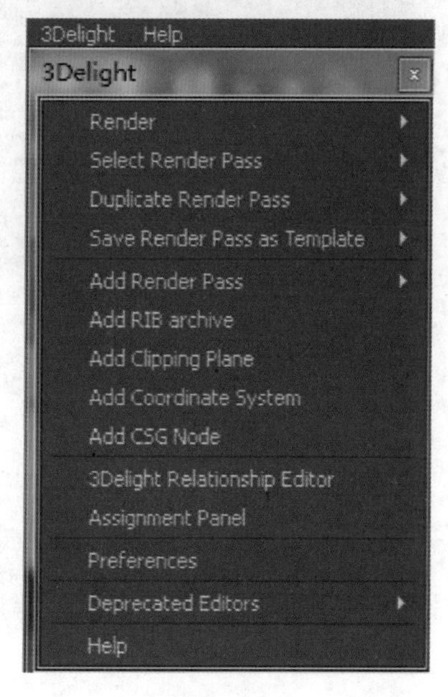

图2—306

击 Create，如图 2—307 所示。

在 Attribs Node Name 栏输入 renwu_obj，点击 Enter 键，如图 2—308 所示。

在 Maya 视窗里选择模型和毛发，点击 Attach，将其添加到 renwu_obj 中，如图 2—309 所示。

同样，选择 Attribs type 下的 Light，点击 Create。在 Attribs Node Name 栏输入 light_obj，点击 Enter 键（见图 2—310）。

图2—307

图2—308

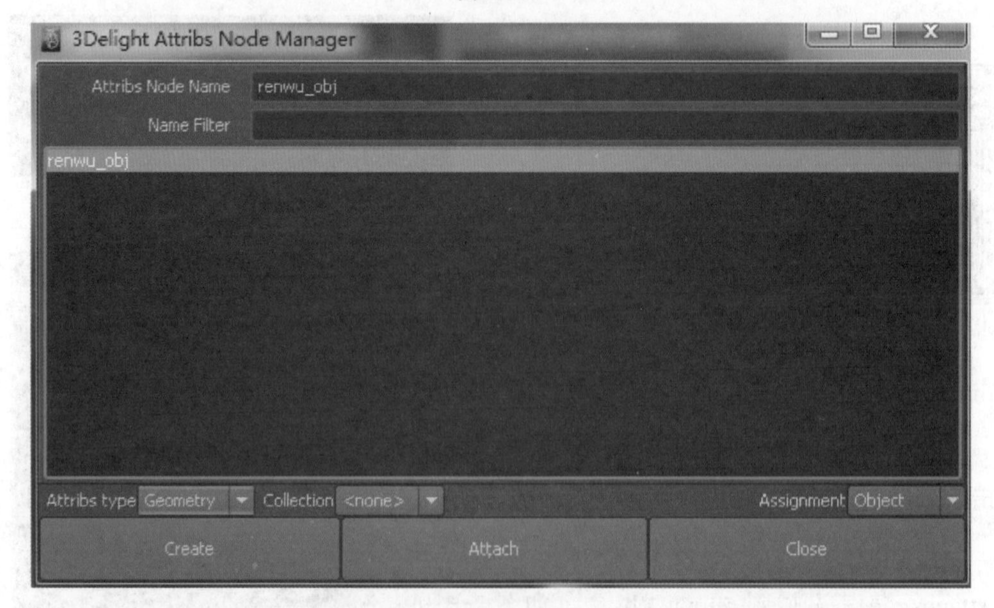

图2—309

图2—310

在 Maya 视窗里选择灯光，点击 Attach，将其添加到 light_obj 中，如图 2—311 所示。

选择 renwu_obj，右键点击 Show in AE（见图 2—312），弹出如图 2—313 所示窗口。

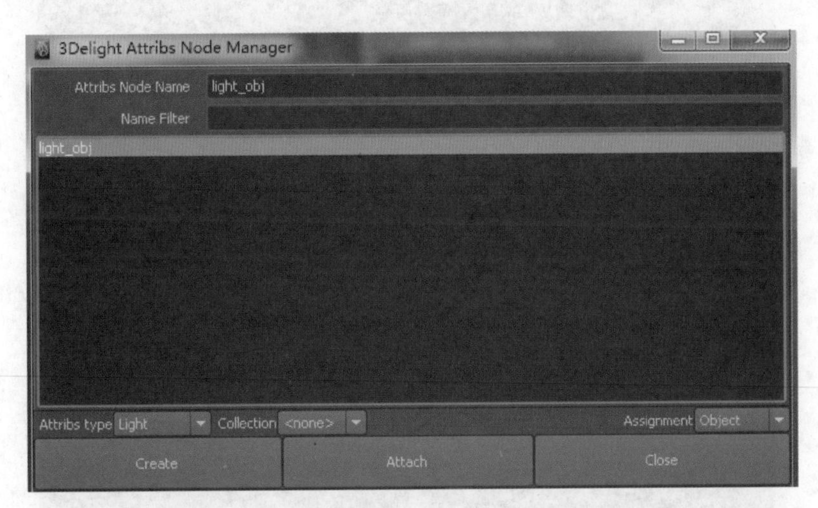

图2—311

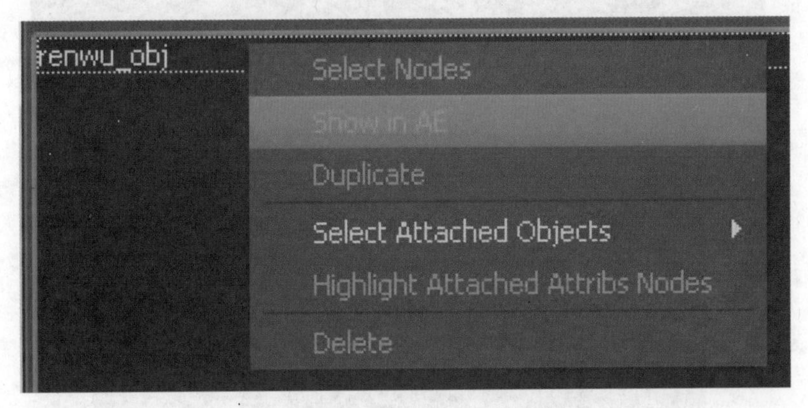

图2—312

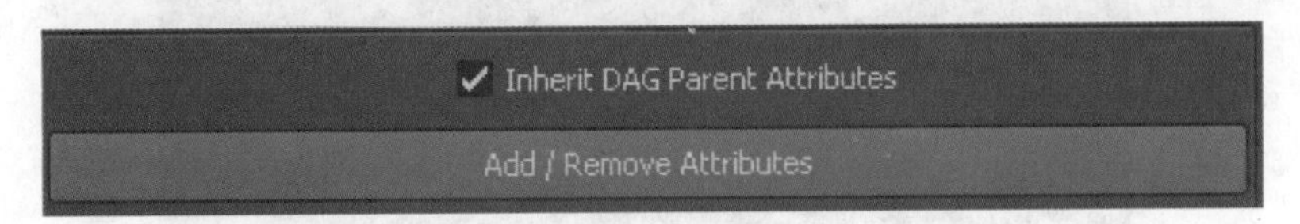

图2—313

右键点击 Add/Remove Attributes，添加 Lighting>Illumination From（见图 2—314）。

点击 <light linker>，在下拉菜单中选择 light_set（见图 2—315）。

用同样的方法添加 Shadow Maps>All（见图 2—316），设置阴影参数。勾选 Generate Shadow Maps。这里的 Shadow Map Resolution 就是阴影贴图的大小，它将

图2—314

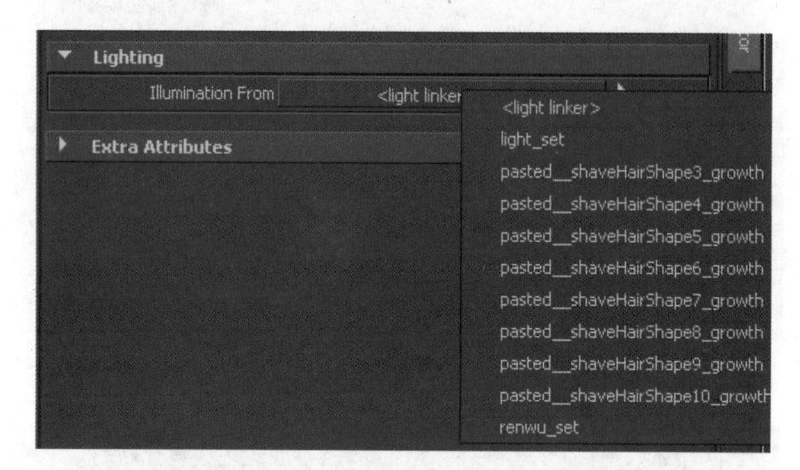

图2—315

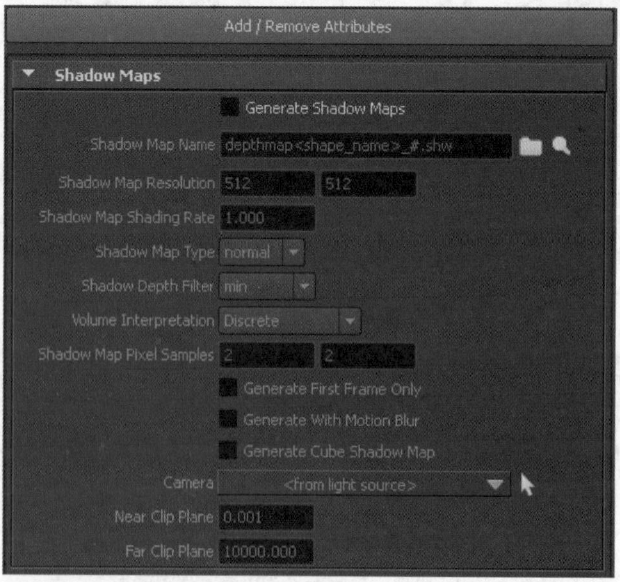

图2—316

决定画面阴影的效果。另外，Shadow Map Pixel Samples 也对阴影效果有很大的影响。注意：Shadow Map Type 应改为 deep。参数设置如图 2—317 所示。

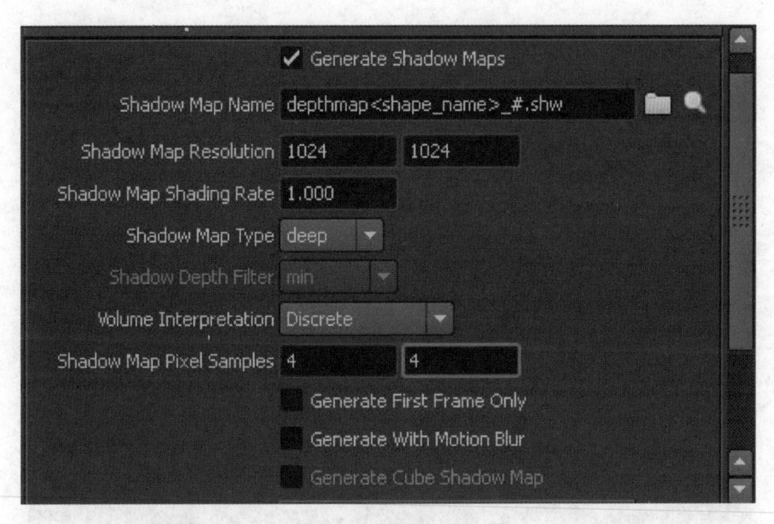

图2—317

用同样的方法添加 Shadow Objects>All（见图 2—318）。

将 Object Set 栏改为 renwu_set（见图 2—319）。

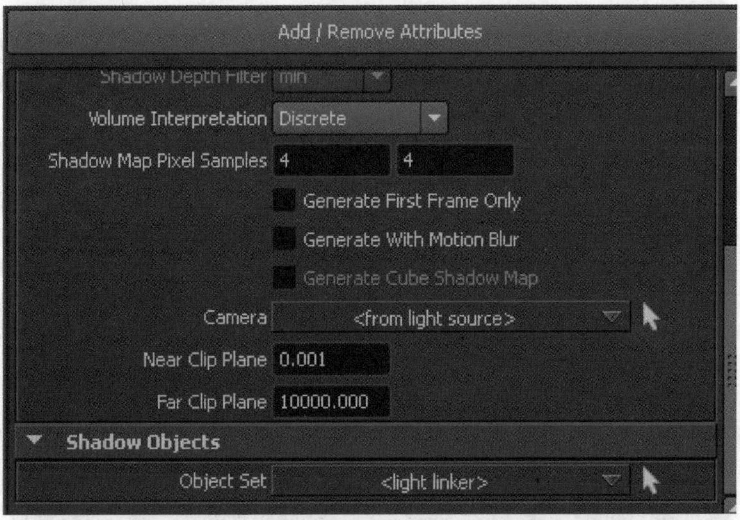

图2—318

图2—319

步骤 6 选择 3Delight>Deprecated Editors>Shader Manager，在 Shader Type 的 Surface 材质中找到 Shave（见图 2—320），也可以直接在 Name Filter 里输入 s*，点击 Enter 键。

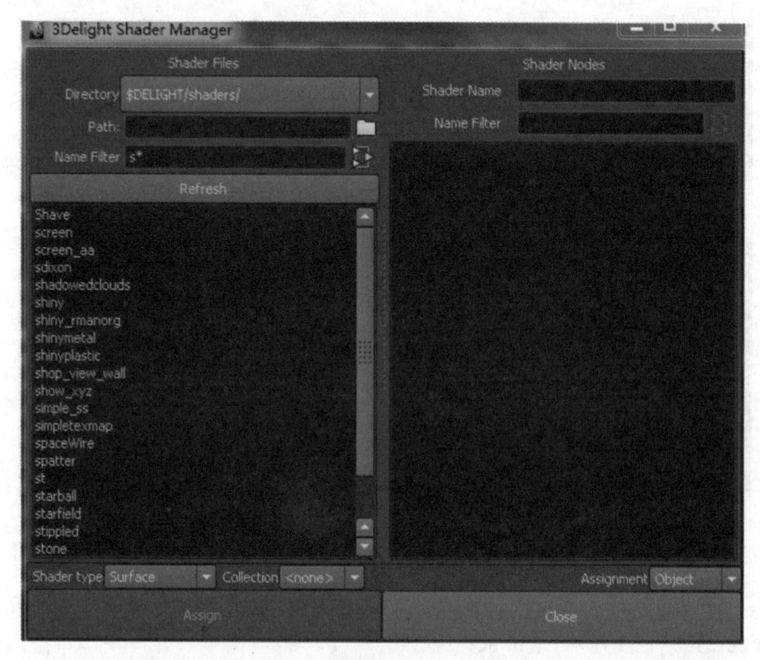

图2—320

创建 Shave，在 Maya 视窗中选择 Shave，点击 Assign（见图 2—321）。

此处所用的材质管理器中的 Shave 材质是 3Delight 中预设的一款材质，可以解决大多数的毛发渲染问题。但是，如果想要提取毛发中更多的元素，比如毛发自身

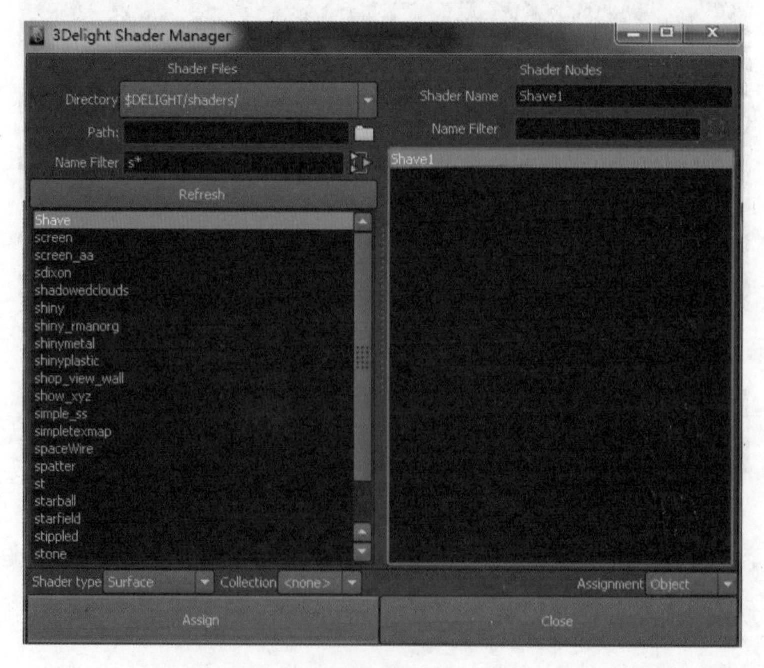

图2—321

的阴影或阻光，我们就需要自己去写一个符合需求的材质球了。

步骤 7 现在，渲染一下看看效果。将渲染器改为 3Delight，在 Selected Render Pass 右侧选择创建渲染层，点击按钮（见图 2—322）。

点击 AE 进行设置，修改 Camera（见图 2—323）。

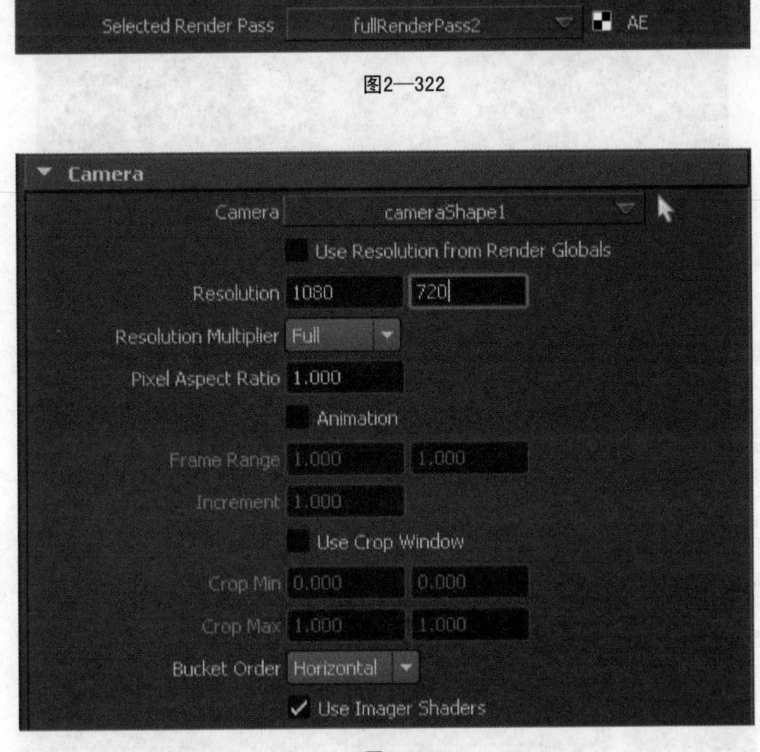

图2—322

图2—323

在 Maya_render_view [rgba（color+alpha）] 下将渲染窗口修改为 maya_render_view（见图 2—324）。

渲染效果如图 2—325 所示。

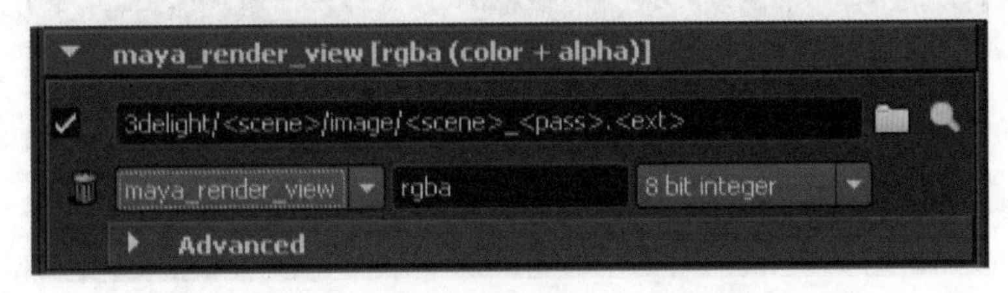

图2—324

图2—325

渲染后我们发现，人物身上有很多斑点。这时我们可以修改点光源阴影下的Bias值，如图2—326所示。

现在再渲染一下看看，效果如图2—327所示。

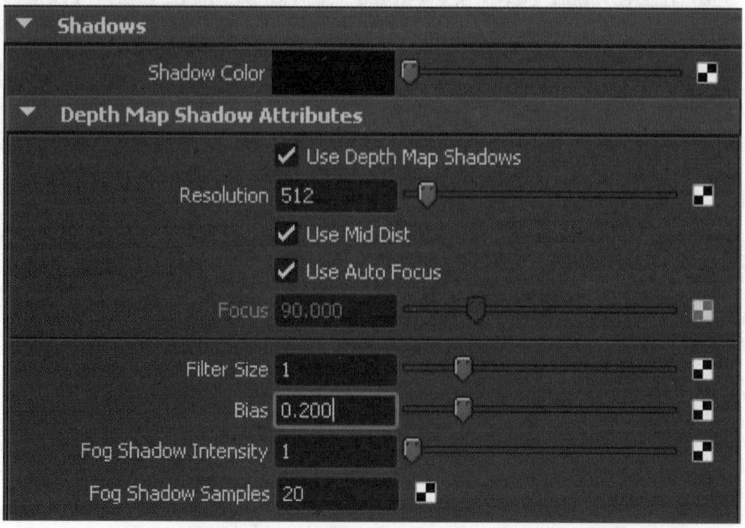

Shadows
Shadow Color
Depth Map Shadow Attributes
Use Depth Map Shadows
Resolution 512
Use Mid Dist
Use Auto Focus
Focus 90.000
Filter Size 1
Bias 0.200
Fog Shadow Intensity 1
Fog Shadow Samples 20

图2—326

图2—327

现在人物身上的斑点基本没有了，但毛发有些发白，我们需要在Shave材质里稍做修改（见图2—328）。

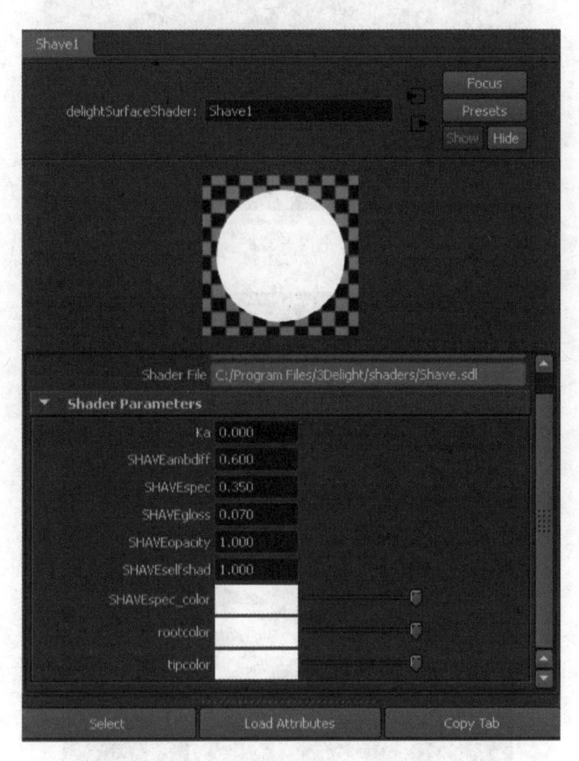

图2—328

Shave 材质的主要参数包括：Ka（毛发环境色）、SHAVEambdiff（环境色 / 固有色）、SHAVEspec（毛发高光值）、SHAVEgloss（毛发柔滑值）、SHAVEopacity（毛发透明度）、SHAVEselfshad（毛发本身材质的属性）、SHAVEspec_color（毛发高光颜色）、rootcolor（毛发根部颜色）和 tipcolor（毛发顶端颜色）。

Shave 材质参数修改如图 2—329 所示。渲染后的效果如图 2—330 所示。

毛发渲染的学习到此结束，一些细节的调整可以自己在练习中尝试修改。

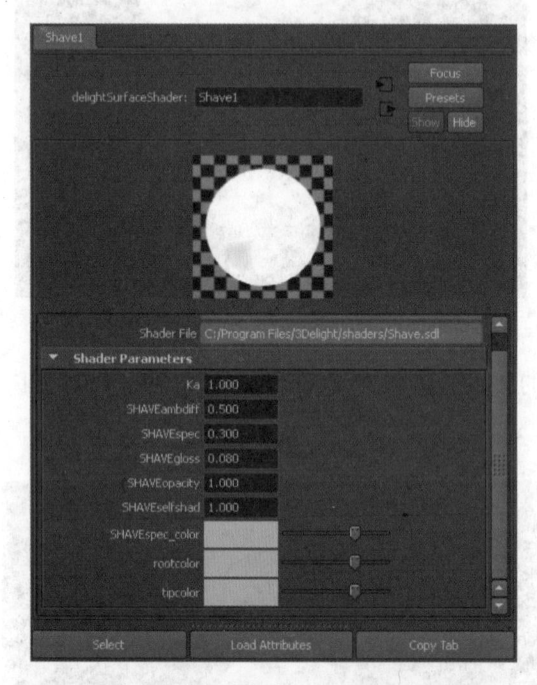

图2—329

图2—330

图书在版编目（CIP）数据

三维动画实训. 上 / 林世仁主编 .—北京：中国人民大学出版社，2012. 3
21 世纪高等院校动画专业实训教材
ISBN 978-7-300-13847-3

Ⅰ. ①三… Ⅱ. ①林… Ⅲ. ①三维计算机动画-设计-高等学校-教材 Ⅳ. ①TP391. 41

中国版本图书馆 CIP 数据核字（2011）第 282669 号

21 世纪高等院校动画专业实训教材
三维动画实训（上）
主　编　林世仁
副主编　张　超　张晓宁
Sanwei Donghua Shixun（Shang）

出版发行	中国人民大学出版社		
社　　址	北京中关村大街 31 号	**邮政编码**	100080
电　　话	010－62511242（总编室）		010－62511398（质管部）
	010－82501766（邮购部）		010－62514148（门市部）
	010－62515195（发行公司）		010－62515275（盗版举报）
网　　址	http://www. crup. com. cn		
	http://www. ttrnet. com(人大教研网)		
经　　销	新华书店		
印　　刷	北京宏伟双华印刷有限公司		
规　　格	185 mm×260 mm　16 开本	**版　　次**	2012 年 9 月第 1 版
印　　张	14. 5	**印　　次**	2012 年 9 月第 1 次印刷
字　　数	120 000	**定　　价**	55. 00 元

中国人民大学出版社华东分社
信息反馈表

尊敬的老师，您好！

为了更好地为您的教学、科研服务，我们希望通过这张反馈表来获取您更多的建议和意见，以进一步完善我们的工作。

请您填好下表后以电子邮件、信件或传真的形式反馈给我们，十分感谢！

一、您使用的我社教材情况

您使用的我社教材名称			
您所讲授的课程		学生人数	
您希望获得哪些相关教学资源			
您对本书有哪些建议			

二、您目前使用的教材及计划编写的教材

您目前使用的教材	书名	作者	出版社
您计划编写的教材	书名	预计交稿时间	本校开课学生数量

三、请留下您的联系方式，以便我们为您赠送样书（限1本）

您的通讯地址			
您的姓名		联系电话	
电子邮件（必填）			

我们的联系方式：

地　址：苏州工业园区仁爱路158号中国人民大学国际学院修远楼

电　话：0512-68839319　　传　真：0512-68839316

E-mail：huadong@crup.com.cn　　邮　编：215123

微　博：http://weibo.com/cruphd　　QQ（华东分社教研服务群）：34573529

信息反馈表下载地址：http://www.crup.com.cn/hdfs